CorelDRAW X7

平面广告设计 228 例

麓山文化 / 编著

机械工业出版社

CHINA MACHINE PRESS

本书是 CorelDRAW X7 的平面广告设计案例教程。本书紧跟平面广告发展趋势和行业设计特点，通过卡片设计、文字设计、DM 单设计、画册设计、书籍装帧设计、杂志广告设计、报纸广告设计、海报设计、标志设计、户外广告设计、插画设计、工业设计、包装设计、网页设计、ＶＩ设计 15 章共 228 个商业案例，详细讲述了各类平面广告设计的创意思路、构图、用色等表现手法以及 CorelDRAW 制作技术要领。

本书案例精彩、实战性强，在深入剖析案例制作技法的同时，作者还将自己多年积累的大量宝贵的设计经验、制作技巧和行业知识毫无保留地奉献给读者，力求使读者在学习技术的同时也能够扩展设计视野与思维，并且巧学活用、学以致用，轻松完成各类商业广告的设计工作。

本书附赠 1 张 DVD 光盘，除提供所有案例的源文件和素材文件外，还提供了 156 个高难度实例共 27.5 个小时的高清语音视频教学，详尽演示了案例的制作方法和过程。确保初学者能够看得懂、学得会、做得出。

本书不仅为 CorelDRAW 平面设计的初学者积累行业经验、提高实际工作能力提供了难得的学习机会，也为从事平面广告设计的专业人士提供了宝贵的创意思路、实战技法和设计经验的参考。

图书在版编目（CIP）数据

CorelDRAW X7 平面广告设计经典 228 例/麓山文化编著. —3 版. —北京：机械工业出版社，2015.11

ISBN 978-7-111-52973-6

Ⅰ. ①C… Ⅱ. ①麓… Ⅲ. ①广告—平面设计—计算机辅助设计—图形软件，Ⅳ. ①TP391.41

中国版本图书馆 CIP 数据核字(2016)第 029814 号

机械工业出版社（北京市百万庄大街 22 号 邮政编码 100037）

责任编辑：曲彩云 责任校对：贾丽萍

印 刷：北京兰星球彩色印刷有限公司

2016 年 5 月第 3 版第 1 次印刷

184mm×260mm・17.75 印张・438 千字

0001—5000 册

标准书号：ISBN 978-7-111-52973-6

ISBN 978-7-89405-897-3（光盘）

定 价：69.00 元（含 1DVD）

凡购本书，如有缺页、倒页、脱页，由本社发行部调换

电话服务 网络服务

服务咨询热线：010-88361066 机 工 官 网：www.cmpbook.com

010-68326294 机 工 官 博：weibo.com/cmp1952

读者购书热线：010-88379203 金 书 网：www.golden-book.com

编 辑 热 线：010-88379782 教育服务网：www.cmpedu.com

封面无防伪标均为盗版

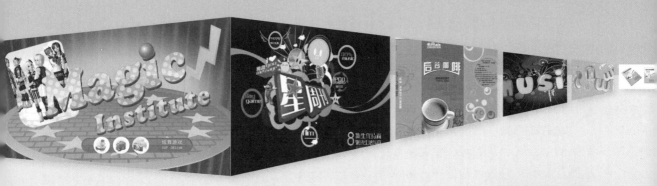

前言

软件介绍

CorelDraw 是 Corel 公司推出的著名矢量绘图软件,具有强大的设计功能,目前广泛应用于商标设计、标志制作、模型绘制、插图描画、排版及输出等诸多领域。可以毫不夸张地说,用于商业设计和美术设计的 PC,几乎都安装了 CorelDraw。

关于本书

广告伴随着商品生产和交换的出现而产生。随着信息时代的到来,经济的飞速发展,广告得以空前的繁荣。平面广告作为广告宣传的主力军,以其价格便宜、发布灵活、信息传递迅速等优势,成为众多行业主要的宣传手段。

近年来,平面广告设计已经成为热门职业之一。在各类平面设计和制作中,CorelDraw 是使用最为广泛的软件之一,因此很多人都想通过学习 CorelDraw 来进入平面设计领域,成为一位令人羡慕的平面设计师。

然而在当今日益激烈的平面广告设计行业,要想成为一名合格的平面设计师,仅仅具备熟练的软件操作技能是远远不够的,还必须具有新颖独特的设计理论和创意思维、丰富的行业知识和经验。

为了引导平面广告设计的初学者能够快速胜任本职工作,本书摒弃传统的教学思路和理论教条,从实际的商业平面设计案例出发,详细讲述了各类平面设计的创意思路、表现手法和技术要领。只要读者能够耐心地按照书中的步骤完成每一个实例,就能深入了解现代商业平面设计的设计思想及技术实现的完整过程,从而获得举一反三的能力,以轻松完成各类平面设计工作。

本书特点

为了使读者快速熟悉各行业的设计特点和要求，以适应复杂多变的平面设计工作，本书详细讲解了卡片设计、文字设计、DM 单设计、画册设计、书籍装帧设计、杂志广告设计、报纸广告设计、海报设计、标志设计、户外广告设计、插画设计、工业设计、包装设计、网页设计、VI 设计等 15 种不同类型的设计，可谓"商业全接触 行业大集成"，集行业的宽度和专业的深度于一体。

本书讲解的平面设计案例，全部来源于实际商业项目，饱含一流的创意和智慧。这些精美案例全面展示了如何在平面设计中灵活使用 CorelDraw 的各种功能。每一个案例都渗透了平面广告创意与设计的理论，为读者了解一个主题或产品应如何展示提供了较好的"临摹"蓝本。

在案例的制作过程中，本书针对一些重点和关键知识点，作者精心设计了"技巧点拨"等环节，对相关内容作深入讲解，将作者多年积累的设计经验、制作技术和印前技能毫无保留地奉献给读者，使读者在学习技术的同时能够迅速积累宝贵的行业经验、拓展知识深度，以便能够轻松完成各类平面设计工作。

视频教学

本书光盘附赠了长达了 27.5 个小时的语音多媒体视频教学，详细讲解了 156 个实例的制作过程，手把手式的课堂讲解，即使没有任何软件使用基础的初学者，也可以轻松地制作出本书中的案例效果，学习兴趣和效率可以得到极大程度地提高。

版权声明

本书内容所涉及的公司及个人名称、作品创意、图片和商标素材等，版权仍为原公司或个人所有，这里仅为教学和说明之用，绝无侵权之意，特此声明。

创作团队

本书由麓山文化编著，参加编写的有陈志民、江凡、张洁、马梅桂、戴京京、骆天、胡丹、陈运炳、申玉秀、李红萍、李红艺、李红术、陈云香、陈文香、陈军云、彭斌全、林小群、刘清平、钟睦、刘里锋、朱海涛、廖博、喻文明、易盛、陈晶、张绍华、黄柯、何凯、黄华、陈文轶、杨少波、杨芳、刘有良、刘珊、赵祖欣、毛琼健。

作者 邮箱 :lushanbook@qq.com

读者 QQ 群 :327209040

麓山文化

目录

前言

第1章	卡片设计	1

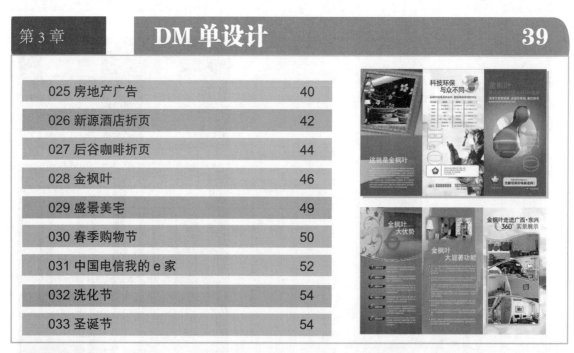

第 5 章　书籍装帧设计　　71

第 6 章　杂志广告设计　　88

第 7 章　报纸广告设计　107

第 8 章　海报设计　124

第 9 章　标志设计　　136

第 10 章　户外广告设计　　150

第 11 章　插画设计　　166

第 12 章　工业设计　　189

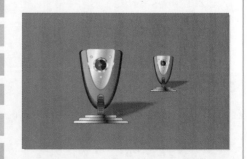

第 13 章　包装设计　214

第 14 章　网页设计　232

第 15 章　VI 设计　250

附录　60 个创意设计拓展案例　268

本书附赠 60 个精美的平面广告设计案例，供读者参考和练习。其中涉及书籍装帧设计、杂志广告设计、海报设计、网页设计、画册设计、插画设计、工业设计、卡片设计、标志设计、包装设计等多个类别，最终文件位于光盘中的"拓展案例"中。

卡片设计

001

007

002

本章内容

　　卡片设计是平面设计的一种具体形式，其类型包括名片、贺卡、VIP 卡、邀请函等，绘制时要根据具体的用途设计版式与色彩。卡片设计的形式是由其本身的功能、设计理念、所要传达的信息、应用媒体以及目标受众来决定的。设计卡片，倡导在其基本原则之上进行创新，如此既可以体现其功能性，又具有良好的设计感。

011

003

004

00 1 工作证

本工作证运用流畅动感的流线型图形加以修饰突出，象征企业的欣欣向荣，主要运用了贝塞尔工具、矩形工具、透明度工具、文本工具、椭圆形工具等，并使用了"图框精确裁剪内部"命令。

📁 文件路径：目标文件 \ 第 1 章 \001\ 工作证 .cdr

📀 视频文件：视频 \ 第 1 章 \001 工作证 .mp4

📖 难易程度：★ ★ ☆ ☆ ☆

STEP 01 执行【文件】|【新建】命令，弹出【创建新文档】对话框，设置"宽度"为 200mm，"高度"为 120mm，单击"确定"按钮。

STEP 02 选择工具箱中的"矩形工具" ▢，绘制一个宽为 54mm，高为 86mm 的矩形。选择工具箱中的"贝塞尔工具" ✎ 绘制两个图形，分别填充为红色（R193，G31，B44）和暗红色（R110，G46，B51），右键单击调色板上的无填充按钮⊠，去除轮廓线，效果如图 1-1 所示。

图 1-1 绘制图形

STEP 03 选择工具箱中的"调和工具" ▣，从一个图形拖至另一个图形，在属性栏中设置步长为 40，效果如图 1-2 所示。选择工具箱中的"贝塞尔工具" ✎ 绘制一图形，并填充白色，去除轮廓线。选择工具箱中的"透明度工具" ▨，在图形上从左往右拖动，效果如图 1-3 所示。

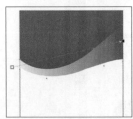

图 1-2 调和效果　　　　图 1-3 透明度效果

STEP 04 参照上述操作，绘制其他图形，效果如图 1-4 所示。

STEP 05 选择工具箱中的"贝塞尔工具" ✎，绘制两条曲线，右键单击调色板上的"白色"色块，填充白色轮廓，在属性栏中设置轮廓宽度为 0.2mm，效果如图 1-5 所示。

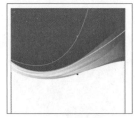

图 1-4 绘制图形　　　　图 1-5 绘制曲线

STEP 06 选择"调和工具" ▣，进行调和，效果如图 1-6 所示。

STEP 07 选择"透明度工具" ▨，在图形上拖动，将调色板上相应的色块拖动至虚线上，效果如图 1-7 所示。

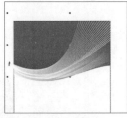
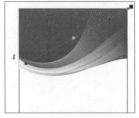

图 1-6 调和效果　　　　图 1-7 透明度效果

STEP 08 选择工具箱中的"贝塞尔工具" ✎ 绘制图形，并填充任意色。选择工具箱中的"阴影工具" ▣，在属性栏中的"预设"下拉列表框中选择"平面右下"，阴影羽化为 8，效果如图 1-8 所示。

STEP 09 选中阴影，按 **Ctrl+K** 快捷键拆分阴影群组，并调整至适当位置，按 **Ctrl+Pagedown** 快捷键调整图层顺序，效果如图 1-9 所示。

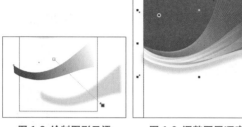

图 1-8 绘制图形及添加阴影　　图 1-9 调整图层顺序

 技巧点拨

在使用阴影工具添加图形的阴影时，可以通过拖动的方式任意调整阴影位置，因此可以通过这样的方法在外部绘制图形并拖动阴影图形至需要添加效果的区域。

STEP 10 框选所有彩色图形，按 **Ctrl+G** 快捷键组合对象。单击右键拖动至矩形内，在弹出的快捷菜单中选择"图框精确裁剪内部"选项。按住 **Ctrl** 键，双击图形，进入图框，运用"选择工具" 进行调整，单击右键，在弹出的快捷菜单中选择"结束编辑"选项，效果如图 1-10 所示。

STEP 11 选择"文本工具" ，输入文字，设置字体分别为"黑体"和"汉仪综艺体简"。选择工具箱中的"2点线工具" ，绘制横线，运用"选择工具" 往下拖动，释放的同时单击右键，按 **Ctrl+D** 快捷键进行再复制，效果如图 1-11 所示。

图 1-10 精确裁剪内部效果　　图 1-11 输入文字

STEP 12 选择工具箱中的"矩形工具" 绘制一个 18mm×22mm 大小的矩形，填充颜色为灰色（C0，M0，Y0，K30），在属性栏中设置转角半径为 2mm。选择工具箱中的"文本工具" 输入"相片"文字，选中大矩形，设置转角半径为 3mm，再选择

工具箱中的"椭圆形工具" ，绘制两个白色小椭圆，制作工作证挂孔，效果如图 1-12 所示。

图 1-12 输入文字及绘制椭圆

 技巧点拨

在水平或垂直方向移动对象时，按住 Ctrl 键的同时进行拖动，可以保持对象在垂直或水平方向上移动。

STEP 13 参照上述操作，绘制工作证背面。双击工具箱中的"矩形工具" ，自动生成一个与页面大小一样的矩形，并填充黑色，得到最终效果如图 1-13 所示。

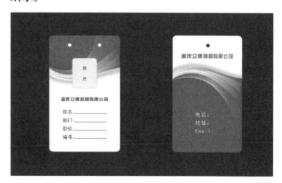

图 1-13 最终效果

00 2 VIP 卡

VIP 卡的制作，通过填充两种对比度强的颜色形成鲜明对比，从而突出主题。本实例主要运用了贝塞尔工具、矩形工具、文本工具、椭圆形工具等。

文件路径：目标文件 \ 第 1 章 \002\VIP 卡 .cdr

视频文件：视频 \ 第 1 章 \002 VIP 卡 .mp4

难易程度：★ ★ ☆ ☆ ☆

STEP 01 执行【文件】|【新建】命令，弹出【创建新文档】对话框，设置"宽度"为 160mm，"高度"为 140mm，单击"确定"按钮。

STEP 02 选择工具箱中的"矩形工具" ▢，绘制一个宽为 91mm，高为 55mm 的矩形。按 Shift+F11 快捷键，弹出渐变填充对话框，设置填充颜色为绿色（R178，G180，B55），单击"确定"按钮，在属性栏中设置转角半径为 5mm，效果如图 1-14 所示。

图 1-14 绘制圆角矩形　　图 1-15 绘制长条矩形及精确裁剪

STEP 03 选择工具箱中的"矩形工具" ▢，绘制长条矩形，填充为暗绿色（R171，G167，B41），并去除轮廓线。选择工具箱中的"选择工具" ▨，拖动图形，释放的同时单击右键，按 Ctrl+D 快捷键进行再复制。框选所有长条矩形，去除轮廓线，按 Ctrl+G 快捷键组合图形，并在属性栏中设置旋转角度为 -23。单击右键拖动图形至圆角矩形内，在弹出的快捷菜单中选择"图框精确裁剪内部"选项，效果如图 1-15 所示。选择工具箱中的"矩形工具" ▢，绘制矩形，填充为咖啡色（R124，G80，B71），并去除轮廓线，效果如图 1-16 所示。

STEP 04 运用"矩形工具"，绘制矩形，设置转角半径为 5mm，填充颜色为褐色（R93，G61，B50），并去除轮廓线。选择工具箱中的"涂抹工具" ▨

在属性栏中设置大小为 10，"强度"为 85，单击"尖点按钮" ▯，在矩形中间段向外涂抹，选中图形，按住 Shift 键，将光标放置在图形右上角，出现十字箭头时往内拖动，释放鼠标的同时单击右键，等比例缩小复制图形，设置轮廓颜色为白色，轮廓宽度为 0.2mm，效果如图 1-17 所示。

图 1-16 绘制矩形　　图 1-17 绘制图形并复制

STEP 05 选择工具箱中的"贝塞尔工具" ▨，绘制图形，并填充为白色。按"+"键复制多个，并调整好位置和旋转角度，效果如图 1-18 所示。

STEP 06 选择"文本工具" ▯，输入文字，字体分别设置为"汉仪综艺体简"和"Airial"，并填充为黄色（C0，M0，Y100，K0），去除轮廓线，效果如图 1-19 所示。

图 1-18 绘制花朵　　图 1-19 输入文字

绘制对称图形时，可先只绘制一边，再镜像复制一个，然后选中两个图形，单击属性栏中的合并按钮。

STEP 07 参照上述操作，绘制卡片背面，双击"矩形工具"，自动生成一个与页面大小一样的矩形，并填充从白到黑的椭圆形渐变色，得到最终效果如图 1-20 所示。

图 1-20 最终效果

003 信用卡

银行卡片设计

本信用卡的设计以蓝色调为主，突出时代感和科技感。本实例主要运用了贝塞尔工具、矩形工具、文本工具、椭圆形工具等。

文件路径：目标文件 \ 第 1 章 \003\ 信用卡 .cdr

视频文件：视频 \ 第 1 章 \003 信用卡 .mp4

难易程度：★ ★ ★ ☆ ☆

STEP 01 执行【文件】|【新建】命令，弹出【创建新文档】对话框，设置"宽度"为 50mm，"高度"为 220mm，单击"确定"按钮。

STEP 02 选择工具箱中的"矩形工具"，绘制一个宽为 96mm，高为 66mm 的矩形。右键单击调色板上的无填充按钮，去除轮廓线，按 F11 键，弹出渐变填充对话框，设置参数如图 1-21 所示。

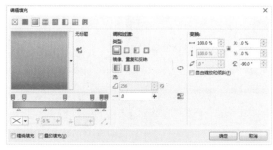

图 1-21 渐变填充参数

STEP 03 单击"确定"按钮，在属性栏中设置转角半径为 5mm，效果如图 1-22 所示。

STEP 04 选择工具箱中的"贝塞尔工具"，绘制两条曲线，设置轮廓颜色为白色，轮廓宽度为 0.2mm，效果如图 1-23 所示。

图 1-22 填充渐变   图 1-23 绘制曲线

STEP 05 选择"调和工具"，从一根曲线拖至另一曲线。单击属性栏中的"对象和颜色加速"按钮，设置参数如图 1-24 所示。

STEP 06 按 Enter 键，选择"透明度工具"，在

图形上拖动，将调色板上相应的色块拖动至虚线上，制作出渐隐效果，如图 1-25 所示。

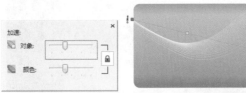

图 1-24 调和参数　　　　图 1-25 透明度效果

技巧点拨

要取消图形已添加的调和效果，可在选择该图形及其阴影的情况下单击属性栏中的"清除调和"按钮。

STEP 07 执行【文件】│【导入】命令，选择素材文件，单击"导入"按钮，导入素材，效果如图 1-26 所示。

STEP 08 选择工具箱中的"矩形工具" □，绘制一矩形，并设置转角半径为 5.5mm，填充白色，去除轮廓线。选择"椭圆形工具" ○，按住 Ctrl 键，绘制正圆。按"+"键复制一个，并等比例缩小，填充为蓝色（R22，G126，B207），并去除轮廓线，效果如图 1-27 所示。

图 1-26 导入素材 　　　图 1-27 绘制矩形和正圆

STEP 09 选中两个椭圆，单击属性栏中的"修剪"按钮 □，删去中间的小圆，并去除轮廓线，效果如图 1-28 所示。

STEP 10 按"+"键复制一个，并填充为淡蓝色（R93，G177，B246)，设置轮廓宽度为 1mm，轮廓颜色为白色，调整到合适位置，效果如图 1-29 所示。

图 1-28 修剪效果　　　　图 1-29 复制图形

STEP 11 选中两个图形，单击属性栏中的"相交"按钮 □，选择中间相交的部分。单击鼠标右键，选择"拆分"选项，选中相交的下部分和淡蓝色圆，单击"修

剪"按钮 □，删去不要的部分，效果如图 1-30 所示。

STEP 12 选择工具箱中的"形状工具" ⬚，删去多余的节点，并删去上部分相交的部分，放置到白色圆角矩形上，效果如图 1-31 所示。

图 1-30 修剪效果　　　　图 1-31 调整图形

STEP 13 选择工具箱中的"文本工具" 字，输入文字，效果如图 1-32 所示。

STEP 14 选中背景圆角矩形，按住 Ctrl 键，将光标定位在图形上方，出现双向箭头时往下拖动，释放的同时单击右键，镜像复制一个图形。选择工具箱中的"透明度工具" ⬚，添加线性透明度，效果如图 1-33 所示。

图 1-32 输入文字 　　　　图 1-33 透明度效果

STEP 15 参照上述操作，绘制卡片的另一面，效果如图 1-34 所示。双击"矩形工具" □，自动生成一个与页面大小一样的矩形，并填充为黑色，得到最终效果如图 1-35 所示。

图 1-34 绘制图形

图 1-35 最终效果

004 印刷包装名片

印刷包装名片的制作，运用丰富多彩的色环突出印刷主题。本实例主要运用了矩形工具、文本工具、椭圆形工具、轮廓图工具等工具。

📁 文件路径：目标文件\第1章\004\印刷包装名片.cdr

🎬 视频文件：视频\第1章\004 印刷包装名片.mp4

📖 难易程度：★ ★ ☆ ☆ ☆

STEP 01 执行【文件】|【新建】命令，弹出【创建新文档】对话框，设置"宽度"为150mm，"高度"为140mm，单击"确定"按钮。

STEP 02 选择工具箱中的"矩形工具"🔲，绘制一个宽为90mm，高为54mm的矩形，并填充为蓝色（C56，M0，Y27，K0）到淡蓝色（C10，M0，Y0，K0）到白色的椭圆形渐变色，效果如图1-36所示。

STEP 03 选择工具箱中的"椭圆形工具"⭕，按住Ctrl键，绘制正圆。选择工具箱中的"轮廓图工具"🔳，从外往内拖动，在属性栏中设置轮廓图步长为3，轮廓图偏移为2mm。单击"对象与颜色加速"按钮🔳，按Enter键，设置参数如图1-37所示。

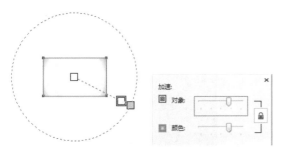

图1-36 绘制矩形并填充渐变色 　　图1-37 对象和颜色加速参数

STEP 04 得到效果如图1-38所示。

STEP 05 按Ctrl+K快捷键，拆分轮廓图群组；单击"取消组合所有对象"按钮🔳，然后进行两两选择；单击属性栏中的"修剪"按钮，不断地进行修剪，分别填充相应的渐变色，效果如图1-39所示。

图1-38 轮廓图效果 　　图1-39 修剪及渐变填充效果

STEP 06 选中图形，选择工具箱中的"透明度工具"🖌️，在属性栏中设置透明度类型为"均匀透明度"，透明度为50，效果如图1-40所示。

STEP 07 按"+"键复制多个，并设置不同的透明度，相应改变渐变色，再绘制几个椭圆，填充渐变色，效果如图1-41所示。

图1-40 添加透明度 　　图1-41 复制图形

STEP 08 执行【文件】|【导入】命令，选择素材文件，单击"导入"按钮，导入LOGO，效果如图1-42所示。

STEP 09 参照上述操作，绘制另一面，效果如图1-43所示。选择工具箱中的"文本工具"字，输入文字，得到最终效果如图1-44所示。

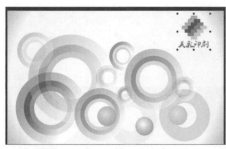

图 1-42 导入素材

图 1-44 最终效果

图 1-43 绘制图形

技巧点拨

　　在使用文本工具创建文字时，默认状态下将创建横排文字。通过单击属性栏中的"将文本更改为垂直方向"按钮⫿，可更改为竖排文字。而通过单击"将文本更改为水平方向"按钮☰则可更改文字为横排状态。

00 5　服装名片

名片设计

　　本例制作的是一个淘宝网站的服装名片，以时尚女性采购形象和抽象花朵，直接表明网店商品的经营特色，给人以温暖和时尚并存之感。本实例主要运用了矩形工具、文本工具、椭圆形工具等工具，并使用了"图框精确裁剪内部"命令。

文件路径：目标文件 \ 第 1 章 \005\ 服装名片 .cdr

视频文件：视频 \ 第 1 章 \005 服装名片 .mp4

难易程度：★★☆☆☆

STEP 01 执行【文件】|【新建】命令，弹出【创建新文档】对话框，设置"宽度"为 250mm，"高度"为 120mm，单击"确定"按钮。

STEP 02 选择工具箱中的"矩形工具"▢，绘制一个宽为 90mm，高为 54mm 的矩形。右键单击调色板上的无填充按钮☒，去除轮廓线，按 F11 键，弹出【渐变填充】对话框，设置参数如图 1-45 所示。单击"确定"按钮，效果如图 1-46 所示。

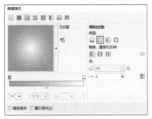

图 1-45 渐变填充参数　　图 1-46 填充渐变效果

STEP 03 选择"椭圆形工具" ，按住 Ctrl 键，绘制多个正圆，填充为白色，去除轮廓线。选择"透明度工具"，在属性栏中设置透明类型为"均匀透明度"，透明度为 70，效果如图 1-47 所示。

STEP 04 选择"艺术笔工具"，在属性栏中设置参数，在绘图窗口中绘制图形，效果如图 1-48 所示。

图 1-47 绘制椭圆　　图 1-48 艺术笔参数及其效果

STEP 05 执行【文件】|【导入】命令，选择素材文件，单击"导入"按钮，选择工具箱中的"选择工具"调整好位置，效果如图 1-49 所示。

STEP 06 框选所有图形，按 Ctrl+G 快捷键组合对象，按住 Shift 键，选中矩形，右键拖动图形至矩形内，在弹出的快捷菜单中选择"图框精确裁剪内部"选项。按住 Ctrl 键，单击图形，进入图框并进行调整，单击右键，选择"结束编辑"选项，效果如图 1-50 所示。

图 1-49 导入素材

图 1-50 图框精确裁剪内部效果

STEP 07 选择工具箱中的"文本工具"，输入文字，效果如图 1-51 所示。

图 1-51 输入文字

STEP 08 参照上述操作，绘制另一面，得到最终效果如图 1-52 所示。

图 1-52 最终效果

技巧点拨

若对群组后的文字进行更改，双击群组的文字将不能进行更改，可在按住 Ctrl 键的同时单独选择某一图层，双击该文字更改文字，或直接选择"文字工具"在需要改的文字上单击进行更改。

006 生日快乐祝福卡

贺卡设计

生日快乐祝福卡通过将卡通人物融入画面，使画面充满轻松与趣味。本实例主要运用了矩形工具、文本工具、贝塞尔工具等，并使用了"高质量描摩"命令。

📁 文件路径：目标文件\第1章\006\生日快乐祝福卡.cdr

🎬 视频文件：视频\第1章\006生日快乐祝福卡.mp4

📖 难易程度：★ ★ ☆ ☆ ☆

STEP 01 执行【文件】|【新建】命令，弹出【创建新文档】对话框，设置"宽度"为248mm，"高度"为320mm，单击"确定"按钮。

STEP 02 双击"矩形工具" ▢，自动生成一个与页面大小一样的矩形。填充为绿色（R0，G147，B72），右键单击调色板上的无填充按钮⊠，去除轮廓线，效果如图1-53所示。

STEP 03 按"+"键复制一层，选择工具箱中的"编辑填充"，弹出【编辑填充】对话框，单击"双色图样填充"按钮▦，设置参数如图1-54所示，其中绿色值为（R13，G127，B70）。

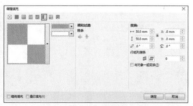

图 1-53 绘制矩形　　图 1-54 双色图样填充参数

STEP 04 单击"确定"按钮，效果如图1-55所示。

STEP 05 执行【位图】|【转换为位图】命令，再执行【位图】|【轮廓描摩】|【高质量图像】命令，单击"取消组合对象"按钮⊞，删去白色方块和底图，效果如图1-56所示。

图 1-55 图样填充效果　　图 1-56 高质量描摩效果

技巧点拨

在对图形进行图样填充以后，若想更改填充效果，可以按G键，切换到"交互式填充工具" ⬛，调整相应的控制点进行更改。

STEP 06 选择工具箱中的"贝塞尔工具" ☑和"椭圆形工具" ◎，绘制图形，分别填充为深绿色（R0，G68，B26）和黑色，效果如图1-57所示。

STEP 07 执行【文件】|【打开】命令，选择素材文件，单击"打开"按钮，复制小狗素材至当前编辑窗口，效果如图1-58所示。

图 1-57 绘制图形　　图 1-58 导入素材

技巧点拨

对位图进行操作会占到很大容量，为避免程序出错而丢失文件，在对位图进行操作时，先对文件进行保存。

STEP 08 选择工具箱中的"椭圆形工具" ◎，按住Ctrl键，绘制三个正圆。按Alt+E+M快捷键，弹出【复制属性】对话框，勾选"填充"复选框，单击"确定"按钮，选择目标对象单击，效果如图1-59所示。

STEP 09 选择工具箱中的"文本工具"字，输入文字，设置字体为"汉仪凌波体简"。按 Ctrl+K 快捷键拆分文字,并分别填充相应的颜色,效果如图 1-60 所示。

图 1-59 绘制正圆

图 1-60 输入文字

 技巧点拨

　　复制属性时,除了可以在"复制属性"对话框中设置外,还可以通过右键拖动目标对象到需要填充的图形上,在弹出的快捷菜单中选择"复制所有属性"选项,以快速复制属性。

STEP 10 框选文字,按 Ctrl+G 快捷键组合对象,按"+"键复制一层,按 Ctrl+ PageDown 快捷键往下移动一层,并填充为黑色,运用方向键向右下角移动稍许,效果如图 1-61 所示。

STEP 11 选择工具箱中的"星形工具" ,在属性栏中设置边数为 7。按住 Ctrl 键,绘制星形,去除轮廓线后,填充椭圆形渐变色,效果如图 1-62 所示。

图 1-61 复制文字

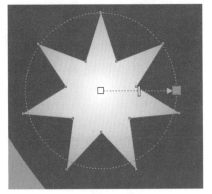

图 1-62 绘制星形并填充渐变色

STEP 12 绘制规则图形时,按住 Ctrl 键,可以绘制相应的正边图形,按住 Shift+Ctrl 快捷键,则绘制以起始点为中心的正边图形。

STEP 13 参照上述操作,绘制更多的星形,并修改渐变色,效果如图 1-63 所示。

图 1-63 复制星形

STEP 14 参照上述操作,绘制另一边,得到最终效果如图 1-64 所示。

图 1-64 最终效果

技巧点拨

　　在放大或缩小星形时,可以按住 Shift 键进行拖动,这样可以从中心等比例放大或缩小图形。

007 乐宝儿

宣传卡片设计

本卡片的设计，以卡通的人物图形作为素材，既可爱又温馨，卡片的版式很饱满，使得整个画面很大方，主旨更为突出。主要运用了网状填充工具、椭圆形工具、钢笔工具、透明度工具、文本工具等，并使用了"图框精确裁剪"命令。

📷 文件路径：目标文件 \ 第 1 章 \007\ 乐宝儿 .cdr

🎬 视频文件：视频 \ 第 1 章 \007 乐宝儿 .mp4

📖 难易程度：★ ★ ★ ★ ☆

STEP 01 执行【文件】|【新建】命令，弹出【创建新文档】对话框，设置"宽度"为 300mm，"高度"为 260mm，单击"确定"按钮。

STEP 02 双击工具箱中的"矩形工具"□，自动生成一个与页面大小一样的矩形，按 F11 键，弹出【渐变填充】对话框，颜色填充为黑色（C100，M100，Y100，K100）到深灰色（C0，M0，Y0，K90）再到灰色（C0，M0，Y0，K70）最后到白色的线性渐变，如图 1-65 所示。

STEP 03 选择工具箱中的"椭圆形工具"○，按 Ctrl 键绘制多个正圆，如图 1-66 所示。

图 1-65 新建文档

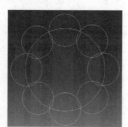
图 1-66 绘制多个正圆

STEP 04 选择工具箱中的"选择工具"�，单个选中正圆，在调色板上找到相应的颜色并进行填充，如图 1-67 所示。

STEP 05 右键调色板上的无填充按钮☒，去除轮廓线，按"+"键，原位复制圆，移动到合适的位置后，单击属性栏上的"合并"按钮⬚，左键调色板上的"白色"色块，并为合并的图形填充白色，如图 1-68 所示。

图 1-67 填充颜色

图 1-68 合并正圆

STEP 06 选择工具箱中的"选择工具"�，框选彩色正圆，按 Ctrl+G 快捷键，组合正圆图形，选择工具箱中的"椭圆形工具"○，绘制椭圆，选择工具箱中的"选择工具"�，选中绘制好的椭圆，按 Shift 键选择组合的彩色正圆，单击属性栏上的"相交"按钮▣，删除椭圆，选中相交的图形，填充颜色为浅蓝色（C22，M0，Y7，K0），如图 1-69 所示。

STEP 07 选择工具箱中的"椭圆形工具"○，绘制椭圆，填充颜色为蓝色（C91，M53，Y47，K2），如图 1-70 所示。

图 1-69 相交图形

图 1-70 绘制椭圆

STEP 08 选择工具箱中的"钢笔工具"🖊，绘制图形，填充为黄色，并去除轮廓线，如图 1-71 所示。

STEP 09 选择工具箱中的"椭圆形工具"○，绘制椭圆，设置渐变填充为紫色（C100，M100，Y0，

K0）到白色的椭圆形渐变，并去除轮廓线，如图 1-72 所示。

图 1-71 绘制图形

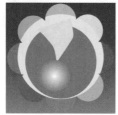

图 1-72 绘制椭圆

STEP 10 运用"椭圆形工具" ，绘制椭圆，设置渐变填充为蓝色（C100，M82，Y0，K0）到白色的椭圆形渐变，如图 1-73 所示。选择工具箱中的"钢笔工具"，绘制图形，选择工具箱中的"网状填充工具"或按 M 快捷键，网状填充颜色，效果如图 1-74 所示。

图 1-73 绘制椭圆

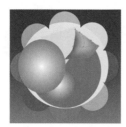

图 1-74 网状填充

STEP 11 选择工具箱中的"钢笔工具"，绘制图形，选择工具箱中的"编辑填充"，在弹出的"编辑填充"对话框中，单击"向量图样填充"，设置参数如图 1-75 所示，单击"确定"按钮，效果如图 1-76 所示。

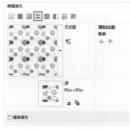

图 1-75 图样填充

图 1-76 图样填充效果

STEP 12 选择工具箱中的"钢笔工具"，绘制图形，选择工具箱中的"网状填充工具"或按 M 快捷键，网状填充颜色，按 Ctrl+PageDown 快捷键，向后一层，如图 1-77 所示。

STEP 13 选择工具箱中的"选择工具"，同时选中多个图形，执行【对象】|【图框精确裁剪】|【置于图文框内部】命令，当光标发生变为 时，在椭圆上单击，裁剪至椭圆中，效果如图 1-78 所示。

图 1-77 网状填充

图 1-78 图框精确裁剪

STEP 14 选择工具箱中的"椭圆形工具"，按 Ctrl 键，绘制正圆，按 F11 键，弹出渐变填充对话框，设置颜色值为蓝色（C100，M0，Y0，K0）到白色的椭圆形渐变，单击"确定"按钮，如图 1-79 所示。

STEP 15 执行【文本】|【插入字符】命令，弹出【插入字符】泊坞窗，设置字体为"Webdings"，找到云朵图案，拖到合适的位置，单击调色板上的"白色"色块，为云朵填充白色，选中云朵图案，拖动上方中间的控制点向下翻滚，单击右键复制，复制多个，放置不同的位置上，如图 1-80 所示。

图 1-79 绘制正圆

图 1-80 插入字符

STEP 16 执行【文件】|【导入】命令，导入人物素材 .cdr，选择工具箱中的"选择工具"，将其拖入合适的位置并调整素材的角度，如图 1-81 所示。

STEP 17 选择工具箱中的"椭圆形工具"，按 Ctrl 键，在彩色图形上绘制一个正圆，选择工具箱中的"选择工具"，选中正圆与彩色图形，单击属性栏中的"修剪"按钮裁剪出穿线孔，再删除多余的圆，如图 1-82 所示。

图 1-81 导入素材

图 1-82 修剪图形

STEP 18 选择工具箱中的"钢笔工具"，绘制一条曲线，设置属性栏中的"轮廓宽度"为 1.5mm，右键单击调色板上的"青色"色块，为曲线填充青色的轮廓色，如图 1-83 所示。

STEP 19 使用相同的方法，在卡片的另一面绘制正圆并进行修剪，如图1-84所示。

图1-83 绘制曲线　　　图1-84 绘制曲线

STEP 20 选择工具箱中的"椭圆形工具" ◎ ，绘制多个椭圆，右键单击调色板上的绿色，选择工具箱中的"文本工具" 字 ，设置属性栏中的字体为"Stencil Std"，单击调色板上的绿色，选择工具箱中的"封套工具" ▣ ，调整文字的整体形状，如图1-85所示。

图1-85 绘制圆环并编辑文字

STEP 21 继续使用"文本工具" 字 ，编辑其他的文字，如图1-86所示。

STEP 22 选择工具箱中的"选择工具" ▷ ，框选卡片的正面图，按"+"键，原位复制，单击属性栏中的"垂直镜像"按钮 ▤ 镜像图形，并移动到合适位置，选择工具箱中的"透明度工具" ▨ ，调整图形的透明度，如图1-87所示。

图1-86 编辑文字　　　　　图1-87 调整透明度

STEP 23 参照前面操作方法，绘制另一面的透明度，得到最终效果如图1-88所示。

图1-88 最终效果

技巧点拨

运用贝塞尔工具绘制图形时，往往出现控制手柄过长而无法达到最佳效果，可以在绘制了一个瞄点以后，双击此瞄点，收回控制手柄，再绘制下一个瞄点。

00**8** 会议邀请函

邀请函卡片设计

本会议邀请函以浪漫温馨的桃红色为色调，并运用明暗不一的心形作为点缀，从而使画面更富有层次。本实例制作主要运用了矩形工具、文本工具、椭圆形工具、贝塞尔工具、基本形状工具等工具，并使用了"精确裁剪内部"命令。

📄 文件路径：目标文件 \ 第1章 \008\ 会议邀请函 .cdr

📹 视频文件：视频 \ 第1章 \008 会议邀请函 .mp4

📘 难易程度：★ ★ ★ ☆ ☆

STEP 01 执行【文件】|【新建】命令，弹出【创建新文档】对话框，设置"宽度"为424mm，"高度"为293mm，单击"确定"按钮。

STEP 02 选择工具箱中的"选择工具" [图]，在标尺上拖出两条辅助线，放置到合适位置，效果如图1-89所示。

STEP 03 双击工具箱中的"矩形工具" [图]，自动生成一个与页面大小一样的矩形，并填充为洋红色（C0，M100，Y0，K0）。选择工具箱中的"网状填充工具" [图]进行填色，效果如图1-90所示。

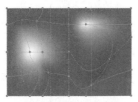

图1-89 绘制矩形　　　　图1-90 填充网状效果

技巧点拨

要隐藏辅助线，可以执行【视图】|【辅助线】命令，以简化视图。

STEP 04 选择工具箱中的"贝塞尔工具" [图]，绘制两根曲线，设置轮廓颜色为浅红色（C0，M59，Y0，K0），效果如图1-91所示。

图1-91 绘制曲线

STEP 05 选择工具箱中的"调和工具" [图]，从一曲线拖到另一曲线，效果如图1-92所示。参照上述操作，绘制其他线条，并进行调和，效果如图1-93所示。

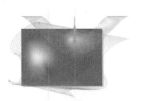

图1-92 调和效果　　　　图1-93 绘制曲线

STEP 06 选择工具箱中的"透明度工具" [图]，添加线性透明度，效果如图1-94所示。

STEP 07 双击工具箱中的"矩形工具" [图]，按Ctrl + PageUp快捷键向上调一层。选择所有调和线条，右键单击拖动至矩形内，在弹出的快捷菜单中选择"图框精确裁剪内部"选项，效果如图1-95所示。

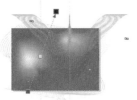

图1-94 透明度效果　　图1-95 图框精确裁剪内部效果

技巧点拨

添加透明度时，在选中图形的基础上，选择工具箱中的"透明度工具" [图]在图形上拖动，添加任意的透明度，再在调色板上拖动相应的色块至虚线上。

STEP 08 选择"基本形状工具" [图]，单击属性栏中的完美形状按钮 [图]，选择心形，在图像窗口中绘制，并填充为白色，去除轮廓色。选择工具箱中的"透明度工具" [图]，在属性栏中设置透明度类型为"椭圆形渐变透明度"，合并模式为"添加"，将调色板上的色块拖至虚线上，效果如图1-96所示。

STEP 09 按"+"键，复制图形，并调整到合适位置，效果如图1-97所示。

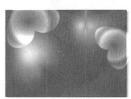

图1-96 透明度效果　　　图1-97 复制图形

技巧点拨

调整图层顺序的快捷方式有Ctrl+PageDown向后一层、Ctrl+PageUp 向前一层、Shift+PageUp到图层前面、Shift+PageDown到图层后面、Ctrl+Home到页面前面、Ctrl+End到页面后面几种。

STEP 10 参照上述操作，选择工具箱中的"椭圆形工具"绘制白色椭圆，并添加椭圆形渐变透明度，效果如图1-98所示。

图 1-98 绘制椭圆

STEP 11 选择工具箱中的"贝塞尔工具" ，绘制一个闭合曲线，效果如图 1-99 所示。执行【文件】│【导入】命令，选择素材文件，单击"导入"按钮，调整至合适位置，效果如图 1-100 所示。

图 1-99 绘制闭合曲线

图 1-100 导入素材

技巧点拨

　　复制图形的方法有多种，可以按 Ctrl+C 快捷键复制，再按 Ctrl+V 快捷键粘贴；也可以直接按"+"键进行复制；运用"选择工具" 拖动对象的同时单击右键复制；按 Ctrl+D 快捷键复制；或是按 Alt+F8 快捷键打开旋转泊坞窗，在副本输入框中输入相应的数量，单击"应用"按钮即可。多种方法，各有所长，可视实际需要而定。

STEP 12 选择工具箱中的"矩形工具" ，绘制矩形，填充为白色，在属性栏中分别设置不同的转角半径，去除轮廓线。选择"透明度工具" ，设置透明度为 20，效果如图 1-101 所示。

图 1-101 绘制矩形

STEP 13 选择工具箱中的"文本工具" ，输入文字，得到最终效果如图 1-102 所示。

图 1-102 最终效果

技巧点拨

　　在对文字中的部分文字进行特殊编辑时，除了可以使用"文本工具" 进行编辑外，还可以运用"形状工具" 选择相应文字左下角的小正方块，将其文字选中，对其进行特殊编辑。

009 服装店代金券

代金券卡片设计

　　服装店代金券的设计，以明暗不一的色彩为基调，突出画面的立体感。本实例制作主要运用了矩形工具、文本工具、贝塞尔工具等工具，并使用了"图框精确裁剪内部"命令。

文件路径：目标文件 \ 第 1 章 \009\ 服装店代金券 .cdr

视频文件：视频 \ 第 1 章 \009 服装店代金券 .mp4

难易程度：★ ★ ☆ ☆ ☆

STEP 01 执行【文件】|【新建】命令，弹出【创建新文档】对话框，设置"宽度"为424mm，"高度"为293mm，单击"确定"按钮。

STEP 02 选择工具箱中的"矩形工具" ，绘制一个宽为272mm、高为558mm和一个宽为1746mm、高为558mm的矩形，分别并填充从紫色（C30，M100，Y0，K20）到洋红色（C0，M100，Y0，K0）的椭圆形渐变和从红色（C5，M100，Y0，K0）到洋红色（C0，M100，Y0，K0）的线性渐变色，效果如图1-103所示。

STEP 03 选择工具箱中的"贝塞尔工具" 绘制图形，填充为红色（C10，M100，Y0，K0），并除去轮廓线。选择工具箱中的"透明度工具" ，添加线性透明度，效果如图1-104所示。

 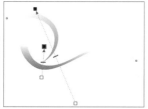

图 1-103 绘制矩形　　　图 1-104 透明度效果

STEP 04 参照上述操作，绘制更多的图形，并添加线性透明度，效果如图1-105所示。

STEP 05 选择工具箱中的"椭圆形工具" ，绘制椭圆图形，选择工具箱中的"转动工具" 对图形稍微变形，填充任意色，效果如图1-106所示。

图 1-105 绘制图形　　　图 1-106 绘制不规则圆

STEP 06 框选图形，单击属性栏中的"修剪"按钮 ，选中中间的椭圆，按住 Shift 键，将定光标定位

在图形右上方，出现四向箭头时往内拖动，进行等比例缩小。选中环形，按"+"键复制，并等例缩小，效果如图1-107所示。

图 1-107 修剪并复制图形

STEP 07 参照上述操作，绘制更多的图形，并填充为红色（C20，M80，Y0，K20），设置透明度为90，效果如图1-108所示。

STEP 08 选中前面绘制的图形，精确裁剪到矩形内，效果如图1-109所示。

STEP 09 选择工具箱中的"矩形工具" 绘制矩形，并填充线性渐变色。

图 1-108 复制图形并添加透明度　　　图 1-109 精确裁剪内部效果

STEP 10 执行【文件】|【打开】命令，选择素材文件，单击"打开"按钮，选择花纹素材。按 Ctrl+C 快捷键复制，切换到当前编辑窗口，按 Ctrl+V 快捷键粘贴，放置到黄色矩形上。选中两个图形，单击属性栏中的"修剪"按钮 ，选中黄色矩形，单击右键，在弹出的快捷菜单中选择"拆分"选项，删去不要的部分。选中素材，按"+"键复制并填灰色，调整好位置，并将两个图形精确裁剪到小矩形内，效果如图1-110所示。

STEP 11 选择工具箱中的"矩形工具" ，绘制一个矩形，在属性栏中设置转角半径为10mm，效果如图1-111所示。

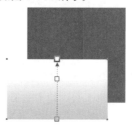 

图 1-110 绘制矩形　　　图 1-111 添加素材及调整图形

STEP 12 框选矩形，单击属性栏中的"简化"按钮 ，按 F12 键，弹出【轮廓笔】对话框，设置轮廓"宽度"为20mm，轮廓"颜色"为白色，单击"确定"按钮。框选矩形，按 Ctrl+G 快捷键组合图形，将"人物"素材复制进来。单击右键拖动素材至群组矩形内，在弹出的快捷菜单中选择"图框精确裁剪内部"选项，按 Ctrl+U 快捷解散群组，分别添加阴影，效果如图1-112所示。

STEP 13 参照前面的操作方法，添加素材，效果如图1-113所示。

图 1-112 绘制矩形　　　图 1-113 精确裁剪效果

STEP 14 选择工具箱中的"文本工具" 字，输入文字，效果如图 1-115 所示。

STEP 15 参照上述操作，绘制另一面，并添加一个黑色背景层，得到最终效果如图 1-116 所示。

图 1-114 添加素材

图 1-115 输入文字

图 1-116 最终效果

技巧点拨

在文本工具状态下，在窗口中单击输入文字，则输入的是美工文字（不可以自动换行）；若是在窗口中拖出矩形框再输入文字，则是段落文字（可以自动换行）。按 Ctrl+F8 快捷键可以实现美工文字和段落文字之间的相互转换。

010 时尚服装吊牌

吊牌卡片设计

本时尚服装吊牌整个画面色彩丰富，色调统一，图形富有动感，从而更好的突出主题。本实例主要运用了矩形工具、文本工具、椭圆形工具、轮廓图工具等，并使用了"图框精确裁剪内部"命令。

文件路径：目标文件 \ 第 1 章 \010\ 时尚服装吊牌 .cdr

视频文件：视频 \ 第 1 章 \010 时尚服装吊牌 .mp4

难易程度：★ ★ ★ ☆ ☆

STEP 01 执行【文件】|【新建】命令，弹出【创建新文档】对话框，设置宽度为 150mm，高度为 140mm，单击"确定"按钮。

STEP 02 选择工具箱中的"矩形工具" □，绘制一个宽 40mm 高 95mm 的矩形，选择工具箱中的"贝塞尔工具" ☑，绘制一曲线，效果如图 1-117 所示。

STEP 03 选中曲线，选择工具箱中的"艺术笔工具" ☑，在属性栏中设置参数如图 1-118 所示。

STEP 04 按 Ctrl+K 快捷键拆分艺术笔群组，单击属性栏中的"修剪"按钮 ☑，删去中间的曲线，选中图形，单击右键，选择"拆分"选项，分别填充颜色，效果如图 1-119 所示。

图 1-117 绘制矩形和曲线

图 1-118 艺术笔参数及效果

图 1-119 填充图形

STEP 05 参照上述操作，绘制其它图形，效果如图 1-120 所示。

STEP 06 选择"椭圆形工具" ☑，按住 Ctrl 键，绘

制两个正圆，并分别填充为绿色（（R184，G210，B0）和黄色（R249，G241，B198），去除轮廓线，效果如图 1-121 所示。

图 1-120 绘制图形　　　图 1-121 绘制正圆

STEP 07 选择工具箱中的"椭圆形工具" ，绘制椭圆图形，选择工具箱中的"吸引工具" ，在椭圆上向下涂抹，并填充为红色（R235，G93，B35），去除轮廓线，效果如图 1-122 所示。

STEP 08 按 Alt+F8 快捷键，打开旋转泊坞窗，设置参数如图 1-123 所示。

图 1-122 绘制图形　　　图 1-123 旋转参数

STEP 09 单击"应用"按钮，再绘制几个小白色正圆，效果如图 1-124 所示。

STEP 10 按"+"键复制多个，并改变大小和颜色，效果如图 1-125 所示。

图 1-124 旋转复制效果　　　图 1-125 复制图形

STEP 11 选择工具箱中的"贝塞尔工具" ，绘制叶子，并填充为绿色（R195，G215，B0），去除轮廓线，效果如图 1-126 所示。

STEP 12 选择"螺纹工具" ，在属性栏中设置螺纹回圈为 2，分别填充不同的颜色，效果如图 1-127 所示。

STEP 13 选择工具箱中的"贝塞尔工具" ，绘制图形，并填充椭圆形渐变色，效果如图 1-128 所示。

图 1-126 绘制叶子　　图 1-127 绘制螺纹　　图 1-128 绘制水溅图形

STEP 14 选择"星形工具" ，在属性栏中设置边数为 4，锐度为 80，绘制多个星形，并填充白色，去除轮廓色，效果图 1-129 所示。

STEP 15 框选除矩形外的所有图形，按 Ctrl+G 快捷键组合图形，右键拖至矩形内，在弹出的快捷菜单中选择"图框精确裁剪内部"，效果如图 1-130 所示。

STEP 16 选择"文本工具" ，输入文字，设置字体为"迷你简汉真广告标"，并填充渐变色，效果如图 1-131 所示。

图 1-129 绘制星形　　图 1-130 图框精确　　图 1-131 输入裁剪内部效果　　　　　　文字并填充渐变色

技巧点拨

要选取某个图形以外的图形，可以先将所有图形框选，然后按住 Shift 键，单击不需要选取的图形即可。同理，如果在多个图形中只选少数几个，可以按住 Shift 键，单击要选中的图形。

STEP 17 选中矩形，按"+"键复制一层，按住 Ctrl 键，单击图形，进入图框，设置图框内的图形的透明度为 90，效果如图 1-132 所示。

STEP 18 执行【文件】|【导入】命令，选择素材文件，单击"导入"按钮，导入素材，并绘制两个小椭圆作为穿孔，得到最终效果如图 1-133 所示。

图 1-132 绘制图形

图 1-133 最终效果

01 **1** 乐购女孩会员卡 会员卡片设计

VIP 卡设计，颜色时尚亮丽，充满潮流气息，画面以卡通潮流人物为元素，体现了此服务群体的特性。主要运用了椭圆形工具、矩形工具、透明度工具、文本工具，并使用了"精确裁剪内部"命令。

文件路径：目标文件\第1章\011\乐购女孩会员卡.cdr

视频文件：视频\第1章\011 乐购女孩会员卡.mp4

难易程度：★ ★ ★ ☆ ☆

STEP 01 执行【文件】|【新建】命令，弹出【创建新文档】对话框，设置"宽度"为91mm，"宽度"为55mm，单击"确定"按钮。双击工具箱中的"矩形工具"□，自动生成一个同页面相同大小的矩形，按 F11 键，弹出【渐变填充】对话框，设置参数如图 1-134 所示。

STEP 02 单击"确定"按钮，设置属性栏中的转角半径为 3.0mm，效果如图 1-135 所示。

STEP 03 选择工具箱中的"椭圆形工具"○，按住 Ctrl 键，绘制一个正圆，单击调色板上"灰色"色块，为椭圆填充灰色，右键单击调色板上的无填充按钮☒，去除轮廓线，效果如图 1-136 所示。

STEP 04 按"+"键，复制一层，填充白色，按住 Shift 键，等比例缩小图形，选择工具箱中的"透明度工具"，设置属性栏中的透明类型为"均匀填充"，透明度为 50，效果如图 1-137 所示。

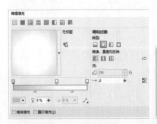

图 1-134 新建文档

图 1-135 渐变填充效果

图 1-136 绘制正圆

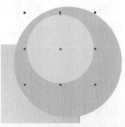

图 1-137 透明度效果

STEP 05 再次复制多个正圆，调整好大小、位置和颜色（部分正圆添加适当透明度），效果如图 1-138 所示。

STEP 06 选择工具箱中的"椭圆形工具"⬭，按住 Ctrl 键，绘制正圆，填充白色，去除轮廓线，设置属性栏中的"高度"和"宽度"都为 42mm，按小键盘"+"键，复制一个，填充为紫色（R150，B33，G86），更改大小为 40mm * 39mm，如图 1-139 所示。

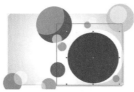

图 1-138 复制图形　　　　图 1-139 渐变填充对话框

STEP 07 按"+"键，复制圆，更改大小为 37mm*36mm，填充为洋红色（R150，G33，B86），再次复制一个，填充为白色，选择工具箱中的"透明度工具"⬭，在白色椭圆上从下往上拖出线性透明度，如图 1-140 所示。

STEP 08 执行"文件"|"导入"命令，导入人物素材，调整大小和位置，如图 1-141 所示。

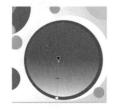

图 1-140 复制图形　　　　图 1-141 导入素材

STEP 09 按 Ctrl+A 快捷键，合选对象，按住 Shift 键，单击背景矩形，去除对矩形的选择，按 Ctrl+G 快捷键，组合对象，执行【对象】【图框精确裁剪】|【置于图文框内部】命令，出现粗黑箭头时单击矩形，裁剪至矩形内，如图 1-142 所示。

图 1-142 精确裁剪　　　　图 1-143 输入文字

STEP 10 选择工具箱中的"文本工具"字，输入文字，设置属性栏中的字体为"方正流行体简"，大小为 24pt，填充为青色，按 F12 键，弹出"轮廓笔"对话框，设置颜色为白色，"宽度"为 1.0mm，单击"确定"

按钮，按"+"键，复制一层，填充黑色，右键单击调色板上的"黑色"色块，更改轮廓色，按方向键，往右下角移动图形，效果如图 1-143 所示。

STEP 11 参照上述操作，再次输入其他文字，分别填充白色和黄色，并添加阴影效果，如图 1-144 所示。

STEP 12 再次绘制一个同样大小的圆角矩形，填充为灰色（R196,G196，B194），导入花纹素材，填充为白色，选择工具箱中的"透明度工具"⬭，设置属性栏中的透明类型为"均匀透明度"，透明度为 50，并精确裁剪到灰色圆角矩形内，效果如图 1-145 所示。

图 1-144 输入文字　　　　图 1-145 导入花纹

STEP 13 选择工具箱中的"矩形工具"⬭，绘制其他矩形，分别填充白色和黑色，如图 1-146 所示。

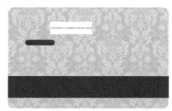

图 1-146 绘制矩形

STEP 14 选择工具箱中的"文本工具"字，输入背面文字，填充黑色，选择工具箱中的"矩形工具"⬭，绘制一个矩形，框住绘制的图形，填充黑色，按 Shift+PageDown 快捷键，调整到图层后面，得到最终效果如图 1-147 所示。

图 1-147 最终效果

01 2 快乐每一天

快乐每一天贺卡的制作，以清新亮丽的颜色为主，加以快乐女孩作为点缀，使用主题轻松活泼，本实例主要运用了矩形工具、文本工具、网状填充工具、手绘工具等工具。

文件路径：目标文件 \ 第 1 章 \012\ 快乐每一天 .cdr

视频文件：视频 \ 第 1 章 \012 快乐每一天 .mp4

难易程度：★ ★ ★ ☆ ☆

01 3 生日祝福卡

生日祝福卡的制作，人物活泼趣味，色彩鲜艳丰富，营造出了很好的节日氛围。本实例主要运用了矩形工具、文本工具、贝塞尔工具等，并使用了"高质量描摹"命令。

文件路径：目标文件 \ 第 1 章 \013\ 生日祝福卡 .cdr

视频文件：视频 \ 第 1 章 \013 生日祝福卡 .mp4

难易程度：★ ★ ★ ☆ ☆

01 4 可爱袜类吊牌

可爱袜类吊牌的制作，通过可爱卡通猪的衬托，并以轻松活泼的颜色和文字加以修饰，从而很好地突出主题。本实例主要运用了矩形工具、文本工具、椭圆形工具、贝塞尔工具等工具，并使用了"图框精确裁剪内部"命令。

文件路径：目标文件 \ 第 1 章 \014\ 可爱袜类吊牌 .cdr

视频文件：视频 \ 第 1 章 \014 可爱袜类吊牌 .mp4

难易程度：★ ★ ☆ ☆ ☆

文字设计

01 7

01 6

01 8

本章内容

文字设计是一种书写创意的视觉表现形式，同时也是设计情感中最具影响力的因素之一。它不但可以表达不同的感情，体现艺术、政治及哲学运动，还可以表现个体或团体的特点。本章主要通过对文字的变形，制作出不同风格的文字效果，通过学习，读者将会对文字设计有更加全面和深入的理解和掌握。

01 5

01 4

01 5

015 Summer 彩色立体字

本实例通过对文字添加多变的渐变色及立体化渲染，从而使文字造型新颖、别致，具有较强的视觉冲击力。其中主要运用了矩形工具、文本工具、艺术笔工具、网状填充工具等，并使用了"插入字符"等命令。

📁 文件路径：目标文件\第2章\015\Summer彩色立体字.cdr

🎬 视频文件：视频\第2章\015 Summer彩色立体字.mp4

📖 难易程度：★ ★ ★ ★ ☆

STEP 01 执行【文件】|【新建】命令，弹出【创建新文档】对话框，设置"宽度"为200mm，"高度"为109mm，单击"确定"按钮。双击工具箱中的"矩形工具" 🔲，绘制一个与页面大小相同的矩形，颜色为绿色（C90，M0，Y75，K0），并除去轮廓线，效果如图2-1所示。

STEP 02 选择工具箱中的"文本工具"，输入相似字体的文字，并按 Ctrl+K 快捷键拆分文字；选择工具箱中的"选择工具" ↙ 调整好文字位置，框选文字，按 Ctrl+Q 快捷键将文字转换，选择工具箱中的"形状工具" ↙ 对文字形状进行调整，并分别填充不同的渐变色，效果如图2-2所示。

图 2-1 绘制矩形　　　　图 2-2 输入文字

STEP 03 下面以 S 字为例讲述文字设计的过程。选择 S 文字，按"+"键复制一层，并按右方向键移动多个像素，效果如图2-3所示。

STEP 04 选择下层的 S 文字，选择工具箱中的"网状填充工具" 🔳 进行填色，效果如图2-4所示。

图 2-3 复制文字　　　　图 2-4 网状填充

STEP 05 选择工具箱中的"贝塞尔工具" ✎，沿着 S 形绘制一曲线，按 F12 键弹出【轮廓笔】对话框，设置"颜色"为 (C20，M80，Y0，K20)，"宽度"为1.5pt。单击"确定"按钮，并按 Ctrl + PageDown 快捷键调整图层顺序，效果如图2-5所示。

STEP 06 选择工具箱中"贝塞尔工具"，绘制两个不规则图形，并分别填充粉色 (C0，M40，Y20，K0) 和红色 (C10，M87，Y57，K2)，并去除轮廓线，效果如图2-6所示。

图 2-5 绘制线条　　　　图 2-6 绘制图形

技巧点拨

在进行网状填充时，双击对象的空白处，可在水平和重直方向各添加一条交叉网格。

STEP 07 选择工具箱中的"调和工具" 🔳，从一个图形拖动到另一图形，创建颜色渐变效果如图2-7所示。

STEP 08 参照上述相同的操作方法，对上层 S 文字进行网状填充，效果如图2-8所示。

图 2-7 交互式调和

图 2-8 网状填充

STEP 09 选择工具箱中的"贝塞尔工具"在上层 S 的左边绘制一线条，并选中此曲线，单击工具箱的艺术笔工具，在属性栏中设置参数，效果如图 2-9 所示。

STEP 10 选择工具箱中的"形状工具"，对图形进行调整，并填充为颜色紫色 (C20, M80, Y0, K20)，去除轮廓线，效果如图 2-10 所示。

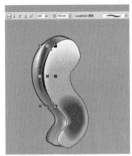
图 2-9 填充颜色

图 2-10 编辑文字

STEP 11 参照上述相同的操作方法，绘制其他文字，效果如图 2-11 所示。

图 2-11 填充颜色

STEP 12 选择工具箱中的"手绘工具"，在图像窗口中绘制一曲线，按 F12 弹出【轮廓笔】对话框，设置参数，如图 2-12 所示。单击"确定"按钮关闭对话框，效果如图 2-13 所示。

图 2-12 轮廓笔参数

图 2-13 绘制曲线

STEP 13 选择工具箱中的"贝塞尔工具"绘制一花瓣，并填充为黄色 (C2, M7, Y24, K0)，去除轮廓线，效果如图 2-14 所示。

STEP 14 按"+"键复制一层，选择工具箱中的"形状工具"，调整形状，并用网状填充工具对其进行填色，效果如图 2-15 所示。

STEP 15 选择工具箱中的"贝塞尔工具"绘制花瓣上的高光和阴暗部分，并分别填充白色和紫色，并去除轮廓线；选择工具箱中的"透明度工具"对图形进行透明度调整，效果如图 2-16 所示。

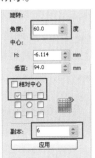
图 2-14 绘制　　图 2-15 网状　　图 2-16 绘制图形
花瓣图形　　　填充效果

STEP 16 框选图形，按 Ctrl+G 快捷键组合图形，按 Alt+F8 快捷键打开变换泊坞窗，设置参数如图 2-17 所示。单击"应用"按钮，旋转复制效果如图 2-18 所示。

图 2-17 旋转参数　　　　图 2-18 旋转复制效果

STEP 17 按 Ctrl+G 快捷键组合图形，选择工具箱中的"选择工具"，拖动图形，拖动到合适位置单击右键复制图形。

STEP 18 参照上述相同的操作方法复制多个，并调整好大小和位置，效果如图 2-19 所示。

STEP 19 按 Ctrl+F11 快捷键，打开插入字符面板，如图 2-20 所示。

图 2-19 复制图形

图 2-20 插入字符

STEP 20 选择工具箱中的"选择工具" ，将图形拖入图像窗口，填充颜色为浅蓝色 (C10，M0，Y0，K0)，效果如图 2-21 所示。

STEP 21 参照上述相同的操作方法，输入其他文字，并添加相应的装饰图，得到最终效果如图 2-22 所示。

图 2-21 插入字符

图 2-22 最终效果

01 6 麦克团购

团购网站文字设计

本实例设计的是一网站的文字设计，通过文字的变形使得文字之间不再那么单调，加上背景光晕的效果，体现出文字的质感以及透明感。主要运用了透明度工具、3 点曲线工具、矩形工具、文本工具、轮廓图工具、形状工具等工具，并使用了"导入"和"拆分轮廓图"命令。

文件路径：目标文件 \ 第 2 章 \016\ 麦克团购 .cdr

视频文件：视频 \ 第 2 章 \016 麦克团购 .mp4

难易程度：★ ★ ★ ☆ ☆

STEP 01 执行【文件】|【新建】命令，弹出【创建新文档】对话框，设置"宽度"为 297mm，"高度"为 180mm，单击"确定"按钮，如图 2-23 所示。

STEP 02 执行"文件"|"导入"命令，导入背景素材 .cdr，按 P 键使素材与页面居中，如图 2-24 所示。

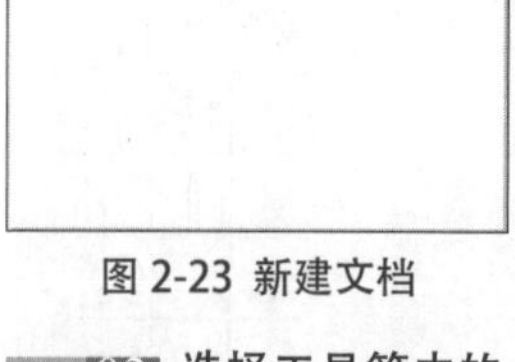

图 2-23 新建文档

图 2-24 导入素材

STEP 03 选择工具箱中的"文本工具" ，在绘图页面输入"麦客团购"，设置属性栏中的字体为"方正大黑简体"，如图 2-25 所示。

STEP 04 保持文字的选择状态，按 Ctrl+K 快捷键，拆分文字，单独选中"麦"字，按 Ctrl+Q 快捷键，

将文字转换为曲线，选择工具箱中的"形状工具" ，调整文字的形状，如图 2-26 所示。

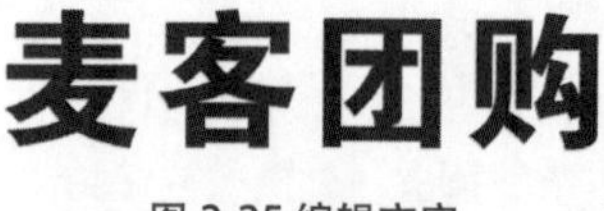

图 2-25 编辑文字

图 2-26 调整文字的形状

STEP 05 通过使用相同的方法来调整其它文字的形状，如图 2-27 所示。

图 2-27 调整文字的形状

STEP 06 选择工具箱中的"选择工具"🔁，框选文字，移至背景上，单击调色板上的"白色"色块，为文字图填充白色，效果如图 2-28 所示。

图 2-28 填充颜色

STEP 07 选择工具箱中的"选择工具"🔁，选中"客"字，填充颜色为黄色（R254, G209, B4），按"+"键，原位复制，颜色改为橘红色（R253, G44, B1），选择工具箱中的"透明度工具"🖐，在文字上拖动鼠标拉出透明效果，调整文字的透明度，效果如图 2-29 所示。

STEP 08 选择工具箱中的"文本工具"🇫，输入文字，设置属性栏中的字体为"方正综艺简体"，左键调色板上的"白色"色块，为文字填充白色，如图 2-30 所示。

图 2-29 调整透明度　　　　图 2-30 输入文字

STEP 09 选中文字，按 Ctrl+G 快捷键，将文字群组，选择工具箱中的"轮廓图工具"🔳，在文字上拖动鼠标绘制轮廓图，设置属性栏中的填充色为深红色（R134, G6, B7），按 Ctrl+K 快捷键，拆分轮廓图，选择工具箱中的"形状工具"🔽，调整轮廓图的形状，如图 2-31 所示。

图 2-31 轮廓图效果

STEP 10 通过上述相同的方法，继续绘制轮廓图，设置属性栏中填充色为红色（C0, M100, Y100, K0），效果如图 2-32 所示。

图 2-32 轮廓图效果

STEP 11 选择工具箱中的"3 点曲线工具"🔳，绘制图形，并单击调色板上的"白色"色块，为图形填充白色，选择工具箱中的"透明度工具"🖐，在图形上拖动鼠标绘制图形的透明效果，如图 2-33 所示。

图 2-33 调整透明度

STEP 12 通过运用相同的方法，绘制其他图形的透明效果，得到最终的效果如图 2-34 所示。

图 2-34 最终效果

技巧点拨

轮廓图工具处理的轮廓对象必须是独立的对象，不能是群组对象。

017 音乐糖果字

商业海报文字设计

本实例通过融合象征音乐的背景图片与文字，渲染出音乐的节奏与动感。本实例制作主要运用了矩形工具、文本工具、立体化工具、星形工具等，并使用了"图框精确裁剪内部"和"半色调"等命令。

🎭 文件路径：目标文件 \ 第 2 章 \017 音乐糖果字 .cdr

🎬 视频文件：视频 \ 第 2 章 \017 音乐糖果字 .mp4

📙 难易程度：★ ★ ★ ☆ ☆

STEP 01 执行【文件】|【新建】命令，弹出【创建新文档】对话框，设置"宽度"为 68mm，"高度"为 50mm。双击工具箱中的"矩形工具" 🔲，绘制一个与画板大小相同的矩形。按 F11 键弹出【渐变填充】对话框，设置参数如图 2-35 所示。

STEP 02 单击"确定"按钮，效果如图 2-36 所示。

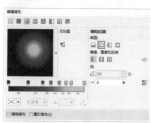

图 2-35 渐变填充参数　　图 2-36 渐变填充效果

STEP 03 选择工具箱中的"多边形工具" 🔲，在属性栏中设置"点数和边数"为 3，在窗口中绘制图形，效果如图 2-37 所示。按 Alt+F8 快捷键打开变换泊坞窗，如图 2-38 所示。单击"应用"按钮，效果如图 2-39 所示。

图 2-37
绘制三角形

图 2-38 旋转
复制参数

图 2-39 复制效果

STEP 04 选中所示复制图形，按 Ctrl+G 快捷键组合对象。选择工具箱中的"透明度工具" 🔲，在属性栏中设置透明度为 95，效果如图 2-40 所示。

STEP 05 用右键将此图形拖入矩形后松开，在弹出的快捷菜单中选择"图框精确裁剪内部"，选中图形；单击右键，选择"编辑内容"，运用"选择工具" 🔲 将图形位置调整好；单击右键选择"结束编辑"，效果如图 2-41 所示。

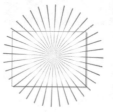

图 2-40 透明效果　　图 2-41 精确裁剪内部效果

STEP 06 选择工具箱中"椭圆形工具" 🔲，绘制椭圆，并填充从黑色到白色的椭圆形渐变，效果如图 2-42 所示。

STEP 07 执行【位图】|【转化为位图】命令，弹出【转化为位图】对话框并设置参数，如图 2-43 所示。

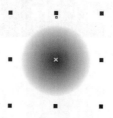

图 2-42 渐变效果　　图 2-43 设置转化为位图参数

STEP 08 执行【位图】|【颜色转换】|【半色调】命令,弹出【半色调】对话框并设置参数,如图2-44所示。

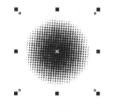

图2-44 半色调参数

STEP 09 单击"确定"按钮,效果如图2-45所示。

STEP 10 执行【位图】|【轮廓描摹】|【高质量图像】命令,弹出【高质量图像】对话框,设置参数为默认。单击"确定"按钮,运用"选择工具"调整好位置,效果如图2-46所示。

图2-45 半色调效果   图2-46 描摹效果

STEP 11 执行【文件】|【导入】命令,弹出【导入】对话框,选择素材并将其导入,运用选择工具调整好位置,效果如图2-47所示。

STEP 12 选择工具箱中的"椭圆形工具" ⬭ ,绘制多个大小不一的圆。全选椭圆,在属性栏中单击"合并"按钮 ⬚ ,并填充如图2-35所示渐变色,效果如图2-48所示。

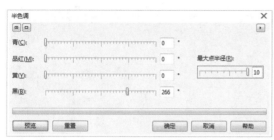

图2-47 导入素材   图2-48 绘制椭圆

STEP 13 选择"文本工具" 字 ,输入"music"文字,设置字体为Cookies,按Ctrl+Q快捷键将文字转曲,并填充为黄色 (C22, M36, Y67, K0) 到深灰色 (C93, M88, Y89, K80) 的线性渐变,效果如图2-49所示。

STEP 14 按"+"键复制一层,选择工具箱中的"立体化工具",在属性栏中设置如图2-50所示。

图2-49 输入文字   图2-50 立本化参数

STEP 15 按Ctrl+PageDown快捷键调整图层顺序,效果如图2-51所示。

STEP 16 选择上层文字,再复制一层,并填充为红色,按Ctrl+K快捷键拆分文字,效果如图2-52所示。

图2-51 立体化效果   图2-52 复制图形

STEP 17 下面以"M"文字为例,讲解文字的编辑方法。选中M,按"+"键复制一层。按住Shift键,同时将光标定位在M的右上方,在出现双向箭头时,往内拖动,并填充颜色为黄色 (C0, M62, Y96, K0)。按F10键切换到"形状工具" ⬚ ,对图形进行调整,效果如图2-53所示。

STEP 18 选择工具箱中的"调和工具" ⬚ ,在两个图形上拖动,效果如图2-54所示。

STEP 19 选择工具箱中的"贝塞尔工具" ⬚ ,绘制高光区,并填充为橘黄色 (C0, M62, Y96, K0) 到白色的线性渐变,效果如图2-55所示。

图2-53 复制并   图2-54 交互式调   图2-55 绘制图形
调整文字形状   和效果

STEP 20 参照制作M的方法,制作其他文字,效果如图2-56所示。

图2-56 绘制图形

STEP 21 选择工具箱中的"星形工具"▣，在属性栏中设置边数为4，锐度为90，在图像窗口中绘制星形；按"+"键复制多个，并运用"选择工具"▣调整大小和旋转角度，效果如图 2-57 所示。

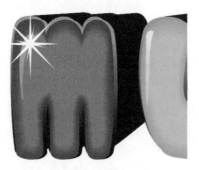

图 2-57 绘制星形

STEP 22 运用"选择工具"▣将图形放置到背景图上，得到最终效果如图 2-58 所示。

图 2-58 最终效果

01**8** SPRING 立体字　　　商业平面广告字设计

本实例将文字添加立体效果，并配以早春的嫩绿色作为渲染，从而使文字具有层次和透视感，可作为标题文字使用。本实例主要运用了贝塞尔工具、文本工具、透明度工具、椭圆形工具等。

| 文件路径：目标文件 \ 第 2 章 \018\SPRING 立体字 .cdr |
| 视频文件：视频 \ 第 2 章 \018 SPRING 立体字 .mp4 |
| 难易程度：★ ★ ★ ☆ ☆ |

STEP 01 执行【文件】|【新建】命令，弹出【创建新文档】对话框，设置参数如图 2-59 所示，单击"确定"按钮，新建文档。双击工具箱中的"矩形工具"▣，绘制一个与画板大小相同的矩形。按 F11 键，弹出【渐变填充】对话框，设置参数如图 2-60 所示。

图 2-59 创建新建文档

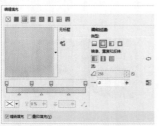

图 2-60 填充渐变参数

STEP 02 单击"确定"按钮，效果如图 2-61 所示。

STEP 03 选择工具箱中的"椭圆形工具"▣，在图像窗口中绘制椭圆，并填充如图 2-62 所示渐变色。

图 2-61 渐变效果

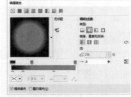

图 2-62 填充渐变参数

STEP 04 选中椭圆，选择工具箱中的"透明度工具"▣，在属性栏中设置透明类型为"均匀透明度"，合并模式为"添加"，透明度为 70，效果如图 2-63 所示。

STEP 05 参照上述相同的操作方法，绘制多个椭圆，效果如图 2-64 所示。

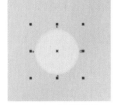 

图 2-63 绘制图形　　　图 2-64 绘制其他图形

STEP 06 选择工具箱中的"文本工具"，输入文字"SPRING"，按 Ctrl+K 快捷键拆分文字，选中 S，按 Ctrl+Q 快捷键转曲文字，并填充为白色，选择工具箱中的"轮廓图工具"，在属性栏中设置"轮廓图步长"为 1，"轮廓图偏移"为 1.5mm，按 Ctrl+K 快捷键拆分轮廓图，选中外层，按 F11 键弹出渐变填充对话框，设置参数如图 2-65 所示。

STEP 07 按 Ctrl+ PageDown 快捷键调整图层顺序，参照此法编辑其他文字，效果如图 2-66 所示。

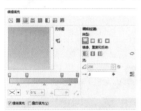 

图 2-65 渐变填充参数　　　图 2-66 绘制图形

STEP 08 选中文字，按 Ctrl+G 快捷键组合对象，执行【效果】|【添加透视】命令进行调整，然后按 Ctrl+U 快捷键取消组合对象，效果如图 2-67 所示。

STEP 09 选中 S 绿色渐变层，选择工具箱中的"立体化工具"，在图形上从左往右拖动，，灭点坐标 X 为 22mm，Y 为 0.6mm，按 Ctrl+K 快捷键拆分立体化群组，选中相应的色块，单击属性栏中的"合并"按钮，设置渐变参数如图 2-68 所示。

图 2-67 透视效果　　　图 2-68 填充渐变参数

技巧点拨

　　在任一对象中添加的调和、透明度、轮廓图、阴影、立体化等效果，都可以进行拆分，以单独进行编辑。

STEP 10 单击"确定"按钮，效果如图 2-69 所示。

STEP 11 参照上述操作方法，编辑其他图形，效果如图 2-70 所示。

图 2-69 编辑渐变　　　图 2-70 编辑图形

STEP 12 选择工具箱中的"贝塞尔工具"，沿 S 边缘绘制边缘高光，并填充相应的颜色，效果如图 2-71 所示。

STEP 13 参照制作 S 文字的操作方法绘制其他文字，效果如图 2-72 所示。

图 2-71 绘制图形　　　图 2-72 制作其它透视立体文字

STEP 14 选择工具箱中的"椭圆形工具"，绘制椭圆，并填充如图 2-73 所示渐变色。

STEP 15 单击"确定"按钮，选择"透明度工具"，在属性栏中设置参数，效果如图 2-74 所示。

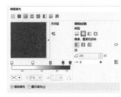 

图 2-73 渐变参数　　　图 2-74 透明度参数及效果

STEP 16 按"+"键复制多个，并选择工具箱中的"选择工具"调整好位置，按 Ctrl+ PageDown 快捷键调整图层顺序，效果如图 2-75 所示。

图 2-75 调整位置　　　图 2-76 渐变参数

STEP 17 参照上述操作方法，绘制图形，填充如图 2-76 所示参数的渐变色，单击"确定"按钮。

STEP 18 选择工具箱中的"透明度工具" ，在属性栏中设置透明度类型为"均匀透明度"，"合并模式"为"乘"，效果如图 2-77 所示。

图 2-77 透明度调整

STEP 19 执行【文件】|【导入】命令，弹出【导入】对话框，选择素材，单击"导入"按钮，运用"选择工具" 调整好位置和图层顺序，得到最终效果如图 2-78 所示。

图 2-78 最终效果

019 趣味花样文字

卡通文字设计

本实例设计的是一则趣味花样文字，整体画面的视觉效果很强烈，黄色，橘色，绿色搭配在一起很具时尚感。主要运用了文本工具、透明度工具、轮廓图工具、钢笔工具、阴影工具等工具，并执行了"转换为位图""高斯式模糊"等命令。

📁 文件路径：目标文件 \ 第 2 章 \019\ 趣味花样文字 .cdr

🎬 视频文件：视频 \ 第 2 章 \019 趣味花样文字 .mp4

📖 难易程度：★ ★ ★ ☆ ☆

STEP 01 执行【文件】|【新建】命令，弹出【创建新文档】对话框，设置"宽度"为 297mm，"高度"为 210mm，单击"确定"按钮，如图 2-79 所示。

图 2-79 新建文档　　　　图 2-80 编辑文字

STEP 02 选择工具箱中的"文本工具" ，设置属性栏中的字体为"方正胖头鱼简体"，输入文字，设置渐变填充颜色为黄色（C0, M37, Y100, K0）到橘黄色（C0, M54, Y100, K0）再到橘红色（C0, M100, Y100, K0）的线性渐变填充，如图 2-80 所示。

STEP 03 选择工具箱中的"选择工具" ，选中文字，按 Ctrl+K 快捷键，拆分文字，运用"选择工具" ，选中"鹿"字，按 Ctrl+Q 快捷键，转换为曲线，选择工具箱中的"形状工具" ，调整文字的形状，如图 2-81 所示。

STEP 04 选择工具箱中的"选择工具" ，选中"鹿"字中间的部分，选择工具箱中的"阴影工具" ，在图形上拖动鼠标，添加阴影效果，如图 2-82 所示。

STEP 05 选择工具箱中的"选择工具" ，框选文字，按 F12 键弹出【轮廓笔】对话框，设置"轮廓宽度"为 1.0mm，单击"确定"按钮，如图 2-83 所示。

图 2-81 文字变形

图 2-82 添加阴影

图 2-83 轮廓笔填充

STEP 06 选择工具箱中的"螺纹工具" ⊚，设置属性栏中的"螺纹回圈"为 1，单击"对称式螺纹"按钮 ⊚，设置属性栏中的"轮廓宽度"为 1mm，在多处位置上绘制，如图 2-84 所示。

STEP 07 选择工具箱中的"选择工具" ▷，框选文字，按 Ctrl+G 快捷键，群组图形，选择工具箱中的"轮廓图工具" ▣，设置属性栏中的"步长"为 1，设置轮廓色为黑色和填充色为绿色，按 Enter 键，确定参数设置，按方向键将图形往左下角移动稍许，如图 2-85 所示。

STEP 08 选择工具箱中的"3 点曲线工具" ▣，在四处绘制图形，左键调色板上的黑色，右键调色板上的无填充按钮 ⊠，去除轮廓线，如图 2-86 所示。

图 2-84 绘制螺纹

图 2-85 轮廓图效果

图 2-86 绘制图形

STEP 09 选择工具箱中的"椭圆形工具" ◯，按 Ctrl 键，绘制多个大小不一的正圆，填充黑色，选中绘制好的正圆，单击属性栏中的"合并"按钮 ▣，如图 2-87 所示。

STEP 10 选择工具箱中的"3 点曲线"工具 ▣，绘制图形，左键调色板上的白色，执行"位图"|"转换为位图"命令，弹出"转换为位图"对话框，保持默认值，单击"确定"按钮，再执行"位图"|"模糊"|"高斯式模糊"命令，弹出"高斯式模糊"对话框，保持默认值，单击"确定"按钮即可，如图 2-88 所示。

图 2-87 合并图形

图 2-88 绘制高光

STEP 11 参照上述制作高光效果的操作方法，在多处绘制高光，如图 2-89 所示。

STEP 12 通过对"鹿"字的编辑，完成其他两个字的编辑，得到如图 2-90 所示的效果。

图 2-89 高光效果

图 2-90 绘制图形

STEP 13 执行"文件"|"导入"命令，导入帽子素材 .cdr"，放置合适的位置，如图 2-91 所示。

图 2-91 导入素材

STEP 14 参照上述操作，绘制其他的图形，得到最终的效果如图 2-92 所示。

图 2-92 最终效果

技巧点拨

在调整文字形状的过程中，充分的运用属性栏中的各种节点工具，调整到想要的形状，在有必要的时候需要运用其他的工具来辅助完成图形（如涂抹工具等）。

020 彩色斑点立体字

本实例制作的是彩色斑点字，以立体字为主体，运用象形泡沫加以衬托，从而更能突出文字的炫丽和活泼。本实例主要运用了矩形工具、文本工具、椭圆形工具、文体化工具、PostScirpt 填充等，并运用了"精确裁剪内部"等命令。

文件路径：目标文件\第2章\020彩色斑点立体字.cdr

视频文件：视频\第2章\020 彩色斑点立体字.mp4

难易程度：★ ★ ☆ ☆ ☆

STEP 01 执行【文件】|【新建】命令，弹出【创建新文档】对话框，设置参数如图 2-93 所示。单击"确定"按钮，新建文档。

STEP 02 双击工具箱中的"矩形工具" □，绘制一个与页面大小一样的矩形，按 F11 键，弹出渐变填充对话框，设置参数如图 2-94 所示。

图 2-93 新建文档　　图 2-94 填充渐变参数

STEP 03 单击"确定"按钮，效果如图 2-95 所示。

图 2-95 渐变效果　　图 2-96 绘制图形

STEP 04 选择工具箱中的"矩形工具" □ 绘制一个 8mm×300mm 的长条矩形，右键单击调色板上的 ⊠，去除轮廓，选中长条矩形；按住 Shift 键，左键拖动矩形，释放的同时单击右键，复制一矩形，并

多次按 Ctrl+D 快捷键再制多个；全选长条矩形，单击属性栏中的"合并"按钮 □，效果如图 2-96 所示。

STEP 05 选中条形，设置渐变参数如图 2-97 所示。

STEP 06 单击"确定"按钮，选择工具箱中的"透明度工具" △，在属性栏中设置透明度为 50，效果如图 2-98 所示。

图 2-97 渐变参数　　图 2-98 透明度效果

STEP 07 选择工具箱中的"椭圆形工具" ○，绘制一椭圆，并设置渐变参数如图 2-99 所示，效果如图 2-100 所示。

图 2-99 设置渐变参数　　图 2-100 渐变效果

STEP 08 选中椭圆，按"+"复制多个，并调整位置和大小，效果如图 2-101 所示。

技巧点拨

在复制过程中，要注意各个椭圆之间的上下关系和大小搭配，以达到画面的整体和谐。

STEP 09 选择工具箱中的"矩形工具" □ 绘制多个长条矩形，并在属性栏中设置转角半径为100，并复制椭圆填充色，效果如图2-102所示。

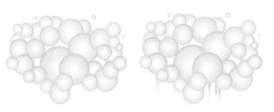

图 2-101 复制椭圆   图 2-102 绘制矩形

STEP 10 框选图形，按"+"键复制一层，单击属性栏中的"合并"按钮 □，并填充为青色 (C78，M19，Y27，K0)，调整图层至所有椭圆下层，并用方向键微调，效果如图2-103所示。

STEP 11 选择工具箱中的"文本工具" 字，输入"NEW"文字，设置"字体"为"汉仪超粗圆简"。按 Ctrl+K 快捷键拆分文字，选择工具箱中的"选择工具" □，调整位置和旋转角度。选中"N"文字，执行【效果】|【添加透视】命令，并分别填充渐变色，效果如图2-104所示。

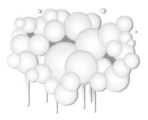

图 2-103 填充效果   图 2-104 输入文字

STEP 12 按F12键，弹出【轮廓笔】对话框，设置"颜色"为灰色 (C0，M0，Y0，K10)，"宽度"为2mm，效果如图2-105所示

图 2-105 添加轮廓   图 2-106 渐变参数

STEP 13 选择工具箱中的"立体化工具" □，在"N"文字上从中上往右上角拖动，在属性栏中设置灭点

坐标 X 值为106mm，Y 值为57mm，按 Ctrl+K 快捷键拆分立体化群组，选中相应的色块，单击属性栏中的"合并"按钮 □，并填充如图2-106所示渐变色。单击"确定"按钮，效果如图2-107所示。

STEP 14 参照上述操作方法，编辑"N"文字的其他边缘，效果如图2-108所示。

图 2-107 立体化及渐变   图 2-108 渐变填充效果
　　　　 填充效果

STEP 15 选择 N，按"+"键复制一层，选择工具箱中的"编辑填充" □，在【编辑填充】对话框中单击"PostScript 填充"按钮 □，，设置参数如图2-109所示。单击"确定"按钮，效果如图2-110所示。

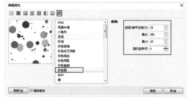

图 2-109 设置 PostScript 填充参数   图 2-110 填充效果

STEP 16 参照制作 N 的操作方法，制作其他文字，效果如图2-111所示。

图 2-111 制作其它文字

STEP 17 框选立体字，将其放置到背景图层上，得到最终效果如图2-112所示。

图 2-112 最终效果

02 **1** 奶油字   艺术类广告文字设计

本实例制作的是奶油字效果，通过将文字填充为与奶油相似的颜色，并进行艺术化处理，使整个文字仿佛弥漫着奶油之香。本实例主要运用了贝塞尔工具、文本工具、阴影工具、调和工具等。

🍶 文件路径：目标文件 \ 第 2 章 \021\ 奶油字 .cdr

🎬 视频文件：视频 \ 第 2 章 021 奶油字 .mp4

📖 难易程度：★ ★ ☆ ☆ ☆

STEP 01 执行【文件】|【新建】命令，弹出【创建新文档】对话框，设置参数如图 2-113 所示。单击"确定"按钮，新建文档。选择工具箱中的"文本工具"字，输入文字，并填充如图 2-114 所示渐变色。

图 2-113 新建文档　　　图 2-114 填充渐变参数

STEP 02 单击"确定"按钮，效果如图 2-115 所示。

STEP 03 选择工具箱中的"阴影工具" ◨，在文字上从上往下拖动，出现两个小框时，将调色板上的红色拖入黑色小框，效果如图 2-116 所示。

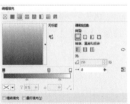

图 2-115 渐变填充效果　　　图 2-116 阴影效果

STEP 04 选择工具箱中的"贝塞尔工具" ◣，绘制黄油的形状，并填充黄色 (C0，M25，Y90，K0)，并去除轮廓线，效果如图 2-117 所示。

STEP 05 选择工具箱中的"椭圆形工具" ◯，并填充如图 2-118 所示渐变色。

图 2-117 绘制图形　　　图 2-118 填充渐变参数

STEP 06 单击"确定"按钮，填充渐变色。按"+"键复制多个，并选择工具箱中的"选择工具"调整好大小和位置，效果如图 2-119 所示。

STEP 07 选择工具箱中的"贝塞尔工具" ◣绘制两个不规则图形，并分别填充为白色和黄色 (C0，M20，Y100，K0)，效果如图 2-120 所示。

图 2-119 绘制图形　　　图 2-120 绘制图形

STEP 08 选择工具箱中的"调和工具" ▣，从白色图形拖到黄色图形，并放置黄油图层上，效果如图 2-121 所示。

STEP 09 参照上述操作方法，绘制其他高光，效果如图 2-122 所示。

图 2-121 调和效果

图 2-122 绘制图形

STEP 10 选择工具箱中的"星形工具"，在属性栏中设置边数为 4，锐度为 80，在图像窗口中绘制多个，并旋转角度，效果如图 2-123 所示。

图 2-123 绘制星形

STEP 11 双击"矩形工具"，绘制一个矩形，并填充渐变色，得到最终效果如图 2-124 所示。

图 2-124 最终效果

02 2 新年宣传海报文字

商业广告文字设计

新年宣传海报文字，以立体字为基本，并运用渐变色加以渲染，通过细小的椭圆和星形点缀，从而使之具有新年的气氛。本实例主要运用了矩形工具、文本工具、立体化工具、椭圆形工具、星形工具等工具，并使用了"插入字符"等命令。

文件路径：目标文件\第 2 章\022\新年宣传海报.cdr

视频文件：视频\第 2 章\022 新年宣传海报.mp4

难易程度：★ ★ ★ ★ ☆

02 3 Hot GLOBAL 立体字

商业广告文字设计

HOT GLOBAL 以卡通的蓝天为背景，再通过绘制文字拖出的痕迹来突出文字的立体效果，使画面更辽阔高远。本实例主要运用了贝塞尔工具、文本工具、透明度工具、星形工具、椭圆形工具等工具。

文件路径：目标文件\第2章\023\Hot GLOBAL 立体字 .cdr

视频文件：视频\第2章\023 Hot GLOBAL 立体字 .mp4

难易程度：★ ★ ★ ☆ ☆

02 4 水晶字

艺术类广告文字设计

水晶字的设计，通过将文字变形得到，并相应地运用同色系的颜色修饰文字，使之具有立体感的同时，更增添一份晶莹剔透之感。本实例主要运用了矩形工具、贝塞尔工具、文本工具、封套工具等工具。

文件路径：目标文件\第2章\024\水晶字 .cdr

视频文件：视频\第2章\024 水晶字 .mp4

难易程度：★ ★ ★ ☆ ☆

DM 单设计

本章内容

　　DM 来源于英文 DIRECT MAIL，意为快讯商品广告，通常由八开或十六开广告纸正反面彩色印刷而成。超市常以 DM 形式作为商店周期性的主要促销手段，DM 上所列商品是以季节、月份、天气、温度、流行度、节令等因素所设定。如在夏季以饮料、防暑品、空调等为重点，在冬季则以火锅、熟食、防寒品等为主。一年中的主要节日是做 DM 的最好时机，如：元旦、春节、端午节、中秋节、儿童节、国庆节、圣诞节等。DM 和商品降价特卖、限时抢购、摸彩、抽奖、试吃、竞赛活动等都属商场内重要的促销方式。

025 **5** 房地产广告 房地产 DM 单设计

本实例设计以简洁抽象概念为主导，注重意象的传达，通过竹爆喷射出各种吉祥物和花纹，映射出新年的喜庆和吉祥，思想明确，主旨清晰易懂。主要运用了星形工具、选择工具、矩形工具、透明度工具等工具，并使用了"高斯式模糊"命令。

文件路径：目标文件 \ 第 3 章 \025\ 房地产广告 .cdr

视频文件：视频 \ 第 3 章 \025 房地产广告 .mp4

难易程度：★ ★ ★ ☆ ☆

STEP 01 执行【文件】|【新建】命令，弹出【创建新文档】对话框，设置"宽度"为 285mm"高度"为 385mm，单击"确定"按钮，新建一个空白文档，如图 3-1 所示。

STEP 02 双击工具箱中的"矩形工具"，自动生成一个与页面大小一样的矩形，按 F11 键，弹出渐变填充对话框，设置颜色从深红色（R78，G7，B21）到红色（R146，G22，B24）再到浅红色（R165，G19，B38）椭圆形渐变，如图 3-2 所示。

图 3-1 新建文档　　　图 3-2 渐变填充对话框

STEP 03 单击"确定"按钮，效果如图 3-3 所示。

STEP 04 选择工具箱中的"矩形工具"，绘制一个 12mm*25mm 的矩形，按 F11 键弹出渐变填充对话框，如图 3-4 所示，设颜色为（R146，G36，B39）到（R175，G42，B37）16% 到（R207，G42，B38）24% 到 R225，G97，B72）66% 到（R219，G69，B55）的线性渐变色。

图 3-3 渐变填充　　　图 3-4 渐变参数

STEP 05 选择工具箱中的"椭圆形工具"，绘制一个 12mm*3.8mm 的椭圆，填充为黄色，按"+"键复制一个，将其放置在矩形下端位置，按住 Shift 键，单击矩形，单击属性栏中的"合并"按钮，效果如图 3-5 所示。

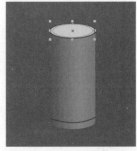

图 3-5 绘制椭圆　　　图 3-6 绘制曲线

STEP 06 选择工具箱中的"钢笔工具"，在矩形下端绘制一条黑色曲线，选择工具箱中的"选择工具"，选中黄色椭圆，按"+"键，复制一层，填充为淡绿色（C27，M0，Y73，K0），轮廓颜色为灰色，效果如图3-6所示。

STEP 07 选中矩形，按"+"键，复制一层，单击属性栏中的"垂直镜像"按钮，调整到矩形下边，选择工具箱中的"透明度工具"，在矩形上从上往下拖出线性透明度，效果如图3-7所示。

STEP 08 选择工具箱中的"椭圆形工具"，绘制一个椭圆，填充为黄色，去除轮廓线，执行"位图"|"转换为位图"命令，单击"确定"按钮，再执行"位图"|"模糊"|"高斯式模糊"命令，设置模糊半径为30像素，如图3-8所示。

图3-7 透明度效果　　　图3-8 高期式模糊效果

STEP 09 拖动光晕，释放的同时单击右键，复制光晕，参照此复制方法，复制多个，调整好大小和位置，如图3-9所示。

STEP 10 执行"文本"|"插入字符"命令，打开"插入字符"泊坞窗，在字体下拉框中选择"fts"字体，在下拉框中选择相应的图形，拖入编辑窗口，如图3-10所示。

图3-9 复制图形　　　图3-10 插入字符
　　　　　　　　　　　　　　　泊坞窗

STEP 11 分别填充相应的颜色，去除轮廓线，效果如图3-11所示。

STEP 12 在"插入字符"泊坞窗中选择"fts1"，选中相应的图形，如图3-12所示。拖入画面，无填色，选中图形，按F12键，弹出【轮廓笔】对话框，设置颜色为橙色（C0，M60，Y100，K0），轮廓宽度为0.5mm，如图3-13所示。

图3-11 填充颜色　　　图3-12 更改字
　　　　　　　　　　　　　　　符参数

STEP 13 参照上述操作，分别在字体下拉框中找到"fts2""fts3"，将相应的图形拖入编辑窗口，分别填充相应的颜色，如图3-14所示。

 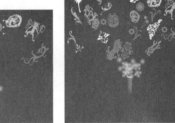

图3-13 插入字符　　　图3-14 插入字符

STEP 14 执行"文件"|"导入"命令，打开其他"其他花纹"素材，分别填充相应的颜色，如图3-15所示。

STEP 15 选择工具箱中的"文本工具"，输入文字，在属性栏中设置字体分别为"迷你繁赵楷"和"华文行楷"，分别填充为白色和橙色，选中黄色字，在属性栏中设置"旋转角度"为253度，如图3-16所示。

图3-15 导入花纹素材　　　图3-16 输入文字

STEP 16 选择工具箱中的"星形工具"，在属性栏中设置"点数或边数"为5，"锐度"为50，按住Ctrl键，在画面中绘制多个星形，填充为红色，如图3-17所示。

图 3-17 绘制星形

STEP 17 选择工具箱中的"文本工具"字，输入文字，填充为金色（R244，G180，B90），得到最终效果如图 3-18 所示。

图 3-18 最终效果

02 6 新源酒店折页

酒店 DM 单设计

本实例制作的是新源酒店折页，通过以高贵的宝石红为主色调，并配以典型实图，体现酒店的奢华和舒适享受。本实例主要运用了矩形工具、阴影工具、文本工具、透明度工具等工具。并使用了"图框精确裁剪内部"命令。

文件路径：目标文件\第 3 章\026\新源酒店折页.cdr

视频文件：视频\第 3 章\026 新源酒店折页.mp4

难易程度：★★★☆☆

STEP 01 执行【文件】|【新建】命令，弹出【创建新文档】对话框，设置宽度 378mm，高度为 216mm，单击"确定"按钮。

STEP 02 选择工具箱中的"选择工具"，在标尺上拖出几条辅助线，放置到合适位置，选择工具箱中的"矩形工具"，绘制四个高为 216mm，宽为 96mm（居两侧）和 93mm（居中间）的矩形，分别填充为枣红色（C31，M100，Y98，K1）到暗红色（C58，M97，Y96，K18）的线性渐变色，效果如图 3-19 所示。

图 3-19 渐变填充效果

STEP 03 选中第一区域矩形，按 "+" 键复制一个，选择工具箱中的渐变填充，在【渐变填充】对话框中单击 "底纹填充" 按钮，设置底纹参数，然后单击变换按钮，弹出 "变换" 对话框，设置参数如图 3-20 所示。

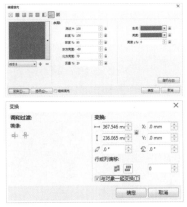

图 3-20 底纹填充参数

STEP 04 选择工具箱中的 "透明度工具"，在属性栏中设置透明度为 30，效果如图 3-21 所示。

STEP 05 按 "+" 键复制一层，填充黑色，选择工具箱中的 "透明度工具" 在图形上从上往下拖动，添加透明度效果。执行【文件】|【打开】命令，选择素材文件，单击 "打开" 按钮，选择相应的花纹，按 Ctrl+C 快捷键复制，切换到编辑窗口，按 Ctrl+V 快捷键粘贴，右键拖动花纹至矩形内，在弹出的快捷菜单中选择 "图框精确裁剪内部" 效果如图 3-22 所示。

图 3-21 透明度效果　　图 3-22 添加素材

STEP 06 参照上述操作，编辑其他矩形，效果如图 3-23 所示。

STEP 07 选择工具箱中的 "贝塞尔工具"，在第四矩形区域，绘制图形，分别填充为黑色和从金色（R210，G148，B0）到（R255，G252，B219）到金色（R207，G154，B0）的圆锥形渐变色，效果如图 3-24 所示。

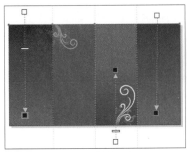

图 3-23 绘制图形　　　　图 3-24 绘制图形

STEP 08 参照前面的方法，添加素材，并放置到合适位置，效果如图 3-25 所示。

图 3-25 添加素材

STEP 09 选择工具箱中的 "贝塞尔工具"，在第三区域绘制图形，填充黑色，设置 "轮廓宽度" 为 2.0，"轮廓颜色" 为黄色（C22，M44，Y97，K0），效果如图 3-26 所示。

STEP 10 选择工具箱中的 "阴影工具"，在属性栏中的预设列表中选择 "小型辉光"，设置 "阴影不透明度" 为 60，"阴影羽化" 为 10，"阴影颜色" 为 "黑色"，效果如图 3-27 所示。

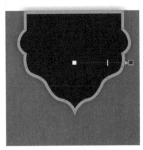

图 3-26 绘制图形　　　图 3-27 添加阴影

STEP 11 添加 LOGO 素材，放置到合适位置，框选黑色图形复制一个，并调整至合适位置，输入相应的文字，并精确裁剪至矩形内，效果如图 3-28 所示。

图 3-28 精确裁剪效果

STEP 12 选择工具箱中的"文本工具" 字，输入其它文字，得到最终效果如图 3-29 所示。

图 3-29 最终效果

027 后谷咖啡折页

饮品 DM 单设计

后谷咖啡以抽象的咖啡图形阐释咖啡的浓香，想象大胆而富有趣味。本实例主要运用了矩形工具、贝塞尔工具、文本工具、透明度工具、椭圆形工具等工具。并使用了"图框精确裁剪内部"命令。

文件路径：目标文件 \ 第 3 章 \027\ 后谷咖啡折页 .cdr

视频文件：视频 \ 第 3 章 \027 后谷咖啡折页 .mp4

难易程度：★ ★ ★ ☆ ☆

STEP 01 执行【文件】|【新建】命令，弹出【创建新文档】对话框，设置宽度为 285mm，高度为 210mm，单击"确定"按钮。

STEP 02 选择工具箱中的"选择工具" ，在标尺上拖出几条辅助线，放置到合适位置，选择工具箱中的"矩形工具" ，绘制四个高为 210mm，宽为 96mm（居两侧）和 93mm 的矩形，分别填充黄色（R199，G155，B84）和从棕色（R148，G87，B45）到黄色（R196，G121，B53）的线性渐变色，效果如图 3-30 所示。

STEP 03 选择工具箱中的"贝塞尔工具" ，绘制图形，并填充为咖啡色（R162，G108，B51），选择工具箱中的"透明度工具" ，设置透明度为 50，效果如图 3-31 所示。

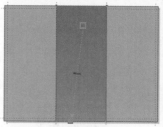

图 3-30 渐变填充效果

图 3-31 绘制图形

STEP 04 选择工具箱中的"椭圆形工具" ，绘制两个大小不一的椭圆，选中两椭圆，单击属栏中的"修剪"按钮 ，选择中间较小的椭圆，缩小放置到右上角，框选图形，按 Ctrl+G 快捷键组合对象，填充为淡黄色（R250，G227，B187），效果如图 3-32 所示。

STEP 05 参照上述操作绘制更多的图形，分别填充为黄色（R242，G177，B62）、咖啡色（R143，G89，B23）效果如图3-33所示。

图3-32 绘制椭圆　　　　图3-33 绘制图形

STEP 06 选择工具箱中的"贝塞尔工具"，绘制杯子，分别填充为黄色（R238，G154，B22）、淡黄色（R242，G177，B62）、（R116，G76，B21）和（R158，G98，B25），效果如图3-34所示。

图3-34 绘制图形

技巧点拨

沿某一不规则图形制作平滑的曲线图形时，可以先复制两次图形并交错放置，单击"修剪"按钮，删去不要的部分，保留需要的圆滑曲线图形。

STEP 07 选中左边的杯子，按"+"键复制一层，放置到中间矩形上，复制一个圆，等比例放大，放置至在右边矩形上，填充为淡黄色（R242，G177，B62）。执行【文件】|【导入】命令，选择素材文件，单击"导入"按钮，放置到适当位置，效果如图3-35所示。

STEP 08 选择工具箱中的"椭圆形工具"，在圆环上绘制一正圆，选择"文本工具"，在正圆上轮廓上单击，输入文字，设置字体为"迷你简汉真广标"，字体大小为8pt，填充为黑色，去除轮廓线，效果如图3-36所示。

图3-35 导入素材　　　　图3-36 输入文字

STEP 09 选择工具箱中的"文本工具"，在中间矩形上输入文字，设置字体为"04b-19"，填充颜色为咖啡色（R147，G88，B39），效果如图3-37所示。

STEP 10 选择工具箱中的"文本工具"，输入其他文字，字体分别设置为"汉仪菱心体简"和"迷你简汉真标"，效果如图3-38所示。

图3-37 输入文字　　　　图3-38 输入文字

技巧点拨

由于位图图像不能像矢量图形一样随意设置颜色，需要对位图图像应用相关的命令才可更改其颜色，在将位图图像导入至图形文件后，可对其应用相应的调色命令，如"色相饱和度""色彩平衡"命令等调整其色调，从而快速获取适合当前图形文件中的色调。

STEP 11 导入"环卫"标志素材，放置右下角，隐藏辅助线，得到最终效果如图3-39所示。

图3-39 最终效果

028 金枫叶

科技 DM 单设计

科技宣传单设计，以蓝色为主要色调，颜色深入浅出，画面清爽，具有层次感，相框与图形的结合使用，增添了广告的真实感觉，更具说服力。主要运用了矩形工具、贝塞尔工具、钢笔工具、椭圆形工具、文本工具等工具。

🗁 文件路径：目标文件 \ 第 3 章 \028\ 科技 DM 单 .cdr

🎬 视频文件：视频 \ 第 3 章 \028 科技 DM 单 .mp4

📘 难易程度：★ ★ ★ ★ ☆

STEP 01 执行【文件】|【新建】命令，弹出【创建新文档】对话框，设置"宽度"为 435mm，"高度"为 290mm，单击"确定"按钮，新建一个空白文档，如图 3-40 所示。

STEP 02 选择工具箱中的"矩形工具"🔲，绘制三个同样大小的矩形，如图 3-41 所示。

 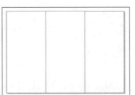

图 3-40 新建文档　　图 3-41 绘制矩形

技巧点拨

本实例制作是一宣传单设计，在制作的过程中，首先要注意的是，这是需要大批量印刷的东西，常用的印刷用纸的尺寸：正度是 787mm*1092mm，大度纸张为 889mm*1194mm。

STEP 03 选择工具箱中的"选择工具"🔲，框选矩形，在属性栏中的重设三个矩形的宽高度，"宽度"为 441mm，"高度"为 296mm，预留给"出血"3mm。

STEP 04 选中矩形，按 F11 键，弹出【渐变填充】对话框，设置参数如图 3-42 所示。

STEP 05 单击"确定"按钮，效果如图 3-43 所示。

图 3-42 【渐变填充】对话框　　图 3-43 渐变填充效果

STEP 06 选择工具箱中的"椭圆形工具"🔲，按住 Ctrl 键，绘制一个直径为 135mm 的正圆，放至页面的相应位置，选中正圆，填充颜色为淡蓝色（C29,M0,Y0,K0），效果如图 3-44 所示。

图 3-44 绘制椭圆　　图 3-45 渐变填充对话框

STEP 07 选择工具箱中的"贝塞尔工具" ，绘制图形，按 F11 键，弹出【渐变填充】对话框，设置参数如图 3-45 所示。

STEP 08 参照上述方法，绘制更多图形，效果如图 3-46 所示。

STEP 09 继续绘制一个不规则的图形，填充为淡蓝色，执行"位图"|"转换为位图"命令，再执行"位图"|"模糊"|"高斯式模糊"命令，弹出"高斯式模糊"对话框，设置模糊"半径"为 113 像素，如图 3-47 所示。

图 3-46 绘制不规则图形　　　图 3-47 高斯模糊效果

STEP 10 选择工具箱中的"椭圆形工具" ，绘制椭圆，填充为白色，选择工具箱中的"透明度工具" ，调整椭圆的透明度，如图 3-48 所示。

STEP 11 参照上述方法，绘制正圆，并调整好大小、颜色和不透明度，效果如图 3-49 所示。

图 3-48 透明度效果　　　　图 3-49 绘制椭圆

STEP 12 选择工具箱中的"矩形工具" ，绘制矩形，设置"高"为 20mm，"宽"为 78mm，填充为黄色，选中矩形，在属性栏中设置"转角半径"为 5mm，效果如图 3-50 所示。

图 3-50 绘制矩形　　　　图 3-51 导入素材

STEP 13 执行"文件"|"导入"命令，弹出"导入"对话框，导入标志 .cdr，选择工具箱中的"选择工

具" ，将其放到页面的合适位置，参照上述操作，再次导入"水滴"素材，并调整至合适位置，如图 3-51 所示。

STEP 14 选择工具箱中的"文本工具" ，输入文字，设置字体为"方正粗宋简体"，大小为"70"，设置"旋转角度"为 -90，填充颜色为无，右键单击调色板上的蓝色块，轮廓色填充为蓝色。

STEP 15 选择工具箱中的"阴影工具" ，在文字上拖出一条阴影，在属性栏中设置阴影类型为"标准"，不透明度为"80%"，羽化为"5"，羽化方向为"向外"，透明度操作为"如果更亮"，阴影颜色为淡青色 (C40，M0，Y0，K0)，如图 3-52 所示。

STEP 16 导入"背景"素材，选中背景图形，选择工具箱中的"透明度工具" ，在属性栏中设置不透明度为 50。

STEP 17 选择工具箱中的"选择工具" ，右键拖动背景素材至中间矩形内，释放鼠标，在弹出的快捷菜单中选择"图框精确裁剪内部"，单击图框下面的"编辑内容"按钮 ，进入图框编辑状态，调整好背景位置，单击图框下面的"结束编辑"按钮 ，复制文字，放置到合适位置，选中文字，填充白色，选择工具箱中的"阴影工具" ，在属性栏中更改阴影颜色为蓝色，如图 3-53 所示。

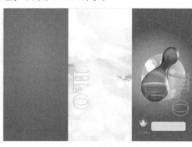

图 3-52 输入　　　　　　图 3-53 导入素材
　　　文字

STEP 18 导入相框及图片素材，放置到左边矩形上方，导入人物素材，放置到中间矩形下方，效果如图 3-54 所示。

图 3-54 导入背景及人物素材　　　图 3-55 复制
　　　　　　　　　　　　　　　　　　　并调整图形

STEP 19 按住 Shift 键，选中右边矩形中除文字以外的所有图形，按"+"键，复制一层，分别调到中间矩形的合适位置，选中圆角矩形，左键单击调色板上的"白色"色块，填充白色，右键单击调色板上的"蓝色"色块，填充轮廓色为蓝色，调整好大小，效果如图 3-55 所示。

STEP 20 选择工具箱中的"矩形工具" ⬚，在中间矩形中，绘制多个矩形，分别填充为青色（C70，M15，Y0，K0）和黄色（C0，M0，Y100，K0），选中矩形，选择工具箱中的"透明度工具" 🔅，在属性栏中设置透明度为 50，如图 3-56 所示。

STEP 21 选择工具箱中的"钢笔工具" 🖊，在左边矩形上，绘制一个不规则图形，填充为青色（C100，M0，Y0，K0），选择工具箱中的"透明度工具" 🔅，在图形上从左往右拖出线性透明度，并导入"电话图标"素材，放置到中间矩形下边，如图 3-57 所示。

图 3-56 绘制矩形　　　图 3-57 复制并调整图形

STEP 22 选择工具箱中的"文本工具" 字，输入文字，效果如图 3-58 所示。

图 3-58 输入文字

STEP 23 参照制作正面的操作方法，制作三折页的背面，得到效果如图 3-59 所示。

STEP 24 选择工具箱中的"选择工具" ▨，框选三折页的正面图形，按 Ctrl+G 快捷键，组合图形。

STEP 25 执行"文件"|"打印预览"命令，弹出【打印预览】对话框，可以查看打印后的效果，如图 3-60 所示。

STEP 26 可以看出页面的效果与制作时的版式效果有出入，所以需重新调整图形的尺寸，这就是打印预览的作用。

图 3-59 折页效果

图 3-60 打印预览

029 盛景美宅

房地产 DM 单设计

本实例制作的是房产 DM 单，画面唯美温馨，简洁大气，在介绍房产项目的同时，传递着一种生活的态度和理想。主要运用了矩形、文本、形状等。并使用了"精确裁剪内部"命令。

📁 文件路径：目标文件 \ 第 3 章 \029\ 盛景美宅 .cdr

🎬 视频文件：视频 \ 第 3 章 \029 盛景美宅 .mp4

📖 难易程度：★ ★ ★ ☆ ☆

STEP 01 执行【文件】|【新建】命令，弹出【创建新文档】对话框，设置宽度 526mm，高度为 326mm，单击"确定"按钮。

STEP 02 选择工具箱中的"选择工具" ⬚，在标尺上拖出几条辅助线，放置到合适位置，选择工具箱中的"矩形工具" ⬚，绘制四个矩形，其中矩形高为 326mm，宽为 132mm（居两侧）和 131mm，分别填充从紫色（R64，G0，B74）到白色的线性渐变和金色（R203，G180，B104），效果如图 3-61 所示。

STEP 03 执行【文件】|【打开】命令，选择素材文件，单击"打开"按钮，选择相应素材，复制到编辑窗口，精确裁剪至相应的矩形内，效果如图 3-62 所示。

图 3-61 绘制矩形并填充　　　图 3-62 添加素材

STEP 04 选择工具箱中的"矩形工具" ⬚，绘制矩形，效果如图 3-63 所示。

STEP 05 参照上述操作，复制相关素材至当前窗口，并分别精确裁剪至相应的矩形内，效果如图 3-64 所示。

图 3-63 绘制矩形　　　图 3-64 添加素材

STEP 06 选择工具箱中的"文本工具" 字，在窗口中输入文字，设置字体为"汉鼎简美黑"和"Adobe 黑体 Std R"，字体大小为 50pt 和 19pt，并填充为白色，效果如图 3-65 所示。

STEP 07 运用"文本工具"，在窗口中拖出一个段落文本框，输入文字，设置"字体"为"Adobe 黑体 Std R"，大小为 13pt，效果如图 3-66 所示。

图 3-65 输入美工文字　　　图 3-66 输入段落文字

STEP 08 参照上述操作，输入其他文字，效果如图 3-67 所示。

图 3-67 输入其它文字

STEP 09 隐藏辅助线，得到最终效果如图 3-68 所示。

技巧点拨

按 F8 键，可快速切换至文本工具，输入文字。

图 3-68 最终效果

03O 春季购物节

超市 DM 单设计

本实例制作的是节气促销 DM 单，以绿色为主色调，突出春暖花开的季节特点，同时整个画面柔美温馨，具有较强的视觉冲击力。本实例主要运用了矩形工具、文本工具、立体化工具、形状工具、基本形状工具等，并使用了"精确裁剪内部"命令。

文件路径：目标文件 \ 第 3 章 \030\ 春节购物节 .cdr

视频文件：视频 \ 第 3 章 \030 春节购物节 .mp4

难易程度：★ ★ ★ ☆ ☆

STEP 01 执行【文件】|【新建】命令，弹出【创建新文档】对话框，设置宽度为 210mm，高度为 285mm，单击"确定"按钮。双击"矩形工具" ▢，自动生成同页面相同大小的矩形，并填充从绿色（C61，M0，Y96，K0）到白色的椭圆形渐变，效果如图 3-69 所示。

STEP 02 执行【文件】|【打开】命令，选择素材文件，单击"打开"按钮，选中背景素材，按 Ctrl+C 快捷键复制，切换到当前编辑窗口，按 Ctrl+V 快捷键粘贴，并将素材精确裁剪至矩形内，效果如图 3-70 所示。

图 3-69 绘制矩形

图 3-70 添加素材

STEP 03 选择工具箱中的"文本工具" ⅀，输入文字，按 Ctrl+K 快捷键拆分文字，并调整大小和位置，效果如图 3-71 所示。

STEP 04 框选文字，按 Ctrl+Q 快捷键，转曲文字，选择工具箱中的"形状工具" ⟨，调整文字，添加花纹素材，放置到合适位置，框选文字和花纹，单击属性栏中的"合并"按钮 ⬚，并填充从（C46，M99，Y95，K5）到（C2，M100，Y3，K0）到（C0，M100，Y1，K0）到（C0，M100，Y，K0）的线性渐变，效果如图 3-72 所示。

图 3-71 输入文字　　　　图 3-72 填充渐变

STEP 05 选择图形，设置"轮廓宽度"为 4mm，"轮廓颜色"为白色，放置到背景上，效果如图 3-73 所示。

STEP 06 选择工具箱中的"文本工具"字，输入"spring"，设置字体为"汉仪粗宋简"，按 Ctrl+K 快捷键，拆分文字，调整好位置，选中 S，选择工具箱中的"立体化工具"，在 S 上拖动，按 Ctrl+k 快捷键拆分立体文字，分别填充渐变色，效果如图 3-74 所示。

图 3-73 添加轮廓

图 3-74 立体化效果

STEP 07 参照上述操作，编辑其他文字，并添加蝴蝶素材，效果如图 3-75 所示。

图 3-75 编辑文字

STEP 08 选择工具箱中的"基本形状工具"，在属性栏中单击完美形状按钮，选择心形，在窗口中绘制，并填充从淡红色（C0，M20，Y20，K0）到红色（C0，M100，Y100，K0）的椭圆形渐变，按"+"键复制两个，并错开放置。选中两个心形，单击"修剪"按钮，删除不需要的部分，填充为白色，设置透明度为 64，效果如图 3-76 所示。

图 3-76 绘制心形

STEP 09 参照上述操作，绘制更多的心形，效果如图 3-77 所示。

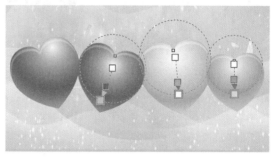

图 3-77 复制心形

STEP 10 选择工具箱中的"文本工具"字，输入文字，得到最终效果如图 3-78 所示。

图 3-78 最终效果

03 1 中国电信我的 e 家

电信 DM 单设计

本实例制作的是电信 DM 单，色彩过渡柔和，颜色使用恰当，整个画面热闹而不零乱。本实例主要运用了矩形工具、文本工具、星形工具、贝塞尔工具等，并使用了"拆分曲线"命令。

文件路径：目标文件 \ 第 3 章 \031\ 中国电信我的 e 家 .cdr

视频文件：视频 \ 第 3 章 \031 中国电信我的 e 家 .mp4

难易程度：★ ★ ★ ☆ ☆

STEP 01 执行【文件】|【新建】命令，弹出【创建新文档】对话框，设置宽度为 210mm，高度为 285mm，单击"确定"按钮。

STEP 02 双击"矩形工具" ▭ ，自动生成页面同样大小的矩形，并填充从蓝色（C100，M0，Y0，K0）到淡蓝色到白色到冰蓝色（C40，M0，Y0，K0）到白色的椭圆形渐变，效果如图 3-79 所示。

STEP 03 按 "+" 键复制一层，填充从（C100，M0，Y100，K0）到洋红（C20，M80，Y0，K20）到白色的椭圆形渐变色，选择工具箱中的"透明度工具" ▦ ，在属性栏中设置"透明度类型"为"椭圆形渐变透明度"，"合并模式"为"绿"，中心点透明度为 0，效果如图 3-80 所示。

图 3-79 绘制矩形   图 3-80 添加素材

STEP 04 选择"星形工具" ▨ ，在属性栏中设置"边数"为 20，"锐度"为 99，适当调整宽度和高度，效果如图 3-81 所示。

STEP 05 选中矩形和星形，单击属性栏中的"修剪"按钮 ▣ ，删去星形，选中被修剪矩形，单击右键，在弹出的快捷菜单中选择"拆分曲线"，效果如图 3-82 所示。

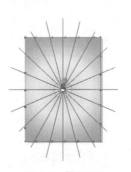

图 3-81 绘制星形   图 3-82 拆分曲线

STEP 06 执行【文件】|【打开】命令，选择素材文件，单击"打开"按钮，选中汽车和音响素材，按 Ctrl+C 快捷键复制，切换到当前编辑窗口，按 Ctrl+V 快捷键粘贴，放置到合适位置，效果如图 3-83 所示。

STEP 07 选择工具箱中的"贝塞尔工具" ▨ ，绘制图形，填充黄色到白色到淡黄色的线性渐变，效果如图 3-84 所示。

图 3-83 导入素材　　　图 3-84 绘制图形

STEP 08 选择工具箱中的"文本工具" 字，输入文字，设置字体为"汉仪菱心体简"，选择工具箱中的"形状工具" ，调整文字间距，并填充从黄色（C2，M51，Y84，K15）到白色到橙色（C0，M60，Y100，K0）的线性渐变，设置"轮廓宽度"为1.5mm，颜色为淡黄色（C0，M0，Y48，K0），效果如图 3-85 所示。

STEP 09 选中文字，按"+"键复制一层，将轮廓宽度改为 10，按 Shift+Ctrl+Q 快捷键，将轮廓转换为对象，选中文字和对象，单击属性栏中的"合并"按钮 ，并填充从黑色到橙色（C0，M60，Y100，K0）的椭圆形渐变色，并添加 2.0mm 宽，样式为虚线的轮廓，效果如图 3-86 所示。

图 3-85　输入文字　　　图 3-86 复制图形

技巧点拨

如果填充对象众多，需要填充的渐变色包含的色值较多且颜色值相近，可以先只对一个对象填充渐变，然后通过复制其属性，再切换到交互式填充工具，对颜色块进行相应的调整和增减，这样可以减少繁琐的色值设置。

STEP 10 参照前面的操作，继续添加其他素材，效果如图 3-87 所示。

STEP 11 选择工具箱中的"文本工具" 字，输入其它文字，得到最终效果如图 3-88 所示。

图 3-87 添加素材

图 3-88 最终效果

03 2 洗化节

节日 DM 单设计

本实例制作的是洗化节的促销 DM 单，构图新颖，版式活泼，主要运用了矩形工具、文本工具、星形工具、多边形工具、艺术笔工具等，并使用了"精确裁剪内部"命令。

文件路径：目标文件 \ 第 3 章 \032\ 洗化节 .cdr

视频文件：视频 \ 第 3 章 \032 洗化节 .mp4

难易程度：★ ★ ★ ★ ☆

03 3 圣诞节

节日 DM 单设计

本实例制作的是圣诞节 DM 单，创意新颖，画面简洁活泼。本实例主要运用了矩形工具、文本工具、椭圆形工具等工具，并使用了"精确裁剪内部"命令。

文件路径：目标文件 \ 第 3 章 \033\ 圣诞节 .cdr

视频文件：视频 \ 第 3 章 \033 圣诞节 .mp4

难易程度：★ ★ ★ ★ ☆

画册设计

02**6**

03**3**

02**7**

本章内容

　　画册是企业对外宣传自身文化、产品特点的广告媒介之一，属于印刷品。其内容包括产品的外形、尺寸、材质、型号的概况等，或者是企业的发展、管理、决策、生产等一系列概况。平面设计师依据客户的企业文化、市场推广策略，合理安排印刷品画面的三大构成关系和画面元素的视觉关系，以达到企业品牌和产品广而告之的目的。

03**0**

02**8**

02**9**

034 咖啡画册

本实例制作的是咖啡画册，通过咖啡原料的实物展示和文字辅助说明，介绍咖啡的相关知识，指导正确饮用的方法。主要运用了矩形工具、文本工具、透明度工具、阴影工具、形状工具等。

文件路径：目标文件 \ 第 4 章 \034\ 咖啡画册 .cdr

视频文件：视频 \ 第 4 章 \034 咖啡画册 .mp4

难易程度：★ ★ ★ ☆ ☆

STEP 01 执行【文件】|【新建】命令，弹出【创建新文档】对话框，设置"宽度"为 285mm，"高度"为 210mm，单击"确定"按钮。

STEP 02 选择工具箱中的"选择工具"，在标尺上拖出几条辅助线放置到合适位置。选择工具箱中的"矩形工具"，绘制三个高度相同，宽度分别为 94mm、95mm、96mm 的矩形。选中两侧的矩形，填充从暗紫色（C44、M90、Y85、K44）到紫色（C21、M95、Y53、K9）到淡紫色（C18、M96、Y50、K6）的线性渐变，效果如图 4-1 所示。

STEP 03 选中右边的矩形，按 Ctrl+Q 快捷键，转曲图形，选择工具箱中的"形状工具"，调整右侧形状，效果如图 4-2 所示。

图 4-1 绘制矩形

图 4-2 调整图形

STEP 04 执行【文件】|【导入】命令，选择素材文件，单击"导入"按钮"，导入图片，并精确裁剪至中间矩形内，效果如图 4-3 所示。

图 4-3 导入素材

STEP 05 选中间矩形，按"+"键复制一个。单击右键，在弹出的快捷菜单中选择"提取内容"选项，删去图片，并填充为暗紫色（C44、M90、Y85、K44）。选择"透明度工具"在图形上从下往上拖动，效果如图 4-4 所示。

STEP 06 选择工具箱中的"矩形工具"绘制一个高为 17.6mm，宽为 94mm 的矩形，填充为淡黄色（C0、M0、Y10、K0），在上下两侧再绘制矩形，并填充从金色（C29、M63、Y93、K18）到黄色（C0、M0、Y27、K0）到金色（C29、M63、Y93、K18）的线性渐变色，效果如图 4-5 所示。

图 4-4 透明度效果　　　　图 4-5 导入素材

STEP 07 参照上述操作，绘制另一边的图形，并添加相应素材，效果如图 4-6 所示。

STEP 08 选择工具箱中的"文本工具"，输入文字，字体分别设置为"方正大标宋简体"、Chopinscrip，填充颜色为淡黄色（C30、M49、Y85、K10），效果如图 4-7 所示。

图 4-6 绘制图形及添加素材　　　图 4-7 导入素材

STEP 09 输入文字，并旋转 8 度，填充颜色为黄色（C0，M0，Y20，K0）。选择工具箱中的"阴影工具" ，在属性栏中的"预设"列表中选择"小型辉光"选项，阴影的不透明度为 100，阴影羽化为 10。单击羽化方向按钮 ，选择"向外"，合并模式为"乘"，阴影颜色为黑色，效果如图 4-8 所示。

图 4-8 阴影效果

技巧点拨

　　使用阴影工具添加对象的阴影效果并将其拆分后，其阴影具有"位图图样"的透明性质，可使用透明度工具调整阴影不同的透明样式和颜色，以调整阴影丰富的效果。

STEP 10 选择工具箱中的"文本工具" ，在左边矩形上拖出一个段落文本框，输入文字，设置字体为"方正黑体简体"，字体大小 9.5pt，填充颜色为白色。选择工具箱中的"形状工具" 调整行间距，再隐藏辅助线，得到最终效果如图 4-9 所示。

图 4-9 最终效果

03 5 大豆画册

食品画册设计

　　本大豆画册以绿色作为主色调，体现大豆制品的绿色环保，通过大豆种植基地和加工厂房的展示，说明本公司大豆制品的来源和加工工艺，消除消费者的疑虑，树立消费者的信心。本实例主要运用了矩形工具、调和工具、文本工具、透明度工具、阴影工具等。

文件路径：目标文件 \ 第 4 章 \035\ 大豆画册 .cdr

视频文件：视频 \ 第 4 章 \035 大豆画册 .mp4

难易程度：★★★☆☆

STEP 01 执行【文件】|【新建】命令，弹出【创建新文档】对话框，设置"宽度"为426mm，"高度"为291mm，单击"确定"按钮。选择工具箱中的"选择工具" ，在标尺上拖出一条辅助线放置到中间位置。选择工具箱中的"矩形工具" ，绘制两个高为291mm，宽度为213mm的矩形。

STEP 02 执行【文件】|【打开】命令，选择素材文件。单击"打开"按钮，选中大豆背景层，按Ctrl+C快捷键复制，切换到当前窗口，按Ctrl+V快捷键粘贴，并将素材图片，精确裁剪到左边矩形内，效果如图4-10所示。

STEP 03 选中右边矩形，填充白色，按"+"键复制一个，并调整高度为218mm，设置右下角的转角转角半径为40mm，并填充从绿色（C100，M0，Y100，K0）到嫩绿色（C40，M0，Y100，K0）的线性渐变色，效果如图4-11所示。

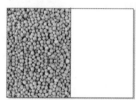 

图 4-10 导入素材　　　图 4-11 绘制矩形

STEP 04 选中绿色图形，按"+"键复制，将高度改为215mm。选择工具箱中的"贝塞尔工具" ，任意地画几个色块，并填充从绿色（C100，M0，Y100，K0）到嫩绿色（C40，M0，Y100，K0）的线性渐变色，并精确裁剪到复制图形内，效果如图4-12所示。

STEP 05 参照上述操作，绘制另一图形，并绘制一个高度稍大的黄色矩形，放置到图层下面，效果如图4-13所示。

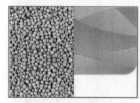 

图 4-12 绘制图形　　　图 4-13 绘制图形

STEP 06 选择工具箱中的"椭圆形工具" ，绘制三个椭圆，分别填充为嫩黄色（C0，M0，Y35，K0）、橙色（C0，M60，Y100，K0）和淡黄色（C0，M0，Y43，K0），并去除轮廓线，效果图4-14所示。

STEP 07 选择工具箱中的"调和工具" ，分别从嫩黄色拖至橙色椭圆，再从橙色拖至淡黄色小椭圆，效果如图4-15所示。

STEP 08 参照上述操作，选择工具箱中的"贝塞尔工具" ，绘制图形，并填充从棕色（C27，M61，Y83，K0）到黄色的椭圆形椭变色；然后再等比例地缩小，填充从黄色（C0，M0，Y100，K0）到白色的椭圆形渐变色；再等比例缩小，填充从嫩黄色（C0，M0，Y62，K0）到白色的渐变色，并选择工具箱中的"调和工具" 进行调和，效果如图4-16所示。

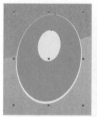  

图 4-14 绘制椭圆　　图 4-15 调和效果　　图 4-16 绘制图形

STEP 09 参照上述操作，绘制其它大豆，框选所有大豆，按Ctrl+G快捷键组合对象。选择工具箱中的"阴影工具" ，在图形上拖动，在属性栏中的"预设"列表中选择"小型辉光"选项，设置阴影不透明度为40，阴影羽化为10，阴影颜色为黑色，效果如图4-17所示。

图 4-17 阴影效果

STEP 10 参照前面的操作，再次添加标志素材，效果如图4-18所示。

STEP 11 选择工具箱中的"文本工具" ，输入文字，字体分别设置为"汉仪综艺体简"和"黑体"，效果如图4-19所示。

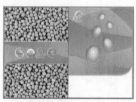 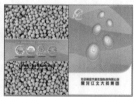

图 4-18 添加素材　　　图 4-19 输入文字

STEP 12 框选左边下方的文字，按Ctrl+G快捷键组合对象，并添加黄色阴影，效果如图4-20所示。

STEP 13 选择工具箱中的"矩形工具" ，在中间位置绘制一个宽为28mm，高为291mm的矩形，填充黑色。选择工具箱中的"透明度工具" 在图形上从左往右拖动，效果如图4-21所示。

图 4-20 添加阴影

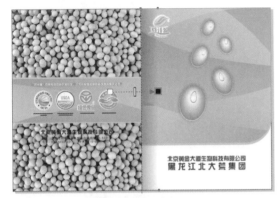

图 4-21 透明度效果

STEP 14 参照前面的操作方法，绘制矩形，添加牛奶和人物素材。复制大豆，将大豆图层执行【位图】│【转换为位图】命令，选择工具箱中的"透明度工具"，在属性栏中设置透明度为 80，效果如图 4-22 所示。

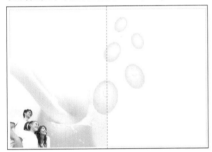

图 4-22 透明度效果

STEP 15 选择工具箱中的"矩形工具"，绘制多个矩形，填充相应的颜色或渐变色，并放置到合适位置。再导入素材，将素材分别精确裁剪到相应矩形内，选择工具箱中的"文本工具"，输入文字，效果如图 4-23 所示。

图 4-23 输入文字

STEP 16 运用"文本工具"，在图像窗口中拖曳多个段落文本框，输入文字（若文字多出文本框，可单击文本框下方的小矩形，出现黑色箭头后，再单击要链接的文本框，文字将自动填入另一文本框中），效果如图 4-24 所示。

图 4-24 输入段落文字

STEP 17 参照前面的方法，在中间添加黑色阴暗区，再选择工具箱中的"矩形工具"绘制一个黑色大矩形作为背景，得到最终效果如图 4-25 所示。

图 4-25 最终效果

036 儿童作品画册

儿童画册设计

　　本实例制作的是儿童作品画册，版式活泼，色彩亮丽，以迎合儿童的审美需求，体现儿童的快乐纯真。主要运用了矩形工具、贝塞尔工具、文本工具、阴影工具等。

文件路径：目标文件\第4章\036\儿童作品画册.cdr

视频文件：视频\第4章\036 儿童作品画册.mp4

难易程度：★★★☆☆

STEP 01 执行【文件】|【新建】命令，弹出【创建新文档】对话框，设置"宽度"为508mm，"高度"为381mm，单击"确定"按钮。

STEP 02 选择工具箱中的"选择工具"，在标尺上拖出一条辅助线放置到中间位置。双击"矩形工具"，自动生成一个同页面同样大小的矩形，并填充从粉红色（R231，G138，B183）到黄色（R254，G249，B224）的线性渐变色，效果如图4-26所示。

STEP 03 选择工具箱中的"贝塞尔工具"，绘制图形，填充任意色。选择工具箱中的"阴影工具"，在图形上拖动，在属性栏中设置阴影不透明度为100，阴影羽化为30，合并模式为"乘"，阴影颜色为黄色，效果如图4-27所示。

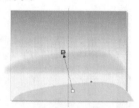

图4-26 渐变填充　　　　　图4-27 添加阴影

STEP 04 按Ctrl+K快捷键拆分阴影群组，删去原图，将阴影精确裁剪到矩形内。选择工具箱中的"矩形工具"绘制多个矩形，分别旋转相应的角度。选择工具箱中的"文本工具"，输入文字，设置字体为"方正琥珀简体"，按Ctrl+K快捷键拆分文字，分别放置到合适位置，效果如图4-28所示。

STEP 05 执行【文件】|【打开】命令，选择素材文件，单击"打开"按钮，选中相关素材，复制到当前编辑窗口，效果如图4-29所示。

图4-28 绘制矩形及输入文字　　图4-29 导入素材

STEP 06 选择相应的素材，添加阴影，效果如图4-30所示。

STEP 07 选择工具箱中的"贝塞尔工具"绘制云朵，选择工具箱中的"矩形工具"，绘制多个矩形，并添加阴影，效果如图4-31所示。

图4-30 添加阴影效果　　　图4-31 绘制图形

STEP 08 选择工具箱中的"文本工具"，输入文字，设置字体分别为"方正琥珀简体"和"方正黑体简体"，效果如图4-32所示。

STEP 09 参照前面的方法，导入图片素材，并精确裁剪到矩形内，得到最终效果如图4-33所示。

图4-32 输入文字

图 4-33 最终效果

037 花木马服装画册

服装画册设计

　　本实例制作的是花木马服装画册，以大量姿势不一的人物为背景，突出其服装的丰富多样和多姿多彩，制作过程中主要运用了矩形、贝塞尔、文本、阴影等工具。

🎨 文件路径：目标文件\第4章\037\花木马服装画册.cdr

🎬 视频文件：视频\第4章\037 花木马服装画册.mp4

📘 难易程度：★ ★ ★ ☆ ☆

STEP 01 执行【文件】|【新建】命令，弹出【创建新文档】对话框，设置"宽度"为486mm，"高度"为246mm，单击"确定"按钮。

STEP 02 选择工具箱中的"选择工具" 🔧，在标尺上拖出几条辅助线放置到合适位置。选择工具箱中的"矩形工具" 🔲，绘制两个高度为246mm，宽度为243mm的矩形。选左边矩形，填充颜色为绿色（R122，G179，B42），效果如图4-34所示。

单击"打开"按钮，复制小人物素材到当前编辑窗口，效果如图 4-35 所示。

STEP 04 选择工具箱中的矩形工具，在中间绘制矩形，设置轮廓宽度为0.5mm。再选择工具箱中的"文本工具" 字，输入文字，设置字体分别为"方正黑体简体"和"方正粗宋简体"，效果如图4-36所示。

STEP 05 参照前面的方法，添加素材，效果如图4-37所示。

图 4-34 绘制矩形　　　　图 4-35 导入素材

图 4-36 绘制矩
形及输入文字　　　图 4-37 导入素材

STEP 03 执行【文件】|【打开】命令，选择素材文件，

STEP 06 选择工具箱中的"椭圆形工具" ◯ ，绘制一椭圆，并填充从嫩绿色（C53，M0，Y100，K0）到绿色（C73，M0，Y100，K0）的椭圆形渐变色。再选择工具箱中的"透明度工具" ，添加椭圆形渐变透明度，效果如图4-38所示。

STEP 07 选择工具箱中的"文本工具" ，输入文字，设置字体为 AntFarm，分别填充白色（设置轮廓宽度为1.5mm，轮廓颜色为橙色）、黄色和从绿到黄的线性渐变色，效果如图4-39所示。

图 4-38 透明度效果

图 4-39 输入文字

STEP 08 运用"文本工具" ，输入 I 字，设置字体为"方正粗宋简体"，并填充橙色，放置到 I 字母下层。

STEP 09 选择工具箱中的"基本工具" ，在属性栏中单击完美形状按钮 ，选择心形，在窗口中绘制，并填充从灰色（C0，M0，Y0，K30）到绿色（C100，M0，Y0，K0）的椭圆形椭圆形渐变色。按"+"键复制，填充颜色为白色，放置下层，效果如图4-40所示。

STEP 10 选择工具箱中的"星形工具" ，绘制星形，在属性栏中设置边数为4，锐度为80，填充颜色为黄色，去除轮廓线，效果如图4-41所示。

图 4-40 绘制心形

图 4-41 绘制星形

STEP 11 参照前面的方法，导入蝴蝶素材，放置到合适位置，隐藏辅助线，得到最终效果如图4-42所示。

图 4-42 最终效果

技巧点拨

辅助线的隐藏，可以按快捷键 Alt+V+I 来实现，若要显示，重复此操作即可。

03 8 显示器画册

科技画册设计

本实例制作的是显示器画册，以象征高科技的蓝色为背景色，通过产品形象地直接展示，宣传企业的技术实力，通过地球、圆环等图形的添加，加强画面的层次和立体感。本实例制作主要运用了矩形工具、文本工具、阴影工具等工具。

📁 文件路径：目标文件 \ 第 4 章 \038\ 显示器画册 .cdr

🎬 视频文件：视频 \ 第 4 章 \038 显示器画册 .mp4

📖 难易程度：★ ★ ★ ☆ ☆

STEP 01 执行【文件】|【新建】命令，弹出【创建新文档】对话框，设置"宽度"为420mm，"高度"为285mm，单击"确定"按钮。

STEP 02 选择高频工具箱中的"选择工具" ，在标尺上拖出一条辅助线放置到中间位置。双击工具箱中的"矩形工具" ，自动生成同页面同样大小的矩形，填充从青色（C100，M30，Y0，K0）到淡蓝色蓝色（C20，M0，Y0，K0）的线性渐变色，效果如图4-43所示。

STEP 03 执行【文件】｜【打开】命令，选择素材文件，单击"打开"按钮，复制地球素材到当前窗口，效果如图4-44所示。

图 4-43 绘制矩形

图 4-44 导入素材

STEP 04 选择工具箱中的"矩形工具" ，绘制多个矩形，填充颜色为白色。选择工具箱中的"透明度工具" ，在属性栏中设置透明度类型为"均匀透明度"，合并模式为"绿"，效果如图4-45所示。

STEP 05 选择工具箱中的"矩形工具" ，在右边绘制矩形，填充从蓝色（C95，M56，Y0，K0）到蓝色浅蓝色（C100，M0，Y0，K0）再到蓝色（C95，M56，Y0，K0）的线性渐变色。再绘制长条矩形，填充同样的渐变色值，改变渐变方向，并复制多条，效果如图4-46所示。

图 4-45 绘制矩形

图 4-46 绘制矩形

STEP 06 选择工具箱中的"椭圆形工具" ，绘制椭圆，按F12键，弹出【轮廓笔】对话框，设置不同轮廓宽度和样式，按Shift+Ctrl+Q快捷键，将轮廓转换为对象，并添加透明度，效果如图4-47所示。

STEP 07 选择工具箱中的"多边形工具" ，绘制三角形，填充颜色为白色，并进行旋转复制，设置透明度为50，效果如图4-48所示。

图 4-47 绘制椭圆

图 4-48 旋转复制图形

STEP 08 框选图形，按Ctrl+G快捷键组合对象，执行【效果】｜【添加透视】命令，调整四个控制点，效果如图4-49所示。

STEP 09 单击右键拖动图形至矩形内，在弹出的快捷菜单中选择"图框精确裁剪内部"选项。按住Ctrl键，单击图形，进入图框内进行调整，完成后，单击右键，在弹出的快捷菜单中选择"结束编辑"选项，效果如图4-50所示。

图 4-49 绘制矩形

图 4-50 图框精确裁剪效果

STEP 10 选择工具箱中的"贝塞尔工具" ，绘制两曲线，填充白色轮廓，设置透明度为80。选择工具箱中的"调和工具" ，从一条曲线拖至另一条曲线，并精确裁剪到背景矩形右上角，效果如图4-51所示。

STEP 11 复制一个地球放到图形上，选择工具箱中的"矩形工具" ，绘制多个矩形，设置轮廓宽度为1mm，在属性栏中设置转角半径为3mm，复制多个圆角矩形，并参照前面操作，添加透视，效果如图4-52所示。

图 4-51 调和效果

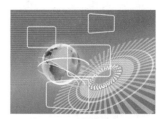
图 4-52 绘制圆角矩形

STEP 12 选中白色矩形，等比例缩小，设置轮廓颜色为黑色，填充黑色。然后参照前面的操作，导入图片素材，分别精确裁剪至相应矩形内，效果如图4-53所示。

STEP 13 选择工具箱中的"阴影工具" ，分别为图片添加阴影，效果如图4-54所示。

图 4-53 导入素材

图 4-54 添加阴影

STEP 14 选择工具箱中的"文本工具"📝，输入文字，字体分别设置为"方正黑体简体"和"方正小标宋简体"，并添加标志素材，效果如图 4-55 所示。

图 4-55 输入文字

STEP 15 选择工具箱中的"矩形工具"🔲，在中间绘制一个宽为 56mm，高为 285mm 的矩形，填充白色。选择工具箱中的"透明度工具"🔳从左往右拖动，绘制高光，得到最终效果如图 4-56 所示。

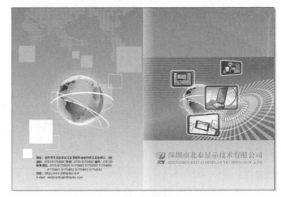

图 4-56 最终效果

039 装饰公司画册

公司画册设计

本实例制作的是装饰公司画册，封面以古朴的棕色为基调，边角使用古典花纹修饰，体现公司装饰风格之华贵典雅。画册内页以大量装饰设计案例，展示公司的设计成果和不凡实力，本实例制作主要运用了矩形工具、文本工具、透明度工具等。

📁 文件路径：目标文件\第4章\039\装饰公司画册.cdr

🎬 视频文件：视频\第4章\039 装饰公司画册.mp4

📖 难易程度：★ ★ ★ ☆ ☆

STEP 01 执行【文件】|【新建】命令，弹出【创建新文档】对话框，设置"宽度"为 840mm，"高度"为 297mm，单击"确定"按钮。

STEP 02 选择工具箱中的"选择工具"⬛，在标尺上拖出几条辅助线放置到合适位置。运用矩形工具🔲，绘制四个高为 297mm，宽为 210mm 的矩形，选中左边两个，填充颜色为咖啡色（C71，M86，Y88，K41），效果如图 4-57 所示。

STEP 03 执行【文件】|【打开】命令，选择素材文件，单击"打开"按钮，将花纹素材复制到当前编辑窗口，效果如图4-58所示。

图4-57 绘制矩形　　　　图4-58 导入素材

STEP 04 添加LOGO素材，并选择工具箱中的"矩形工具" ，绘制一白色矩形。选择工具箱中的"透明度工具" ，在矩形上从左往右拖动，效果如图4-59所示。

STEP 05 选择工具箱中的"文本工具" ，在白色图形上输入文字，字体分别设置为"方正粗宋简体"和"方正黑体简体"，效果如图4-60所示。

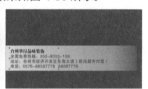

图4-59 绘制矩形及添加　　　图4-60 输入文字
　　　　透明度

STEP 06 选择工具箱中的"矩形工具" ，在第三区域绘制矩形，分别填充颜色为灰色（C0，M0，Y0，K10）和黑色。选中相应的矩形，选择工具箱中的"形状工具" 调整合适的圆角度，效果如图4-61所示。

STEP 07 复制相应的素材，并精确裁剪到圆角矩形内，效果如图4-62所示。

图4-61 绘制矩形　　　　图4-62 导入素材

STEP 08 导入LOGO，并输入文字，效果如图4-63所示。

STEP 09 参照上述操作，绘制第四区域，效果如图4-64所示。

图4-63 输入文字　　　　　　图4-64 绘制图形

STEP 10 隐藏辅助线，得到最终效果如图4-65所示。

图4-65 最终效果

040 米兰之居布艺画册

家居布艺画册设计

米兰之居布艺画册，以其红色与深色系中船头温暖的金色，整个画册风格华贵典雅又不失亲和力。本实例主要运用了矩形工具、文本工具、透明度工具等。

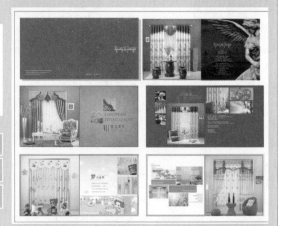

文件路径：目标文件\第4章\040米兰之居布艺画册.cdr

视频文件：视频\第4章\040米兰之居布艺画册.mp4

难易程度：★ ★ ★ ☆ ☆

STEP 01 执行【文件】|【新建】命令，弹出【创建新文档】对话框，设置"宽度"为406mm，"高度"为206mm，单击"确定"按钮。

STEP 02 选择工具箱中的"选择工具" ，在标尺上拖出几条辅助线放置到例合适位置。双击工具箱中的"矩形工具" ，自动生成同页面同样大小的矩形，按"+"键复制一层，分别将其宽度变小一半，填充颜色为粉红色（C40，M100，Y35，K0），效果如图4-66所示。

STEP 03 执行【文件】|【打开】命令，选择素材文件，单击"打开"按钮，将花纹素材复制到当前编辑窗口。选择工具箱中的"透明度工具" ，在属性栏中设置透明度类型为"均匀透明度"，透明度为80，分别精确裁剪至矩形内，效果如图4-67所示。

图4-66 绘制矩形　　　　图4-67 导入素材

STEP 04 选择工具箱中的"文本工具" ，输入文字，设置字体分别为"黑体"和"方正楷体"，填充颜色为金色（R192，G162，B100），效果如图4-68所示。

STEP 05 继续添加标志素材，框选图形，按Ctrl+G快捷键组合对象，效果如图4-69所示。

图4-68 输入文字　　　　图4-69 导入素材

STEP 06 选择工具箱中的"矩形工具" 绘制两个正方形，边长为200mm，设置轮廓颜色为红色。选中两正方形，按C键垂直中心对齐，按E键水平中心对齐。选中一个按住Ctrl键，将光标定位在左边，出现双向箭头后，往右拖动，水平镜像矩形。按Ctrl+G快捷键组合对象，与背景图形，水平垂直对齐，效果如图4-70所示。

图4-70 绘制图形

STEP 07 参照上述操作，绘制其他内页，并导入相关素材，得到最终效果如图4-71所示。

图4-71 最终效果

04 1 正洋机械画册

机械画册设计

正洋机械画册的设计告诉我们，工整的排版也不失为一个很好的选择，其透漏着一个公司的严谨和权威。本实例主要运用了矩形工具、文本工具、透明度工具、椭圆工具形等工具，并使用了"精确裁剪内部"命令。

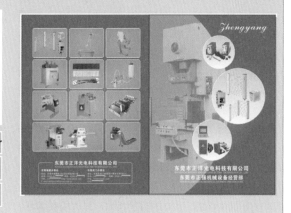

文件路径：目标文件 \ 第 4 章 \041\ 正洋机械画册 .cdr

视频文件：视频 \ 第 4 章 \041 正洋机械画册 .mp4

难易程度：★ ★ ★ ☆ ☆

STEP 01 执行【文件】|【新建】命令，弹出【创建新文档】对话框，设置"宽度"为 426mm，"高度"为 291mm，单击"确定"按钮。

STEP 02 选择工具箱中的"选择工具"，在标尺上拖出几条辅助线放置到例合适的位置，然后双击工具箱中的"矩形工具"，自动生成同页面同样大小的矩形，按"+"键复制一层，分别将其宽度变小一半，并填充为蓝色（C100，M70，Y0，K10）到（C100，M20，Y0，K0）的椭圆形渐变色，效果如图 4-72 所示。

STEP 03 框选图形，按"+"键复制，选择工具箱中的"编辑填充"，在对话框中的单击"底纹填充"按钮，设置参数如图 4-73 所示。

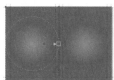
图 4-72 绘制矩形

图 4-73 底纹填充参数

STEP 04 单击"确定"按钮，选择工具箱中的"透明度工具"，设置透明度类型为"均匀透明度"，透明度为 80，效果如图 4-74 所示。

STEP 05 选择工具箱中的"矩形工具"，绘制一个宽为 57mm，高为 47mm 的矩形，在属性栏中设置转角半径为 3mm，并填充从淡兰（C40，M0，Y0，K0）到白色的椭圆形渐变色，并设置轮廓色为灰色，效果如图 4-75 所示。

图 4-74 底纹填充效果

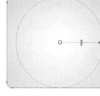
图 4-75 绘制圆角矩形

STEP 06 按住 Ctrl 键，移动圆角矩形稍许，释放的同时单击右键，复制一个，按 Ctrl+D 快捷键，进行再制。参照此法，复制多个，框选图形，按 Ctrl+G 快捷键组合对象，添加透明度为 50，效果如图 4-76 所示。

STEP 07 选择工具箱中的"矩形工具"绘制两个矩形，选中较大矩形，设置转角半径为 3.5mm，轮廓宽度为 0.5mm，轮廓颜色为白色，无填充。按 Shift+Ctrl+Q 快捷键，将轮廓转换为对象，效果如图 4-77 所示。

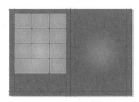
图 4-76 复制圆角矩形

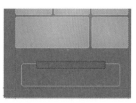
图 4-77 绘制矩形

STEP 08 选中两个矩形，单击属性栏中的"修剪"按钮，删去红色矩形。选择工具箱中的"文本工具"，输入文字，字体分别设置为"方正在黑简体"和"黑体"，并填充白色，效果如图 4-78 所示。

STEP 09 执行【文件】|【打开】命令，选择素材文件，单击"打开"按钮，选中相应的素材。按 Ctrl+C 快

捷键复制，切换到编辑窗口，按 Ctrl+V 快捷键粘贴，放置到合适位置，效果如图 4-79 所示。

图 4-78 输入文字

图 4-79 导入素材

STEP 10 选择工具箱中的"椭圆形工具" ⊙，绘制一个宽为 330mm，高为 360mm 的椭圆，并填充从淡蓝色（C20，M0，Y0，K0）到白色的渐变色，效果如图 4-80 所示。

STEP 11 选中椭圆，添加透明度为 50，导入相关素材，设置透明度为 50。单击右键拖动素材至椭圆内，在弹出的快捷菜单中选择"图框精确裁剪内部"，效果如图 4-81 所示。

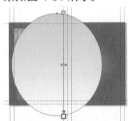
图 4-80 绘制椭圆

图 4-81 精确裁剪效果

STEP 12 将椭圆精确裁剪至右边矩形内，再选择工具箱中的"椭圆形工具" ⊙，按住 Ctrl 键，绘制多个大小不一的正圆，并填充从淡蓝色（C20，M0，Y0，K0）到白色的渐变色，效果如图 4-82 所示。

STEP 13 继续添加相关素材，并分别精确裁剪至正圆内，效果图 4-83 如所示。

图 4-82 绘制正圆

图 4-83 添加素材

技巧点拨

在制作某一图形文件时，如果导入的素材比较多，

为避免导入素材后文件过大而无法快速操作，可先绘制一个图形代替素材需要放置的位置，等所有操作完成后，再将素材导入放置到相应位置。

STEP 14 选择工具箱中的"文本工具" 字，输入文字，设置字体分别为"方正在黑简体"和 CommercialSctript BT，效果如图 4-84 隐藏辅助线，得到最终效果如图 4-85 所示。

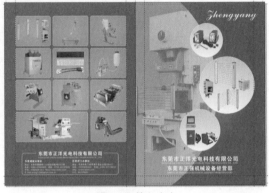
图 4-84 输入文字

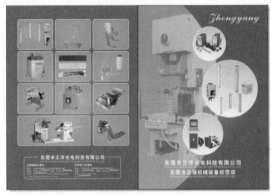
图 4-85 最终效果

04 2 扎堆美食画册

餐饮美食画册设计

扎堆美食画册的制作，以咖啡色和黄色为主色调，其画面充满温暖祥和，同时更好地衬托扎堆这一主题。本实例主要运用了矩形工具、文本工具、贝塞尔工具等工具。

📁 文件路径：目标文件\第4章\042\扎堆美食画册.cdr

🎬 视频文件：视频\第4章\042扎堆美食画册.mp4

📖 难易程度：★ ★ ★ ☆ ☆

STEP 01 执行【文件】|【新建】命令，弹出【创建新文档】对话框，设置"宽度"为372mm，"高度"为285mm，单击"确定"按钮。

STEP 02 选择工具箱中的"选择工具" ⬚，在标尺上拖出几条辅助线放置到合适位置。双击工具箱中的"矩形工具" ⬚，自动生成同页面同样大小的矩形，按"+"键复制一层，分别将其宽度变小一半，并分别填充颜色为咖啡色（R98，G40，B29）和黄色（R254，G213，B0），效果如图4-86所示。

STEP 03 选择工具箱中的"矩形工具" ⬚，给一个宽为37mm，高为27mm的矩形。在属性栏中设置转角半径为10mm，并复制多个，再绘制几个小长矩形，分别填充颜色为棕色（R163，G53，B36）和咖啡色（R98，G41，B24），效果如图4-87所示。

图 4-86 绘制矩形

图 4-87 绘制圆角矩形

STEP 04 选择工具箱中的"矩形工具" ⬚ 和"贝塞尔工具" ⬚，在左边矩形上绘制图形，并填充颜色为绿色（R99，G116，B67），效果如图4-88所示。

STEP 05 选择工具箱中的"文本工具" ⬚，输入文字，设置字体分别为"黑体"和"金桥简黑体"，效果如图4-89所示。

图 4-88 绘制图形

图 4-89 输入文字

技巧点拨

单击缩放工具 🔍 后，如果按住 Shift 键，则光标指针显示为 🔍 形状，此时单击鼠标左键将缩小视图，单击鼠标右键则将放大视图。

STEP 06 执行【文件】|【打开】命令，选择素材文件，单击"打开"按钮，复制相应的素材至当前编辑窗口，并分别精确裁剪至相应矩形内，效果如图4-90所示。

STEP 07 继续添加素材，并在右下角的矩形条上输入文字，设置字体分别为"黑体"和"刘德华字体叶板友仿版"，得到最终效果如图4-91所示。

图 4-90 添加素材

图 4-91 最终效果

04 3 上海宏都招商画册

招商画册设计

本实例色调高贵，意境宏远大气，其金贵不言而喻。主要运用了矩形工具、文本工具、透明度工具等工具，并使用了"精确裁剪内部"命令。

📁 文件路径：目标文件\第4章\043\上海宏都招商画册.cdr

🎬 视频文件：视频\第4章\043上海宏都招商画册.mp4

📖 难易程度：★★★☆☆

04 4 云南之源画册

旅游画册设计

云南之源将多个画面以拼合的形式展现，色彩基调古朴与主题相得益彰。本实例主要运用了矩形工具、文本工具、透明度工具等工具，并使用了"精确裁剪内部"命令。

📁 文件路径：目标文件\第4章\044\云南之源画册.cdr

🎬 视频文件：视频\第4章\044云南之源画册.mp4

📖 难易程度：★★★★☆

04 5 迈拉琪蛋糕画册封面

食品画册设计

画册以柔和温婉的淡黄色色调为主，并通过添加图形元素主方式制作画册主题效果，花朵的添加，更体现其浪漫温馨的一面。本实例主要运用了矩形工具、文本工具、贝塞尔工具、星形工具、椭圆形工具等工具，并使用了"精确裁剪内部"命令。

📁 文件路径：目标文件\第4章\045\迈拉琪蛋糕画册封面.cdr

🎬 视频文件：视频\第4章\045迈拉琪蛋糕画册封面.mp4

📖 难易程度：★★★☆☆

书籍装帧设计

本章内容

　　书籍装帧设计是一种视觉传达活动，以图形、文字、色彩等视觉符号的形式传达出设计者的思想、气质和精神。一本优秀的书从内容到装帧设计都是高度和谐统一的，是艺术与技术完美的结合体，不但能使读者获得知识，而且能给读者带来美的精神享受。

03 8

03 7

04 1

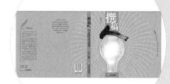

03 6

04 0

03 9

运动 MAGZINE

杂志类书籍装帧设计

本设计以突出表现一个动感的人物形象，再结合醒目的文字为说明方式，使画面整体达到高度和谐，且表现出生命在于运动的主题。本实例主要运用了矩形工具、贝塞尔工具、椭圆形工具等工具，并使用了"精确裁剪内部"等命令。

文件路径：目标文件 \ 第 5 章 \046 运动 MAGZINE.cdr

视频文件：视频 \ 第 5 章 \046 运动 MAGZINE.mp4

难易程度：★ ★ ★ ☆ ☆

STEP 01 执行【文件】|【新建】命令，弹出【创建新文档】对话框，设置"宽度"为 210mm，"高度"为 285mm，单击"确定"按钮。

STEP 02 双击工具箱中的"矩形工具" 🔲，自动生成一个与页面大小一样的矩形，填充白色。选择工具箱中的"贝塞尔工具" 🔾 绘制图形，并填充蓝色（C71，M3，Y0，K0），效果如图 5-1 所示。

STEP 03 继续运用"贝塞尔工具" 🔾 绘制流线型图形，分别填充颜色为蓝色（C73，M35，Y0，K0），蓝色（C87，M56，Y0，K0）和灰色（C22，M15，Y15，K0），效果如图 5-2 所示。

图 5-1 绘制图形

图 5-2 绘制图形

STEP 04 运用"贝塞尔工具" 🔾 绘制图形，并填充从蓝色到白色到蓝色的线性渐变色。选择工具箱中的"阴影工具" 🔲，在图形上拖动，按 Ctrl+Pagedown 快捷键往下调整图层顺序，效果如图 5-3 所示。

STEP 05 选择工具箱中的"椭圆形工具" 🔲，按住 Ctrl 键绘制两个大小不一的正圆，分别填充颜色为白色和蓝色（C73，M35，Y0，K0），为白色椭圆设置 1mm 宽的轮廓，轮廓颜色为紫色（C100，M100，Y0，K0），效果如图 5-4 所示。

图 5-3 添加阴影

图 5-4 绘制椭圆

STEP 06 选择工具箱中的"椭圆形工具" 🔲，绘制图形并填充为紫色（C41，M33，Y0，K0），并执行【对象】|【图框精确裁剪】|【置于图文框内部】命令，效果如图 5-5 所示。

STEP 07 选择工具箱中的"贝塞尔工具" 🔾 绘制彩带，并分别填充相应的颜色，效果如图 5-6 所示。

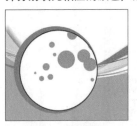

图 5-5 绘制椭形

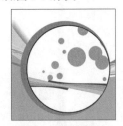

图 5-6 绘制图形

STEP 08 执行【文件】|【导入】命令，选择素材文件，单击"导入"按钮，将人物导入，并调整位置，效果如图 5-7 所示。

STEP 09 选择工具箱中的"文本工具" 🔳，输入文字，设置字体分别为"Antfarm"和"黑体"，大小分别为 73pt 和 16pt，并分别填充颜色为黑色和红色，效果如图 5-8 所示。

图 5-7 导入素材

图 5-8 输入文字

STEP 10 选择工具箱中的"矩形工具" □ 和"椭圆形工具" ○ 绘制图形，对其进行点缀，效果如图 5-9 所示。

STEP 11 全选所有图形，按"+"键复制一个，并按 Ctrl+G 快捷键组合对象；执行【效果】|【添加透视】命令，调整调整四个控制点，效果如图 5-10 所示。

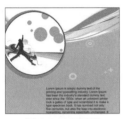

图 5-9 绘制图形

图 5-10 添加透视

STEP 12 选择工具箱中的"贝塞尔工具" ▷ 绘制书的侧面，分别填充颜色为蓝色和灰色，效果如图 5-11 所示。

图 5-11 绘制图形

STEP 13 运用"贝塞尔工具" ▷ 绘制书面，并填充从灰色到白色到灰色的线性渐变色。选择工具箱中的"透明度工具" ▨，在属性栏中设置透明类型为"均匀透明度"，合并模式为"乘"，开始透明度为 0，添加受光面。并再绘一层浅灰色图形放置在最下层作为阴影，得到最终效果如图 5-12 所示。

图 5-12 最终效果

047 撰稿人

文学类书籍装帧设计

本设计以不同的排列形式，将文字组合为一个图形，创意新颖独特，加之色调统一，使整体版式获得了醒目而简洁大气的效果。本实例主要运用了矩形工具、贝塞尔工具、椭圆形工具等工具，并使用了"图框精确裁剪内部"等命令。

📁 文件路径： 目标文件 \ 第5章 \047\ 撰稿人 .cdr

🎬 视频文件： 视频 \ 第5章 047 撰稿人 .mp4

📘 难易程度： ★ ★ ★ ☆ ☆

STEP 01 执行【文件】|【新建】命令，弹出【创建新文档】对话框，设置"宽度"为541m，"高度"为236mm，单击"确定"按钮。选择工具箱中的"选择工具" ▷ 在标尺上拖动几条辅助线置于适当位置。

STEP 02 执行【文件】|【打开】命令，选择素材文件，单击"打开"按钮，选中黄色的背景素材复制到当前编辑窗口，效果如图 5-13 所示。

STEP 03 选择工具箱中的"矩形工具" □，绘制三个大小不一的矩形，并填充颜色为橙色（C0，M60，Y100，K0），效果如图 5-14 所示。

图 5-13 添加素材

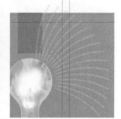

图 5-14 绘制矩形

STEP 04 选择工具箱中的"贝塞尔工具" ，绘制曲线，选择工具箱中的"文本工具" ，在曲线上单击输入文字，设置字体为"黑体"，大小为11pt，颜色为黄色。按Ctrl+K快捷拆分路径上的文本，删去曲线，效果如图 5-15 所示。

STEP 05 双击文字，将中心点拖至灯泡中心，将光标定位在文本右上角。在出现旋转箭头后，往上拖动适当距离，释放的同的单击右键，按Ctrl+D快捷键进行再复制，效果如图 5-16 所示。

图 5-15 输入文字

图 5-16 旋转复制文字

技巧点拨

要使文字沿路径走，还可以选分别绘制曲线和输入文字，然后右键拖动文字至曲线上，在弹出的快捷菜单中选择"使文本适合路径"即可，此法同样可使调和了的对象适合路径。

STEP 06 框选文字，按"+"键复制一层，单击属性栏中的"水平镜像"按钮 ，并放置到适当位置，效果如图 5-17 所示。

STEP 07 参照上述操作，复制文字，效果如图 5-18 所示。

图 5-17 镜像文字

图 5-18 复制文字

技巧点拨

要对对象进行镜像时，还可以按住Ctrl键的同时，翻转图形即可。

STEP 08 双击工具箱中的"矩形工具" ，单击右键拖动文字和背景层至矩形内，在弹出的快捷菜单击选择"图框精确裁剪内部"。按住Ctrl键，单击矩形进入图框并进行调整，单击右键在弹出的快捷菜单击选择"结束编辑"，效果如图 5-19 所示。

STEP 09 选择工具箱中的"椭圆形工具" 绘制椭圆。选择工具箱中的"文本工具" 移至椭圆上出现 图形时单击，并输入内置文字，设置"字体"为"方正硬笔行书简体"，去掉椭圆轮廓，效果如图 5-20 所示。

图 5-19 精确裁剪效果

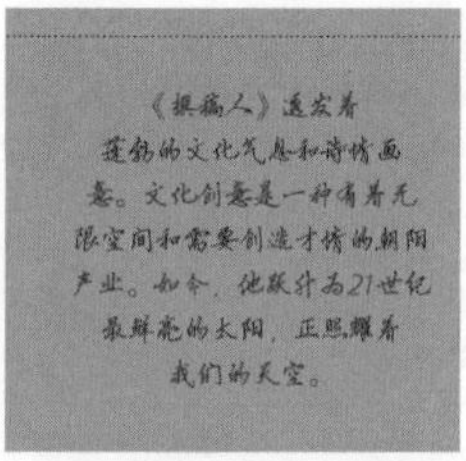

图 5-20 输入文字

技巧点拨

当需要复制并移动多个对象时，如果移动对象是具有一定规律的操作，则可以按下快捷键Ctrl+D，多次执行前一次操作，这样可以提高操作效率并准确移动对象。

STEP 10 执行【对象】|【插入条码】命令，选择适合的条码，按步骤操作，效果如图 5-21 所示。

STEP 11 选择工具箱中的"贝塞尔工具" 绘制一直线，选择工具箱中的"文本工具" ，在页面中拖动，输入段落文字，效果如图 5-22 所示。

图 5-21 插入条码

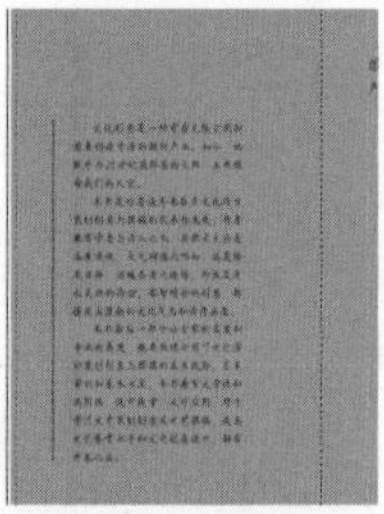

图 5-22 输入段落文字

STEP 12 参照上述操作，导入素材，并选择工具箱中的"文本工具" ，输入其他文字 ，效果如图 5-23 所示。

STEP 13 选择工具箱中的"手绘工具" 和"矩形工具" 绘制图形，并分别填充颜色为蓝色和绿色（R186，G157，B26）到（R210，G197，B54）到白色的线性渐变色，效果如图 5-24 所示。

图 5-23 导入素材　　　图 5-24 绘制图形

STEP 14 参照前面的操作方法导入素材，并输入文字，得到最终效果如图 5-25 所示。

图 5-25 最终效果

---

04 8 童话世界　　　　　　　　　儿童类书籍装帧设计

　　绚丽的色彩搭配与可爱的卡通形象吸引着儿童的目光，灵活多样的字体也展示着他们的活波开朗，将儿童充满幻想的心理特征表现得淋漓尽致。本实例主要运用了矩形工具、贝塞尔工具、艺术笔工具、文本工具等工具，并使用了"转换为位图"等命令。

📁 文件路径：目标文件 \ 第 5 章 \048\ 童话世界 .cdr

🎬 视频文件：视频 \ 第 5 章 048 童话世界 .mp4

📖 难易程度：★ ★ ★ ☆ ☆

STEP 01 执行【文件】|【新建】命令，弹出【创建新文档】对话框，设置"宽度"为 546m，"高度"为 386mm，单击"确定"按钮。选择工具箱中的"选择工具"🖱在标尺上拖动几条辅助线置于适当位置。

STEP 02 双击工具箱中的"矩形工具"▢，自动生成一个与页面大小一样的矩形，填充从橙色（C4，M27，Y67，K0）到白色的渐变色，效果如图 5-26 所示。

STEP 03 选择工具箱中的"贝塞尔工具"✎绘制白云，填充颜色为白色，去除轮廓线，效果如图 5-27 所示。

技巧点拨

　　轮廓线的去除有多种，可以在属性栏中的轮廓宽度下拉列表框中选择"无"，也可以右键单击调色板上无填充按钮⊠，或是按 F12 键，在"宽度"下拉列表框中选择"无"，单击"确定"按钮。

STEP 04 选择工具箱中的"贝塞尔工具"✎绘制树，分别填充颜色为绿色（C100，M0，Y100，K0）、浅绿（C26，M0，Y31，K0）、橙色（C0，M60，Y100，K0）和棕色（C33，M66，Y89，K0），并去除轮廓线，效果如图 5-28 所示。

STEP 05 运用"贝塞尔工具"✎绘制草地，并填充如图 5-29 所示渐变参数。

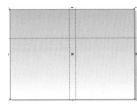

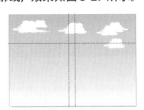

图 5-26 渐变填充效果　　　图 5-27 绘制图形

图 5-28 绘制图形

图 5-29 设置渐变参数

STEP 06 单击"确定"按钮, 按 **Ctrl+Pagedown** 快捷键调整图层顺序, 效果如图 5-30 所示。

STEP 07 选择工具箱中的"艺术笔工具" , 在属性栏中设置参数, 如图 5-31 所示。

图 5-30 渐变填充效果

图 5-31 艺术笔参数及效果

STEP 08 参照上述操作方法, 绘制其他蘑菇, 并在属性栏中相应改变艺术笔笔触, 绘制草和花梗, 效果如图 5-32 所示。

STEP 09 选择工具箱中的"椭圆形工具" 绘制椭圆, 填充颜色为洋红色 (C0, M100, Y0, K0), 并去除轮廓线, 效果如图 5-33 所示。

图 5-32 绘制图形

图 5-33 绘制椭圆

STEP 10 按 **Alt+F8** 打开"旋转"泊坞窗, 设置参数如图 5-34 所示。

STEP 11 单击"应用"按钮, 效果如图 5-35 所示。

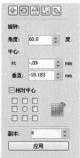

图 5-34 旋转复制参数

图 5-35 旋转复制效果

STEP 12 选择工具箱中的"椭圆形工具" , 在中间绘制黄色椭圆。框选花朵, 按 **Ctrl+G** 快捷键组合图形, 按 "+" 键复制花朵多个, 并调整好位置和大小, 效果如图 5-36 所示。

STEP 13 执行【文件】|【导入】命令, 导入小白兔, 效果如图 5-37 所示。

图 5-36 复制图形

图 5-37 导入素材

STEP 14 执行【对象】|【插入条码】命令, 插入相关条码, 效果如图 5-38 所示。

STEP 15 选择工具箱中的"文本工具" , 输入文字, 填充颜色为红色 (C0, M100, Y 100, k 0), 设置"字体"为文鼎中特广告, 轮廓颜色为白色, 宽度为 2.6mm, 效果如图 5-39 所示。

图 5-38 插入条码

图 5-39 输入文字

STEP 16 参照上述操作, 输入其他文字, 效果如图 5-40 所示。

STEP 17 全选图形, 按 "+" 键复制一个, 按住 **Ctrl** 键, 将光标定位在图形上方, 出现双向箭头时往下拖动, 镜像图形, 效果如图 5-41 所示。

图 5-40 输入文字

图 5-41 复制镜像图形

STEP 18 执行【位图】|【转换为位图】命令, 选择工具箱中的"透明度工具" 在镜像图形上从上往下拖动, 添加线性透明度, 选择工具箱中的"矩形工具" 绘制一绿色大矩形, 置于最底层, 效果如图 5-42 所示。

图 5-42 添加线性透明度

📘 技巧点拨

当对众多对象添加透明度时，因对象太多而无法操作时，可以先将其转换为位图，再作相关操作。

STEP 19 选择工具箱中的"矩形工具" ⬜，绘制书脊，设置轮廓色为橙色，隐藏辅助线，得到最终效果如图 5-43 所示。

图 5-43 最终效果

049 Vista

电脑类书籍装帧设计

本实例设计一款电脑类的书籍装帧，颜色鲜艳，具有强烈的视觉冲击力。运用贝塞尔工具和矩形工具制作背景，运用文本工具输入文字，运用椭圆工具制作按钮。

📁 文件路径：目标文件 \ 第 5 章 \049\Vista.cdr

🎬 视频文件：视频 \ 第 5 章 049 Vista.mp4

📘 难易程度：★ ★ ★ ★ ☆

STEP 01 执行【文件】|【新建】命令，弹出【创建新文档】对话框，设置页面"宽度"为 230mm，"高度"为 297mm，单击"确定"按钮。

STEP 02 选择工具箱中的"矩形工具" ⬜，绘制一个矩形，设置颜色为橘红色（C2、M75、Y96、K0）到（C0、M40、Y80、K0）的线性渐变，效果如图 5-44 所示。

STEP 03 选择工具箱中的"贝塞尔工具" ✎，绘制一条闭合路径，设置颜色由黄色（C0、M40、Y80、K0）到浅黄色（C0、M0、Y40、K0）椭圆形渐变，效果如图 5-45 所示。

STEP 04 选择工具箱中的"透明度工具" ▨，在图形上单击并拖动鼠标，为图形添加透明效果，，效果如图 5-46 所示。

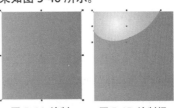

图 5-44 绘制　　　图 5-45 绘制闭　　　图 5-46 添加透明
　　　矩形　　　　　　　合路径　　　　　　　效果

STEP 05 选择工具箱中的"贝塞尔工具" ✎，绘制

Vista 背景图形，填充颜色为渐变色，在渐变填充对话框中，设置颜色由黄色（C0、M10、Y100、K0）到（C0、M60、Y100、K0）的线性渐变，单击"确定"按钮，效果如图 5-47 所示。

STEP 06 选择工具箱中的"贝塞尔工具" ，绘制一条闭合路径，或者将上一步绘制的图形复制，再选择工具箱中的"形状工具" ，调整节点和曲线，得到高光区域，单击调色板中的"白色"色块，填充颜色为白色，参照上述方法，为高光图形添加透明效果，如图 5-48 所示。

STEP 07 参照上述同样的操作方法，制作其他的图形效果，完成 Vista 背景效果的绘制，如图 5-49 所示。

图 5-47 绘制图形　　图 5-48 添加高　　图 5-49 制作其他
　　　　　　　　　　　　　光效果　　　　　　图形

STEP 08 框选背景图形，执行"位图"|"转换为位图"命令，弹出"转换为位图"对话框，如图 5-50 所示。单击"确定"按钮，转换 Vista 背景为位图图形。

STEP 09 选择工具箱中的"矩形工具" ，绘制两个矩形，同时选择两个矩形，快捷键填充颜色为红色（C3、M99、Y95、K0），效果如图 5-51 所示。

图 5-50 "转换为位图"对话框　　图 5-51 绘制书籍封
　　　　　　　　　　　　　　　　　　　　　　面

STEP 10 将 Vista 背景放置在填充图形中，调整至合适大小及位置，参照前面同样的操作方法，为 Vista 背景添加透明效果，如图 5-52 所示。

STEP 11 选择工具箱中的"矩形工具" ，绘制三个矩形，选中三个矩形，单击属性栏中的"合并"按钮 ，将图形合并，单击调色板中的"白色"色块，颜色填充为白色，然后去除轮廓线，效果如图 5-53 所示。

图 5-52 添加透明　　　　　图 5-53 制作边框
　　效果　　　　　　　　　　　图形

STEP 12 选择工具箱中的"透明度工具" ，在图形上单击并拖动鼠标，为边框图形添加透明效果，在属性栏中设置透明度为 80，效果如图 5-54 所示。

STEP 13 选择工具箱中的"文本工具" ，输入文字，设置属性栏中的字体为 Arial Black，单击调色板中的"黄色"色块，填充颜色为黄色，右键单击调色板中的"橘红"色块，填充轮廓颜色为橘红色，并调整至合适大小，如图 5-55 所示。

图 5-54 添加透明　　　　　　　图 5-55 输入文字
　　效果

STEP 14 执行"效果"|"添加透视"命令，为文字添加透视效果，则文字上会出现红色的网格线以及四个角上有黑色的控制点，如图 5-56 所示。

STEP 15 通过按住四个角上的黑色控制点拖动鼠标，调整文字的透视角度，得到透视效果，如图 5-57 所示。

图 5-56 添加透视效果　　　　　图 5-57 透视效果

STEP 16 将透视效果的文字放置在书籍封面上，参照前面的操作方法，为文字添加透明效果，如图 5-58 所示。

STEP 17 参照前面的操作方法，输入文字，设置好字体和字号，设置渐变填充为红色（C0、M100、Y100、K0）到 35% 的红色到（C0、M0、Y100、K0）70% 到黄色，效果如图 5-59 所示。

STEP 18 选择工具箱中的"阴影工具" ▣，按住鼠标左键并拖动，为文字添加阴影效果，在属性栏中设置"合并模式"为"乘"，"阴影的不透明度"为100、"阴影羽化"为9，"阴影颜色"为黑色，效果如图 5-60 所示。

图 5-58 添加透　　图 5-59 输入　　图 5-60 添加阴影
　　明效果　　　　　文字　　　　　　效果

STEP 19 参照上述同样的操作方法，选择工具箱中的"文本工具" ▣，输入其他的文字，并设置好字体、字号和颜色，如图 5-61 所示。

STEP 20 选择工具箱中的"椭圆形工具" ▣，按住Ctrl 键的同时，绘制一个正圆，移动鼠标至右上角的节点处，当光标呈 ↗ 形状时，按住 Shift 键的同时向内拖动鼠标，至合适位置处单击鼠标右键，得到另一个同心圆。同时选择两个圆，单击属性栏中的"移除前面对象"按钮 ▣，得到一个圆环，如图5-62 所示。

STEP 21 选择工具箱中的"矩形工具" ▣，绘制一个矩形，放置在圆环图形的水平垂直居中位置，如图5-63 所示。

 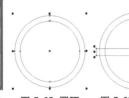

图 5-61 输入其它　　图 5-62 圆环　　图 5-63 绘制一个
　　的文字　　　　　　　　　　　　　　　　矩形

STEP 22 同时选中圆环和矩形，单击属性栏中的"移除前面对象"按钮 ▣，修剪图形，得到如图 5-64 所示的图形。

STEP 23 单击调色板中的"红色"色块，填充颜色为红色，效果如图 5-65 所示。

STEP 24 选择工具箱中的"椭圆形工具" ▣，按住Ctrl 键的同时，绘制一个正圆，单击调色板中的"黄色"色块，填充颜色为黄色，单击鼠标右键，在弹出的快捷菜单中选择"顺序"|"向后一层"选项，调整图层位置，效果如图 5-66 所示。

图 5-64 修剪　　图 5-65 填充颜色　　图 5-66 绘制圆
　　图形

STEP 25 选择工具箱中的"椭圆形工具" ▣，按 Ctrl键，绘制一个正圆，单击调色板中的"红色"色块，填充颜色为红色，选择"文本工具" ▣，输入文字，设置字体为"黑体"、颜色为"白色"，如图 5-67所示。

STEP 26 选择工具箱中的"矩形工具" ▣，绘制一个矩形，单击调色板中的"黑色"色块，填充颜色为黑色，如图 5-68 所示。

STEP 27 参照前面同样的操作方法，输入其他的文字，如图 5-69 所示。

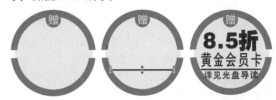

图 5-67 制作文字　　图 5-68 绘制矩形　　图 5-69 输入其
　　效果　　　　　　　　　　　　　　　　　它的文字

STEP 28 选择工具箱中的"选择工具" ▣，单击鼠标并拖动，框选图形，单击属性栏中的"组合对象"按钮 ▣，将图形组合，放置在书籍封面中，在图形上单击，使图形处于旋转状态，移动鼠标至控制柄位置处，当光标呈 ↻ 形状时，旋转图形至合适角度，效果如图 5-70 所示。

图 5-70 旋转图形

STEP 29 执行"文件"|"导入"命令，导入如图5-71、图 5-72、图 5-73 所示的系统按钮。将系统图标调整至合适的大小，放置在按钮中，按 Ctrl + G快捷键，将图形群组。

图 5-71 导入按钮　图 5-72 导入系统　图 5-73 调整位置
　　　　　　　　　　　　　图标

STEP 30 将按钮图形放置在封面中，完成书籍装帧的平面展开设计，效果如图 5-74 所示。

STEP 31 选择工具箱中的"选择工具" ，框选所有的图形，然后按"+"键，复制一份，制作立体效果图。

STEP 32 选择工具箱中的"选择工具" ，框选书籍的正面图形，单击属性栏中的"组合对象"按钮 ，组合图形，执行"位图"|"转换为位图"命令，在弹出的"转换为位图"对话框中，保持默认值，单击"确定"按钮。

STEP 33 再执行"位图"|"三维效果"|"透视"命令，弹出"透视"对话框，在左下角调整图形的透视，单击"预览"按钮，如图 5-75 所示。

图 5-74 放置图形　　　图 5-75 "透视"对话框

STEP 34 透视效果调整完成后，单击"确定"按钮，效果如图 5-76 所示。

STEP 35 选择工具箱中的"选择工具" ，框选书籍侧面图形，单击属性栏中的"组合对象"按钮 ，组合图形。

STEP 36 执行"效果"|"添加透视"命令，为图形添加透视效果，则图形上会出现红色的网格线以及四个角上有黑色的控制点，如图 5-77 所示。

STEP 37 通过按住四个角上的黑色控制点拖动鼠标，调整文字的透视角度，得到透视效果，如图 5-78 所示。

STEP 38 选择工具箱中的"选择工具" ，选中书籍侧面图形，单击属性栏中的"取消组合对象"按钮 ，选中图形，按"+"键，原位复制图形，再按 Shift+PageDown 快捷键，到图层前面，左键调色板上的黑色块，图形填充黑色，右键调色板上的无填充按钮 ，去除轮廓线。

STEP 39 选择工具箱中的"透明度工具" ，在黑色图形上拉出一条直线，绘制透明效果，如图 5-79 所示。

图 5-76 透视效果　　　　　图 5-77 添加透视

图 5-78 书籍侧面透视　　　图 5-79 调整透明度

STEP 40 选择工具箱中的"选择工具" ，框选所有图形，单击属性栏中的"组合对象"按钮 ，组合图形图形。给书籍添加阴影效果，得到最终效果如图 5-80 所示。

图 5-80 最终效果

050 神秘的大洋

自然科学类书籍装帧设计

大洋辽阔浩瀚，其中生物万千，风光无限。蓝色向来被认为是神秘和深邃的，本例以此为基调体现其主体，实在再合适不过。本实例主要运用了矩形工具、贝塞尔工具、椭圆形工具、文本工具等工具，并使用了"插入条码"等命令。

文件路径：目标文件\第5章\050\神秘的大洋.cdr

视频文件：视频\第5章\050 神秘的大洋.mp4

难易程度：★★★☆☆

STEP 01 执行【文件】|【新建】命令，弹出【创建新文档】对话框，设置"宽度"为450mm，"高度"为285mm，单击"确定"按钮。选择工具箱中的"选择工具"在标尺上拖动几条辅助线置于适当位置。

STEP 02 双击工具箱中的"矩形工具"，自动生成一个与页面大小一样的矩形，按F11键弹出【渐变填充】对话框，设置参数如图5-81所示，效果如图5-82所示。

图 5-81 渐变参数　　　　图 5-82 渐变效果

STEP 03 选择工具箱中的"贝塞尔工具"绘制不规则图形，并填充相应的渐变色，复制多个，选择工具箱中的"形状工具"调整形状，效果如图5-83所示。

STEP 04 选中图形，按Ctrl+G快捷键组合对象。选择工具箱中的"透明度工具"，在图形上从左下角往右上角拖动，并精确裁剪至背景图层内，效果如图5-84所示。

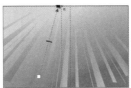

图 5-83 绘制图形　　　　图 5-84 透明度效果

STEP 05 选择工具箱中的"贝塞尔工具"和"矩形工具"绘制图形，分别填充颜色为黄色（R255，G207，B147）和蓝色（C100，M20，Y0，K0）和青色（C100，M0，Y23，K0），效果如图5-85所示。

STEP 06 选择工具箱中的"贝塞尔工具"绘制水草和鱼，并分别填充相应的渐变色，效果如图5-86所示。

图 5-85 绘制图形　　　　图 5-86 绘制图形

STEP 07 运用"贝塞尔工具"绘制珊瑚，分别填充颜色为橙色（R239，G145，B56）和白色，效果如图5-87所示。

STEP 08 选择工具箱中的"椭圆形工具"绘制珊瑚眼，按Ctrl+Q快捷键将图形转曲，选择工具箱中的"形状工具"进行调整，并缩小复制，分别填充颜色为咖啡色（C55，M66，Y100，K18）、黄色（C42，M46，Y79，K0）、墨绿色（C84，M64，Y100，K49）和浅绿色（C67，M20，Y100，K0），效果如图5-88所示。

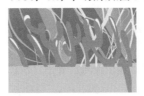
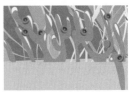

图 5-87 绘制珊瑚　　　　图 5-88 绘制珊瑚眼

STEP 09 执行【文件】|【导入】命令，导入其他图形，效果如图 5-89 所示。

STEP 10 选择文本工具 字，输入文字，设置颜色为（C10，M36，Y90 K0），大小分别为 70pt 和 58pt，字体为"方正楷体"，运用形状工具 调整字间距，效果如图 5-90 所示。

图 5-91 输入文字　　　图 5-92 更改文字方向

STEP 13 执行【对象】|【插入条码】命令，按提示操作，插入条码，并输入价格，得到最终效果如图 5-93 所示。

图 5-89 导入素材　　　图 5-90 编辑文字

STEP 11 参照上述操作，输入其他文字，效果如图 5-91 所示。

STEP 12 复制文字"神秘的海洋"，设置字体为"汉仪竹节体简"，颜色为蓝色（C100，M100，Y0，K0），单击属性栏中的"将文本更改为垂直方向"按钮，效果如图 5-92 所示。

图 5-93 最终效果

技巧点拨

使用手绘工具绘制曲线时，按住鼠标左键不放，同时按住 Shift 键，沿着前面绘制图形所经过的路径并返回，即可擦除所绘制的曲线。

051 长颈鹿但丁

儿童文学类书籍装帧设计

本实例设计的是一本漫画书籍的封面设计，黄色和红色两种纯度高的颜色，搭配在一起视觉冲击力特别的强。本实例主要运用了文本工具、矩形工具、阴影工具、变形工具等工具，并使用了"图框精确裁剪内部"命令。

文件路径：目标文件 \ 第 5 章 \051\ 长颈鹿但丁 .cdr

视频文件：视频 \ 第 5 章 \051 长颈鹿但丁 .mp4

难易程度：★★★☆☆

STEP 01 执行【文件】|【新建】命令，弹出【创建新文档】对话框，设置"宽度"为 230mm，"高度"为 300mm，单击"确定"按钮，双击工具箱中的"矩形工具" ，自动生成一个页面大小一致的矩形，单击调色板上的黄色，右键单击调色板上无填充按钮，去除轮廓线，如图 5-94 所示。

STEP 02 选择工具箱中的"矩形工具" ▭，在页面中绘制一个"高"为 83mm，"宽"为 230mm，选中矩形，单击调色板上的红色，右键单击调色板上的无填充按钮 ⊠，去除轮廓线，效果如图 5-95 所示。

STEP 03 选择工具箱中的"钢笔工具" ✎，绘制图形，在属性栏中设置"轮廓宽度"为 1.0mm，快捷键填充颜色为绿色（C92，M49，Y100，K18），效果如图 5-96 所示。

图 5-94 新建文　　图 5-95 矩形填　　图 5-96 绘制图形
　　　档　　　　　　充效果

STEP 04 保持图形的选择状态，拖动至合适的位置，单击右键复制三个，选择工具箱中的"形状工具" ⬚，微调图形的形状，并填充相应的颜色。

STEP 05 选择工具箱中的"选择工具" ▸，框选图形，按 Ctrl+G 快捷键，组合图形，右键拖动群组图形至黄色矩形内松开鼠标，弹出快捷菜单选择"图框精确裁剪内部"选项，如图 5-97 所示。

STEP 06 执行"文件"|"导入"命令，导入文字素材，cdr，选择工具箱中的"选择工具" ▸，将其拖入到页面的合适位置，如图 5-98 所示。

STEP 07 选择工具箱中的"贝塞尔工具" ✐，绘制图形，在属性栏中设置"轮廓宽度"为 1.5mm，填充颜色为黄色（C1，M22，Y96，K0），效果如图 5-99 所示。

图 5-97 裁剪　　图 5-98 导入素材　　图 5-99 绘制
　　图形　　　　　　　　　　　　　　图形

STEP 08 继续选择"贝塞尔工具" ✐，绘制多个图形，填充相应的颜色，如图 5-100 所示。

STEP 09 选择工具箱中的"椭圆形工具" ◯，按 Ctrl 键，绘制正圆，填充黑色，右键调色板上的无填充按钮 ⊠，去除轮廓线，复制三个至不同的位置上，效果如图 5-101 所示。

STEP 10 选择工具箱中的"选择工具" ▸，框选动物的身体部分，按 Ctrl+G 快捷键，组合图形，单击右键弹出快捷菜单，选择"顺序"中的"置于此对象后"选项，当光标变为 ➡ 时，在红色的矩形上单击，放置矩形后，效果如图 5-102 所示。

图 5-100 绘制　　图 5-101 绘制　　图 5-102 调整图形
　　图形　　　　　　正圆　　　　　　的顺序

STEP 11 选择工具箱中的"椭圆形工具" ◯，按 Ctrl 键，绘制正圆，填充任意色，选择工具箱中的"阴影工具" ▢，在正圆上单击一下往外拖动，设置属性栏中的"羽化值"为 50，颜色填充为桔色，按 Ctrl+K 快捷键，拆分阴影图形，删除图形，将阴影图形放置合适的位置上，效果如图 5-103 所示。选择工具箱中的"文本工具" 𝕋，在属性栏中设置字体为"方正粗圆简体"，大小为 36，输入文字，选中"开心网"，填充黄色，效果如图 5-104 所示。

STEP 12 使用相同的方法，编辑其他的文字，如图 5-105 所示。

图 5-103 阴影　　图 5-104 编辑　　图 5-105 编辑
　　效果　　　　　　文字　　　　　　文字

STEP 13 选择工具箱中的"星形工具" ✦，设置属性栏中的"星形边数"为 12，"锐度"为 25，绘制星形，左键调色板上的红色，按 Ctrl+Q 快捷键，将星形转换为曲线，选择工具箱中的"形状工具" ⬚，微调星形的形状，按 Ctrl+PageDown 快捷键，向后一层，效果如图 5-106 所示。

STEP 14 选择工具箱中的"椭圆形工具" ◯，按 Ctrl 键，绘制正圆，按 Ctrl+PageDown 快捷键，向后一层，移至文字后，选择工具箱中的"选择工具" ▸，框选卡通动物，拖至合适的位置单击右键，复制一个，整体放大小，效果如图 5-107 所示。

STEP 15 书籍的封面制作完成，通过上面电脑类书籍制作的立体效果的方法，完成立体效果的制作，效果如图 5-108 所示。

图 5-106 绘制
星形

图 5-107 平面
效果

图 5-108 立体效果

STEP 16 选择工具箱中的"矩形工具"，在绘图区绘制一个矩形，按 Shift+PageDown 快捷键，到图层后面，颜色填充为黑色到浅蓝色（R206，G245，B255）的线性渐变。

STEP 17 复制一个书籍立体图，选择工具箱中的"自由变换工具"，给复制的立体图调整旋转效果，如图 5-109 所示。

图 5-109 绘制矩形

STEP 18 调整完毕后，使用"阴影工具"给书籍添加阴影，得到最终效果如图 5-110 所示。

图 5-110 最终的效果

05 2 食物的背后

食疗类书籍装帧设计

该作品的设计亮点在于，以对比突出的颜色和紧扣主题的图片展示了书本的性质，而富有深意，简单却创意十足。本实例主要运用了矩形工具、贝塞尔工具、网状填充工具、文本工具等工具，并使用了"插入条码"等命令。

文件路径：目标文件\第5章\052\食物的背后.cdr

视频文件：视频\第5章\052 食物的背后.mp4

难易程度：★★★★☆

STEP 01 执行【文件】|【新建】命令，弹出【创建新文档】对话框，设置"宽度"为 450mm，"高度"为 285mm，单击"确定"按钮。选择工具箱中的"选择工具"在标尺上拖动几条辅助线置于适当位置。

STEP 02 双击"矩形工具"，生成一个与页面大小一样的矩形，按 F11 键弹出【渐变填充】对话框，设置参数如图 5-111 所示，效果如图 5-112 所示。

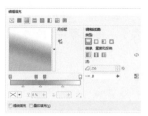

图 5-111 渐变参数　　　　图 5-112 渐变效果

STEP 03 执行【文件】|【打开】命令，选择素材文件，单击"打开"按钮，将相应的素材复制到当前编辑窗口，效果如图 5-113 所示。

STEP 04 选择工具箱中的"贝塞尔工具" ✎ 绘制图形，分别填充颜色为嫩绿色（R47，G223，B38）、绿色（R22，G170，B19）、深绿色（R82，G131，B26）和墨绿色（R59，G91，B8），并去除轮廓线，效果如图 5-114 所示。

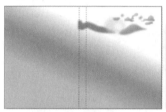

图 5-113 导入素材　　　　图 5-114 绘制图形

STEP 05 选择工具箱中的"椭圆形工具" ◯ 绘制图形，填充颜色为紫色（R33，G9，B10），选择工具箱中的"网状填充工具" ▦ 进行颜色填充，效果如图 5-115 所示。

STEP 06 选择工具箱中的"椭圆形工具" ◯ 绘制椭圆，按 Ctrl+Q 快捷键将图形转曲；选择工具箱中的"形状工具" ⬚ 进行变形，填充颜色为红色（R209，G0，B4），再选择工具箱中的"网状填充工具" ▦ 进行填色。选择工具箱中的"贝塞尔工具" ✎ 绘制果蒂，并填充颜色为墨绿色（C80，M52，Y100，K18），并去除轮廓线，效果如图 5-116 所示。

STEP 07 选择红色柿子，按 Ctrl+G 快捷键组合图形，按"+"键复制多个，并调整好位置，效果如图 5-117 所示。

图 5-115 网状填　　图 5-116 网状填　　图 5-117 复制
充效果　　　　充效果　　　　　图形

STEP 08 参照上述相同的操作方法，选择工具箱中的"贝塞尔工具" ✎ 绘制图形，选择工具箱中的"网状填充工具" ▦ 进行填色，效果如图 5-118 所示。

STEP 09 参照上述操作方法，选择工具箱中的"贝塞尔工具" ✎ 绘制丝瓜，填充颜色为绿色（C50，G80，B33）选择工具箱中的"网状填充工具" ▦ 进行填色，效果如图 5-119 所示。

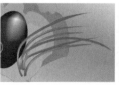

图 5-118 网状填充效果　　　图 5-119 绘制图形

STEP 10 参照上述操作方法，选择工具箱中的"贝塞尔工具"绘制萝卜，选择工具箱中的"网状填充工具" ▦ 进行填充，效果如图 5-120 所示。

STEP 11 参照上述操作方法，选择工具箱中的"贝塞尔工具" ✎ 绘制图形，填充颜色为黄色（R236，G142，B13），选择工具箱中的"网状填充工具"进行填色，效果如图 5-121 所示。

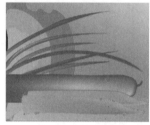

图 5-120 绘制图形　　　　图 5-121 绘制图形

STEP 12 群组所有绘制的蔬菜，单击右键拖至背景矩形中，在弹出的快捷菜单中选择"图框精确裁剪内部"。按住 Ctrl 键单击图形，进入图框进行编辑，单击右键，选择"结束编辑"，效果如图 5-122 所示。

STEP 13 选择工具箱中的"矩形工具" ▢ 绘制矩形，填充颜色橙色（C5，M27，Y97，K0），并去除轮廓线，效果如图 5-123 所示。

STEP 14 参照前面的操作，添加蔬菜树，效果如图 5-124 所示。

图 5-122 精确裁　　图 5-123 绘制　　图 5-124 导入素材
剪效果　　　　　矩形

STEP 15 执行【对象】|【插入条码】命令，按提示操作，插入条码，并输入价格，效果如图 5-125 所示。

STEP 16 选择工具箱中的"文本工具"字输入文字，并按 Ctrl+k 快捷键拆分文字，分别填充红色和从红色到黄色到红色到黄色的线性渐变色，并导入水果图形，放置到适当位置，效果如图 5-126 所示。

STEP 17 选择工具箱中的"文本工具"字输入文字，分别设置不同的字体和大小，得到最终效果如图 5-127 所示。

图 5-125 插入条码　　图 5-126 导入素材

图 5-127 最终效果

05 3 英语作文大全　英语类书籍装帧设计

　　本设计颜色鲜丽，画面具有动感，在吸引读者注意力的同时使其充分体会到了本书轻松易学的实质。本实例主要运用了矩形工具、贝塞尔工具、椭圆形工具、文本工具、箭头形状工具等工具和使用了"插入条码"等命令。

📁 文件路径：目标文件\第5章\053\英语作文大全.cdr

🎬 视频文件：视频\第5章\053 英语作文大全.mp4

📖 难易程度：★★★★☆

05 4 轻轻松松识五线谱　音乐类书籍装帧设计

　　书籍封面运用了多个柔和顺畅的流线型图形和添加对应主题的五线谱，不仅达到了向读者直观地展示其性质的效果，而且赋予了整个画面优雅惬怀的意境。本实例主要运用了矩形、贝塞尔、网状填充、文本等工具，并使用了"插入条码"等命令。

📁 文件路径：目标文件\第5章\054\轻轻松松识五线谱.cdr

🎬 视频文件：视频\第5章\054 轻轻松松识五线谱.mp4

📖 难易程度：★★★☆☆

05 5 无限趋于爱

此设计将书名重复排列，并以此作为封面背景，简约大方而不失时尚华丽，带给人强烈的视觉冲击。本实例主要运用了矩形工具、贝塞尔工具、文本工具、星形工具等工具，并使用了"图框精确裁剪内部"等命令。

文件路径：目标文件 \ 第 5 章 \055\ 无限趋于爱 .cdr

视频文件：视频 \ 第 5 章 \055 无限趋于爱 .mp4

难易程度：★ ★ ★ ☆ ☆

杂志广告设计

本章内容

　　杂志广告是平面设计的重要载体。其选用的图片要具有很强的视觉冲击力，色彩明快，艺术欣赏性高。此外，还应注意与产品的关联性和情感因素的调用，以吸引眼球。由于杂志发行面广、可信度强，在设计广告时，应根据消费对象选择年龄、性别定位较强的杂志，针对不同的人群设计广告。

05 6 POP MIND

本设计以居中放置的方式，突出显示了各主体元素，同时通过对比鲜明的色彩，使画面整体更富有吸引力。本实例主要运用了矩形工具、椭圆形工具、调和工具、文本工具等工具，并使用了"图框精确裁剪内部""添加透视"等命令。

🎨 文件路径：目标文件 \ 第 6 章 \056\POP MIND.cdr

🎬 视频文件：视频 \ 第 6 章 \056 POP MIND.mp4

📖 难易程度：★ ★ ☆ ☆ ☆

STEP 01 执行【文件】|【新建】命令，弹出【创建新文档】对话框，设置"宽度"为 210mm，"高度"为 285mm，单击"确定"按钮。双击工具箱中的"矩形工具" ▣，绘制一个与画板大小相同的矩形。按 F11 键弹出【渐变填充】对话框，设置参数如图 6-1 所示，效果如图 6-2 所示。

图 6-1 填充渐变参数

图 6-2 渐变效果

STEP 02 选择工具箱中的"椭圆形工具" ▣，在页面中绘制椭圆。按 F12 键，弹出【轮廓笔】对话框，设置参数如图 6-3 所示。

STEP 03 单击"确定"按钮，按住 Shift 键，将光标定位在椭圆右上角，在出现四向箭头时往内拖动，释放的同时单击右键复制一个椭圆。

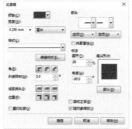

图 6-3 设置轮廓笔参数

图 6-4 绘制图形

技巧点拨

轮廓线的粗细会随对象大小的改变而改变，所以在设置的时候，较大对象的轮廓宽度值需相应地设置大一些，较小的对象则相应地设置小一些。

STEP 04 参照上述操作方法绘制同心圆，效果如图 6-4 所示。

STEP 05 框选图形，按 Ctrl+G 快捷键组合对象，并按"+"键复制多个，选择工具箱中的"选择工具" ▣ 调整其位置和大小，效果如图 6-5 所示。

STEP 06 选择工具箱中的"矩形工具" ▣，在属性栏中设置转角半径为 100，轮廓宽度为无，绘制圆角矩形，填充颜色为蓝色 (C100, M100, Y0, K0)，并去除轮廓线，效果如图 6-6 所示。

图 6-5 复制图形

图 6-6 绘制圆角矩形

STEP 07 按 F6 键可以直接切换到矩形工具绘制矩形。

STEP 08 选择工具箱中的"贝塞尔工具" ▣，绘制箭头，填充从（C36, M0, Y97, K0）到（C57, M15, Y100, K0）的线性渐变色，并去除轮廓线，效果如图 6-7 所示。

STEP 09 运用"贝塞尔工具" 绘制图形，并填充颜色深一点的绿色渐变使箭头具有立体感，效果如图 6-8 所示。

图 6-7 绘制箭头　　　　图 6-8 绘制图形

STEP 10 参照上述绘制箭头的方法，绘制其他图形，效果如图 6-9 所示。

STEP 11 群组除红色渐变层外的所有图形，单击右键拖动图形到红色渐变矩形内，释放右键，在弹出的快捷菜单中选择"图框精确裁剪内部"。在图形上单击右键，在弹出的快捷菜单中选择"编辑内容"，调整好位置后，单击右键，在弹出的快捷菜单中选择"结束编辑"，效果如图 6-10 所示。

图 6-9 绘制图形　　　　图 6-10 图框精确裁剪效果

STEP 12 选择工具箱中的"椭圆形工具" ，按住 Ctrl 键，绘制多个大小不一的正圆，并填充如图 6-11 所示渐变色，效果如图 6-12 所示。

图 6-11 填充渐变参数　　图 6-12 渐变填充效果

技巧点拨

　　如果需要对图框内的内容进行编辑，可以按住 Ctrl 键，同时单击图形进入图框；或选中图形，单击右键，在弹出的快捷菜单中选择"编辑内容"。

STEP 13 选择工具箱中的"矩形工具" 和"贝塞尔工具" 绘制电视机外壳，并分别填充相应的线性渐变色，效果如图 6-13 所示。

STEP 14 选择工具箱中的"矩形工具" 绘制矩形，并填充如图 6-14 所示渐变色。

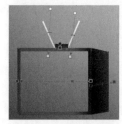 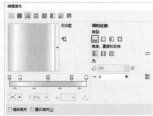

图 6-13 填充渐变参数　　　　图 6-14 渐变效果

STEP 15 运用"矩形工具" 绘制圆角矩形，并填充从 (C89, M18, Y0, K0) 到 (C36, M0, Y12, K0) 的渐变色，设置边框宽度为 0.5mm，圆角半径为 5mm，效果如图 6-15 所示。

STEP 16 将电视放置到适当位置，按 Ctrl+Pagedown 快捷键，调整图层顺序，效果如图 6-16 所示。

图 6-15 绘制图形　　　　图 6-16 调整位置

STEP 17 选择工具箱中的"椭圆形工具" 绘制三个大小不一的椭圆，并分别填充相应的渐变色，效果如图 6-17 所示。

STEP 18 组合图形，按"+"键复制多个，并调整好位置和顺序，效果如图 6-18 所示。

图 6-17 绘制图形　　　　图 6-18 复制图形

STEP 19 选择工具箱中的"贝塞尔工具" 绘制白云，并填充白色，效果如图 6-19 所示。

STEP 20 选择工具箱中的"矩形工具" 绘制两个圆角矩形，并分别填充渐变色。执行【效果】|【添加透视】命令，为两个矩形添加透视，效果如图 6-20 所示。

图 6-19 绘制云朵

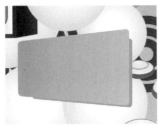

图 6-20 绘制圆角矩形

图 6-23 输入文字

STEP 21 选择工具箱中的"调和工具"，从一个矩形拖到另一个矩形，效果如图 6-21 所示。

STEP 22 选择工具箱中的"星形工具"，在属性栏中设置边数为 30，锐度为 16，在图像窗口中绘制星形，并填充绿色，效果如图 6-22 所示。

STEP 24 选择工具箱中的"贝塞尔工具"绘制飘带，填充蓝色并稍作修饰，得到最终效果如图 6-24 所示。

图 6-21 调和效果

图 6-22 绘制星形

STEP 23 选择工具箱中的"文本工具"，输入文字，并填充不同的颜色，效果如图 6-23 所示。

图 6-24 最终效果

05 7 Panasonic

数码相机杂志广告设计

　　该相机广告的设计以对比度大的色彩和随意摆放的照片，以及广告文字，共同表达了摄影极具乐趣、自由无拘的意象。本实例主要运用了矩形工具、椭圆形工具、文本工具等工具。

文件路径：目标文件 \ 第 6 章 \057\Panasonic.cdr

视频文件：视频 \ 第 6 章 \057Panasonic.mp4

难易程度：★ ★ ★ ☆ ☆

STEP 01 执行【文件】|【新建】命令，弹出【创建新文档】对话框，设置参数如图 6-25 所示。

STEP 02 单击确定按钮，双击工具箱中的"矩形工具"，绘一个与页面大小相同的矩形。

STEP 03 选择工具箱中的"矩形工具"绘制一小矩形，填充颜色为黄色（C0，M60，Y100，K0）。选择工具箱中的"透明度工具" 在小矩形上从右往左拖动，效果如图 6-26 所示。

STEP 04 参照上述相同的操作方法，绘制其他小矩形，效果如图 6-27 所示。

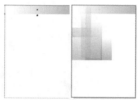

图 6-25 新建文档　　图 6-26 绘制　图 6-27 复制
　　　　　　　　　　　　　　矩形　　　　图形

图 6-30 绘制图形　　　　图 6-31 绘制矩形

STEP 09 选择工具箱中的"椭圆形工具" 绘制多个椭圆，并填充不同的颜色，效果如图 6-32 所示。

STEP 10 框选图形，按 Ctrl+G 快捷键组合对象，并按"+"键复制多个，选择工具箱中的"选择工具" 调整大小和位置，效果如图 6-33 所示。

技巧点拨

若要复制某一对象的透明度效果，则先为对象添加任意的透明度，再单击属性栏中的复制属性按钮，即可添加同一属性的透明度。此方法同样适用于阴影工具、立体化工具、轮廓图工具和调和工具。

图 6-32 绘制椭圆　　　　图 6-33 复制图形

STEP 05 选择工具箱中的"椭圆形工具" 和"贝塞尔工具" 绘制多个不规则图形，并填充颜色红色（C42，M99，Y98，K4），效果如图 6-28 所示。

STEP 06 选择工具箱中的"贝塞尔工具" 继续绘制不规则图形，并填充颜色为黄色（C0，M60，Y100，K0），效果如图 6-29 所示。

STEP 11 执行【文件】|【导入】命令，选择素材文件，单击"确定"按钮，选择工具箱中的"选择工具" 调整好位置，效果如图 6-34 所示。

图 6-34 添加素材

图 6-28 绘制图形　　　　图 6-29 绘制图形

STEP 07 选择工具箱中的"矩形工具" 绘制长条矩形，在属性栏中设置矩形左下角和右下角的转角半径为 10，并填充为黄色，效果如图 6-30 所示。

STEP 08 参照上述相同的操作方法，绘制多个矩形，效果如图 6-31 所示。

STEP 12 选择工具箱中的"矩形工具" 绘制黑色矩形，效果如图 6-35 所示。选择工具箱中的"文本工具" ，输入文字，并设置不同的字体。选择工具箱中的"形状工具" 对文字间距进行调整，得到最终效果如图 6-36 所示。

图 6-35 绘制矩形　　　　图 6-36 最终效果

05**8** 清新果香香水

化妆品杂志广告设计

　　此例以放置香水的放置，突出了其作为广告主体的地位；通过搭配水果与树丛的完美组合，体现了该产品健康纯正的性质，传达给消费者放心使用的信息。本实例主要运用了矩形工具、椭圆形工具、文本工具、贝塞尔工具、透明度工具等工具。

📄 文件路径：目标文件\第6章\058\清新果香香水.cdr

🎬 视频文件：视频\第6章\058清新果香香水.mp4

📖 难易程度：★ ★ ★ ☆ ☆

STEP 01 执行【文件】|【新建】命令，弹出【创建新文档】对话框，设置参数如图6-37所示。

STEP 02 单击"确定"按钮，双击工具箱中的"矩形工具" 🔲，绘制一个与页面大小相同的矩形。

图6-37 新建文档

STEP 03 选择工具箱中的"矩形工具" 🔲绘制一小矩形，按F11键弹出【渐变填充】对话框，设置参数如图6-38所示，单击"确定"按钮，去除轮廓线，效果如图6-39所示。

图6-38 填充渐变参数

图6-39 渐变填充效果

STEP 04 选择工具箱中的"椭圆形工具" 🔘绘制多个椭圆，选择工具箱中的"矩形工具" 🔲绘制一个矩形。框选椭圆和矩形，单击属性栏中的"合并"按钮 🔾，按F11键，弹出【渐变填充】对话框，设置参数如图6-40所示，单击"确定"按钮。

STEP 05 参照上述操作方法，绘制其他图形，并填充不同的渐变色，效果如图6-41所示。

图6-40 渐变填充参数及效果　　图6-41 绘制图形

STEP 06 选择工具箱中的"椭圆形工具" 🔘，按住Ctrl键，绘制多个正圆，并填充如图6-42所示渐变色。

STEP 07 单击"确定"按钮，效果如图6-43所示。

图6-42 填充渐变参数　　图6-43 渐变填充效果及复制图形

STEP 08 选择工具箱中的"贝塞尔工具" 🖊绘制果子的叶，并填充不同的渐变色，效果如图6-44所示。

图 6-44 绘制叶片

STEP 09 选择工具箱中的"贝塞尔工具"□绘制图形，并填充如图 6-45 所示渐变色。单击"确定"按钮，效果如图 6-46 所示。

图 6-50 绘制图形　　　　图 6-51 添加素材

STEP 14 选择较大的果瓶，选择工具箱中的"阴影工具"□，在瓶上从上往下拖动，效果如图 6-52 所示。

STEP 15 选择工具箱中的"文本工具"字，输入"清"，设置字体为"方正琥珀简体"，按 Ctrl+Q 快捷键将文字转曲，并填充如图 6-53 所示渐变色。

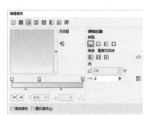

图 6-45 填充渐变参数

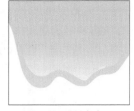

图 6-46 绘制图形

图 6-52 阴影效果　　　　图 6-53 渐变填充参数

STEP 16 导入命令，可以按快捷键 Ctrl+I 实现。

STEP 17 选择工具箱中的"形状工具"□，将"清"字的三点水旁删去，并选择工具箱中的"椭圆形工具"□绘制多个椭圆补充偏旁，然后填充渐变色，效果如图 6-54 所示。

STEP 10 选择工具箱中的"贝塞尔工具"□绘制图形边缘高光区，填充为白色后，选择工具箱中的"透明度工具"□，在图形上从下往上拖动，效果如图 6-47 所示。

图 6-47 绘制高光区

STEP 11 选择工具箱中的"贝塞尔工具"□绘制流体边缘高光区下面的阴影部分，填充颜色为浅绿色（C34，M5，Y92，K0），效果如图 6-48 所示。参照上述相同的操作方法，绘制其他高光区，效果如图 6-49 所示。

STEP 18 参照制作"清"的操作方法，制作其他文字，效果如图 6-55 所示。

图 6-54 编辑文字　　　　图 6-55 编辑文字

STEP 19 选择工具箱中的"文本工具"字，在图像窗口中拖动，绘制段落文本框，输入文字，并选择工具箱中的"形状工具"□调整文字间距，得到最终效果如图 6-56 所示。

图 6-48 绘制阴影

图 6-49 绘制高光区

STEP 12 参照前面的制作方法，绘制下方的小图形，效果如图 6-50 所示。

STEP 13 执行【文件】|【导入】命令，选择素材文件，单击"导入"按钮，选择工具箱中的"选择工具"□调整好位置，效果如图 6-51 所示。

图 6-56 最终效果

059 Speeding 自行车

自行车杂志广告设计

自行车广告的设计，主要以红蓝两色为背景色，简约而时尚，极富视觉冲击力；而车身的投影制作，增添了整个画面的立体感。本实例主要运用了矩形工具、椭圆形工具、文本工具、轮廓图工具等工具，并运用了"图框精确裁剪内部"等命令。

📁 文件路径：目标文件\第6章\059\Speeding 自行车.cdr

🎬 视频文件：视频\第6章\059Speeding 自行车.mp4

📖 难易程度：★★★☆☆

STEP 01 执行【文件】|【新建】命令，弹出【创建新文档】对话框，设置参数如图 6-57 所示。

STEP 02 双击工具箱中的"矩形工具"▢，绘制一个与页面大小一样的矩形。执行【文件】|【打开】命令，选择素材文件，单击"打开"按钮，复制相应的图形到当前编辑窗口，效果如图 6-58 所示。

图 6-57 新建文档

图 6-58 添加素材

STEP 03 选择工具箱中的"贝塞尔工具"✎绘制图形，并填充从浅蓝色（C75，M17，Y1，K0）到蓝色（C90，M84，Y0，K0）的渐变色，并去除轮廓线，效果如图 6-59 所示。

STEP 04 选择工具箱中的"贝塞尔工具"✎再次绘制图形，填充为白色，去除轮廓线，效果如图 6-60 所示。

STEP 05 参照上述相同的操作方法，绘制多个图形，效果如图 6-61 所示。

图 6-59 绘制图形　图 6-60 绘制白色图形　图 6-61 绘制图形

技巧点拨

对多个图形应用指定的填充颜色时，可先单击"文档调色板"中的"添加颜色到调色板"按钮，再在指定的颜色中单击，取样颜色并将其添加到该色板中，使得在之后填充颜色的操作中能快速地应用这些指定的颜色，避免繁复的设置操作。

STEP 06 框选除矩形以外的所有图形，执行【对象】|【图框精确裁剪】|【置于图文框内部】命令，放置于白色矩形内，效果如图 6-62 所示。

STEP 07 选择工具箱中的"文本工具"🄰，输入 Speeding，填充颜色为黄色（C13，M0，Y73，K0）。按 Ctrl+Q 快捷键转曲文字，选择工具箱中的"形状工具"🄻拉长 d 和 g，按 F12 键，弹出【轮廓笔】对话框，设置参数如图 6-63 所示。

图 6-62 绘制图形

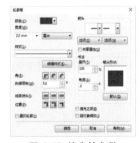

图 6-63 轮廓笔参数

STEP 08 单击"确定"按钮，效果如图 6-64 所示。

STEP 09 选择文字，选择工具箱中的"轮廓图工具"▣，在属性栏中设置参数，轮廓图步长为 5，轮廓图偏移为 1mm，如图 6-65 所示。

图 6-64 编辑文字　　　图 6-65 轮廓图参数及效果

STEP 10 选中轮廓，执行【对象】|【拆分轮廓图群组】命令，并分别填充颜色，效果图 6-66 所示。

STEP 11 参照上述操作方法，制作其它文字，效果如图 6-67 所示。执行【文件】|【导入】命令，选择素材文件，单击"导入"按钮，选择工具箱中的"选择工具" 调整位置，得到最终效果如图 6-68 所示。

图 6-66 填充颜色　　　图 6-67 编辑文字

图 6-68 最终效果

060 爱育体育专卖

运动鞋杂志广告设计

本例设计的是运动鞋广告，画面颜色以红色为主，给人以激昂、热烈的视觉效应；通过放射性的线条和对角放置的品牌标志，突出了广告的主题。本实例主要运用了矩形工具、星形工具、涂抹工具等工具，并运用了"图框精确裁剪内部"和"龟纹"等命令。

文件路径：目标文件\第6章\060\爱育体育专卖.cdr

视频文件：视频\第6章\060 爱育体育专卖.mp4

难易程度：★★★☆☆

STEP 01 执行【文件】|【新建】命令，弹出【创建新文档】对话框，设置参数如图 6-69 所示。

STEP 02 双击工具箱中的"矩形工具" ，绘制一

个与页面大小一样的矩形。按 F11 键，弹出【渐变填充】对话框，设置参数如图 6-70 所示。单击"确定"按钮，效果如图 6-71 所示。

图 6-69 新建文档　　　　图 6-70 填充渐变参数

图 6-75 复制图形　　　　图 6-76 导入素材

STEP 03 按 "+" 键，复制一层，执行【位图】|【转换为位图】命令，默认参数，单击 "确定" 按钮。执行【位图】|【扭曲】|【龟纹】命令，弹出【龟纹】对话框，设置参数如图 6-72 所示。

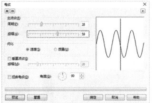

图 6-71 渐变填充效果　　　　图 6-72 设置龟纹参数

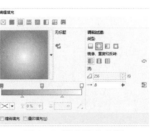

图 6-77 渐变填充参数　　　　图 6-78 精确裁剪效果

STEP 09 选择工具箱中的 "矩形工具" 📋，绘制一个与页面大小一样大的矩形。单击右键拖动星形至此矩形，然后释放，在弹出的快捷菜单中选择 "图框精确裁剪内部"，效果如图 6-79 所示。

STEP 10 参照前面的操作，添加 LOGO 素材，放置到合适位置，效果如图 6-80 所示。

STEP 04 单击 "确定" 按钮，效果如图 6-73 所示。

STEP 05 选择工具箱中的 "矩形工具" 📋绘制矩形，选择工具箱中的 "沾染工具" ✏️，在属性栏中设置参数，在图形上涂抹，效果如图 6-74 所示。

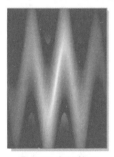

图 6-73 龟纹效果　　　　图 6-74 涂抹参数及效果

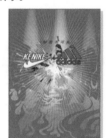

图 6-79 图框精确裁剪效果　　　图 6-80 添加素材

STEP 11 选择工具箱中的 "文本工具" 字，输入文字，得到最终效果如图 6-81 所示。

STEP 06 复制一层，参照上述操作方法，再制作一个涂抹层，效果如图 6-75 所示。

STEP 07 执行【文件】|【打开】命令，弹出【打开】对话框，选择素材方件，单击 "打开" 按钮，将火焰图形复制到当前编辑窗口中，效果如图 6-76 所示。

STEP 08 选择工具箱中的 "星形工具" 🔲，在属性栏中设置边数为 100，锐度为 90，绘制多边星形，设置渐变参数如图 6-77 所示。单击 "确定" 按钮，效果如图 6-78 所示。

图 6-81 最终效果

06 1 时尚杂志

本实例设计的是时尚杂志，画面中运用了许多时尚元素，几种颜色搭配在一起很协调，同时极具视觉感。主要运用了形状工具、封套工具、椭圆形工具、矩形工具、文本工具等工具，并使用了"图框精确裁剪"命令。

文件路径：目标文件 \ 第 6 章 \061\ 时尚杂志 .cdr

视频文件：视频 \ 第 6 章 \061 时尚杂志 .mp4

难易程度：★ ★ ★ ★ ☆

STEP 01 执行【文件】|【新建】命令，弹出【创建新文档】对话框，设置"宽度"为 280mm，"高度"为 305mm，单击"确定"按钮，双击工具箱中的"矩形工具"▢，自动生成一个与页面同等大小的矩形，右键单击调色板上的无填充按钮▨，左键黑色，如图 6-82 所示。

STEP 02 选择工具箱中的"矩形工具"▢或按 F6 键，绘制矩形，在属性栏上设置"宽度"为 217mm，"高度"为 305mm，左键调色板上的蓝色，右键单击调色板上的无填充按钮▨，如图 6-83 所示，

STEP 03 选择工具箱中的"钢笔工具"▨，绘制图形，单击调色板上的红色，右键单击调色板上的无填充按钮▨，效果如图 6-84 所示。

图 6-82 新建文档　图 6-83 绘制矩形　图 6-84 绘制图形

STEP 04 使用相同的方法，绘制其他的图形，如图 6-85 所示。

STEP 05 选择工具箱中的"选择工具"▨，框选彩虹图形，按 Ctrl+G 快捷键，组合图形，选择工具箱中的"透明度工具"▨，在彩虹图形上拉出透明效果，如图 8-86 所示。

STEP 06 选择工具箱中的"折线工具"▨，绘制图

形，填充颜色为蓝色（R27，G124，B169），如图 6-87 所示。

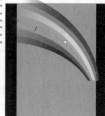

图 6-85 绘制其他的　图 6-86 调整透明度　图 6-87
　　图形　　　　　　　　　　　　绘制图形

STEP 07 保持图形的选择状态，再次单击图形，使图形处旋转状态，将控制点移至上面，拖动至合适的位置单击右键复制图形，如图 6-88 所示。

STEP 08 按 Ctrl+D 快捷键，进行再制图形，再制完毕后，删除多余的图形，如图 6-89 所示。

图 6-88 旋转图　　　　图 6-89 再制图形
　形并复制

STEP 09 选择工具箱中的"选择工具"▨，框选图形，按 Ctrl+G 快捷键，组合图形，单击属性栏中的"垂直镜像"按钮▣，选择工具箱中的"3 点曲

线工具"🖊，绘制图形，填充颜色为蓝色（R27，G124，B169），如图6-90所示。

STEP 10 选择工具箱中的"透明度工具"🖌，调整透明度，并放置合适的位置，如图6-91所示

图6-90 绘制正圆　　　图6-91 调整透明度

STEP 11 选择工具箱中的"选择工具"🖈，选中图形，按Ctrl+PageDown快捷键，向后一层，如图6-92所示

STEP 12 选择工具箱中的"贝塞尔工具"🖊，绘制图形，填充颜色为蓝色（R34，G88，B134），效果如图6-93所示。

STEP 13 选择工具箱中的"钢笔工具"🖊，绘制图形，填充颜色为蓝色（R45，G117，B168），选择工具箱中的"选择工具"🖈，框选图形，单击属性栏的"修剪"按钮🖻，删除多余的图形，如图6-94所示。

图6-92 调整顺　　图6-93 绘制图　　图6-94 绘制图
　　　序　　　　　　　形　　　　　　　形

STEP 14 选择工具箱中的"钢笔工具"🖊，绘制图形，设置渐变填充颜色为浅蓝色（R70，G193，B253）到蓝色（R37，G108，B174）的线性渐变，如图6-95所示。

STEP 15 选择工具箱中的"椭圆形工具"⬭，按Ctrl键，绘制正圆，左键调色板上的红色，右键调色板上的无填充按钮☒，按Shift键往内拖动至合适的位置时单击右键，复制正圆，左键调色板上的桔色，如图6-96所示。

STEP 16 使用相同的方法，绘制多个正圆，如图6-97所示。

图6-95 绘制图形　　图6-96 绘制正　　图6-97 绘制圆
　　　　　　　　　　　圆　　　　　　　形

STEP 17 选择工具箱中的"选择工具"🖈，按Ctrl+G快捷键群组绘制好的正圆，选择工具箱中的"矩形工具"▢，绘制穿过正圆中心点的矩形，选择工具箱中的"选择工具"🖈，框选矩形与正圆，单击属性栏中的"移除前面对象"按钮🖻，效果如图6-98所示，按"+"键，原位复制，调整好大小与位置。

STEP 18 选择工具箱中的"钢笔工具"🖊，绘制云朵图形，设置渐变填充颜色为（C51，M4，Y2，K0）到白色的椭圆形渐变，按F12键，弹出"轮廓笔"对话框，设置参数如图6-99所示。

图6-98 移除前面对象　　　图6-99 轮廓笔填充

STEP 19 单击"确定"按钮，按Ctrl+PageDown快捷键向后一层，按小键盘"+"键，原位复制，调整好大小与位置，如图6-100所示。

STEP 20 复制多个放置不同的位置上并调整大小，颜色分别填充为白色和黑色，如图6-101所示。

STEP 21 选择工具箱中的"选择工具"🖈，选中白色的云朵，选择工具箱中的"透明度工具"🖌，在属性栏中设置透明度为50，如图6-102所示。

图6-100 复制图　　图6-101 复制多　　图6-102 调整透
　　　形　　　　　　　个　　　　　　　明度

STEP 22 选择工具箱中的"折线工具"🖊，绘制图形，单击调色板上的黑色，右键单击调色板上的无填充按钮☒，复制两个与不同的位置上，选择工具箱中的"透明度工具"🖌，在属性栏中设置透明度为90，按Ctrl+PageDown快捷键，向后一层，如图6-103所示。

STEP 23 选择工具箱中的"文本工具"🄰，输入文字，在属性栏中设置字体为"Arial Black"，单击调色板上的"黄色"，选择工具箱中的"封套工具"🖾，调整文字的形状，如图6-104所示。

STEP 24 执行"文本"|"插入字符",弹出"插入字符"泊坞窗,设置字体为"Wingdings",在代码页找到图案,单击"应用"按钮,按 Shift+F11 快捷键,填充颜色为红色(C5,M82,Y0,K0),拖动至合适的位置单击右键,复制三次图案,如图 6-105 所示。

图 6-103 导入素　图 6-104 封套工具　图 6-105 插入字
材并添加阴影　　　　　　　　　　　　　符

STEP 25 通过运用相同的方法,插入其他的字符,放置合适的位置,如图 6-106 所示。

STEP 26 选择工具箱中的"星形工具",绘制星形,设置属性栏上的边数为 4,锐度为 90,单击调色板上的"白色",复制多个,移至不同的位置上,如图 6-107 所示。

STEP 27 执行"文件"|"导入"命令,弹出"导入"对话框,或按 Ctrl+I 快捷键,选择素材 .cdr,单击"导入"按钮,选择工具箱中的"选择工具",调整素材的位置和大小,选择工具箱中的"透明度工具",调整人物素材的透明度,如图 6-108 所示。

图 6-106 插入其　图 6-107 绘制星　图 6-108 导入素材
他的字符　　　　　形

STEP 28 选择工具箱中的"钢笔工具",绘制图形,填充颜色为(R132,G186,B36),按 Ctrl+PageDown 快捷键,向后一层,按"+"键,原位复制,选择"形状工具",调整形状,颜色值改为(R85,G150,B8),如图 6-109 所示。

STEP 29 选择工具箱中的"选择工具",框选除黑色与蓝色的背景矩形外的所有图形,按 Ctrl+G 快捷键,组合对象,执行"效果"|"图框精确裁剪"|"置于图文框内部"命令,当光标变为➡时,单击蓝色背景矩形,裁剪至矩形中,如图 6-110 所示。

STEP 30 选择工具箱中的"文本工具",编辑文字,填充白色,插入字符,得到最终效果如图 6-111 所示。

图 6-109 绘制星形

图 6-110 裁剪图形

图 6-111 最终效果

06 2 水果部落

食品杂志广告设计

水果部落的设计，以晶莹剔透的水果为主体，象征生命的绿色为背景，表现了该产品环保健康的特质。运用卡通猴子为点缀，丰富了画面内容。本实例主要运用了矩形工具、椭圆形工具、文本工具、调和工具等工具。

文件路径：目标文件 \ 第 6 章 \062\ 水果部落 .cdr

视频文件：视频 \ 第 6 章 \062 水果部落 .mp4

难易程度：★★☆☆☆

STEP 01 执行【文件】|【新建】命令，弹出【创建新文档】对话框，设置参数如图 6-112 所示。

图 6-112 新建文档

STEP 02 双击工具箱中的"矩形工具"，绘制一个与页面大小一样的矩形。按 F11 键，弹出渐变填充对话框，设置参数如图 6-113 所示。单击"确定"按钮，效果如图 6-114 所示。

图 6-113 填充渐变参数

图 6-114 渐变填充效果

STEP 03 选择工具箱中的"椭圆形工具"，绘制椭圆，并填充颜色为黑色，按"+"键复制一个。按住 Shift 键，将光标定位在椭圆右上角，在出现双向

箭头时，往内拖动，等比例缩小椭圆，并填充颜色为白色，效果如图 6-115 所示。

STEP 04 参照上述相同的操作方法，绘制椭圆，并分别填充颜色为绿色（R122, G181, B31）和白色，效果如图 6-116 所示。

STEP 05 选中最上层的白色椭圆，选择工具箱中的"透明度工具"，设置透明类型为"均匀透明度"，其他参数默认，效果如图 6-117 所示。

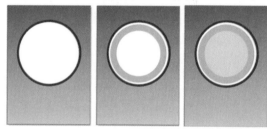

图 6-115 绘制椭圆　图 6-116 绘制椭圆　图 6-117 透明效果

STEP 06 选择工具箱中的"椭圆形工具"绘制椭圆，并填充颜色为绿色（R121, G180, B38），并去除轮廓线，效果如图 6-118 所示。

STEP 07 运用"椭圆形工具"再绘制一个椭圆，并填充如图 6-119 所示渐变参数。

图 6-118 绘制椭圆

图 6-119 渐变参数

STEP 08 单击"确定"按钮,效果如图 6-120 所示。

STEP 09 参照上述操作方法绘制图形,效果如图 6-121 所示。

图 6-120 渐变效果　　　图 6-121 绘制图形

STEP 10 绘制两椭圆,分别填充颜色为（C80, M0, Y100, K0）和（C60, M0, Y100, K0）。选择工具箱中的"调和工具"，从一椭圆拖到另一椭圆,效果如图 6-122 所示。

STEP 11 参照上述操作方法,选择工具箱中的"贝塞尔工具"绘制水果蒂,效果如图 6-123 所示。

STEP 12 按 Ctrl+G 快捷键组合图形,按"+"复制多个,并改变旋转角度,效果如图 6-124 所示。

图 6-122 调和效果　图 6-123 绘制图形　图 6-124 复制图形

技巧点拨

　　要旋转图形的角度时,单击图形两次,待控制手柄呈可旋转状态时,拖动其中一个控制手柄即可旋转图形。也可以在调整状态下,在属性栏中输入相应的旋转角度数值,按下 Enter 键旋转图形。

STEP 13 再复制多个图形,并改变颜色,效果如图 6-125 所示。

STEP 14 执行【文件】|【导入】命令,弹出【导入】对话框,选择素材文件,单击"导入"按钮,选择工具箱"选择工具"调整位置,如图 6-126 所示。

图 6-125 复制图形

图 6-126 添加素材

STEP 15 选择工具箱中的"文本工具"，输入文字,得到的最终效果如图 6-127 所示。

图 6-127 最终效果

技巧点拨

　　输入不同的文字时,为了使画面内容丰富、形式多元化,一般会为不同的文字填充不同的颜色。

06 3 China National Radio

音乐杂志广告设计

本设计以柔和的背景颜色和众多的流线型图形，不仅体现了音乐的活力，而且形成了强烈的视觉冲击。此外，以文字排列成声音线的创意，别出心裁。本实例主要运用了矩形工具、贝塞尔工具、文本工具、透明度工具等工具。

📁 文件路径：	目标文件\第6章\063\China national Radio.cdr
🎬 视频文件：	视频\第6章\063 China national Radio.mp4
📖 难易程度：	★ ★ ★ ☆ ☆

STEP 01 执行【文件】|【新建】命令，弹出【创建新文档】对话框，设置参数如图6-128所示。

STEP 02 双击工具箱中的"矩形工具" ▢，绘制一个与页面大小一样的矩形。按F11键，弹出【渐变填充】对话框，设置参数如图6-129所示。

图6-128 新建文档　　　　图6-129 填充渐变参数

STEP 03 单击"确定"按钮，选择工具箱中的"透明度工具" 🖐，在属性栏中设置透明度为50，效果如图6-130所示。

STEP 04 选择工具箱中的"贝塞尔工具" ✏绘制图形，并填充为蓝色（C45，M0，Y14，K0），效果如图6-131所示。

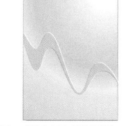

图6-130 渐变填充及透明度效果　　图6-131 绘制图形

STEP 05 参照上述相同的操作方法，绘制更多图形，并相应改变颜色，效果如图6-132所示。

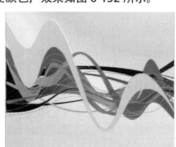

图6-132 绘制图形

技巧点拨

若绘制的曲线较多，且走势差不多，则可先进行复制，再运用形状工具🖐调整曲线。

STEP 06 框选图形，按Ctrl+G快捷键组合对象，选择工具箱中的"透明度工具" 🖐，在属性栏中设置透明类型为"均匀透明度"，合并模式为"反显"，透明度为50，效果如图6-133所示。

STEP 07 选择背景矩形，按"+"键复制一层，并填充颜色为黄色（C0，M0，Y100，K0）。

STEP 08 选择工具箱中的"网状填充工具" ▦，在图形偏上方的位置多次双击，增加多个瞄点。选择一个瞄点，在调色板上单击相应的色块填充颜色，在属性栏中单击尖突节点按钮☒，然后往下方拖动，参照此方法，操作多个瞄点后，得到效果如图6-134所示。

图 6-133 透明度效果

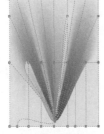

图 6-134 填充网状效果

STEP 09 选中图形, 选择工具箱中的"透明度工具"🔲, 在属性栏中设置透明类型为"均匀透明度", 合并模式为"绿", 透明度为 50, 效果如图 6-135 所示。

STEP 10 选择工具箱中的"艺术笔工具"🔲, 在属性栏中设置参数。在图像窗口中绘制, 并填充渐变色, 如图 6-136 所示。

图 6-135 透明效果

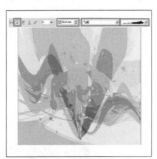

图 6-136 艺术笔参数及效果

STEP 11 执行【文件】|【导入】命令, 选择素材文件, 单击"导入"按钮, 并调整位置, 效果如图 6-137 所示。

STEP 12 选中素材, 选择工具箱中的"透明度工具"🔲, 在属性中设置透明类型为"均匀透明度", 合并模式为"红", 透明度为 50, 效果如图 6-138 所示。

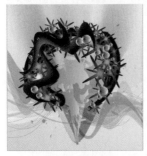

图 6-137 导入素材

图 6-138 透明度效果

技巧点拨

运用艺术笔绘制图形的时候, 应根据其走势进行绘制。

STEP 13 选中图 6-138 所绘制的波浪图形, 复制一层。在属性栏中设置旋转角度为 270, 选择工具箱中的

"透明度工具"🔲, 在属性栏中设置透明度类型为"均匀透明度", 合并模式为"红", 透明度为 87, 按 Shift+Pageup 快捷键将图层置顶, 并进行拉宽, 效果如图 6-139 所示。

STEP 14 参照上述操作方法, 继续添加"喇叭"素材, 效果如图 6-140。

图 6-139 复制图形

图 6-140 添加素材

STEP 15 选择工具箱中的"钢笔工具"🔲画一直线, 效果如图 6-141 所示。

STEP 16 执行【窗口】|【泊坞窗】|【变换】|【旋转】命令, 打开变换面板, 设置参数如图 6-142 所示。

STEP 17 单击"应用"按钮, 效果如图 6-143 所示。

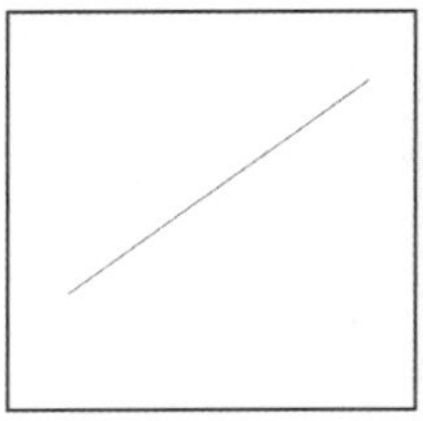

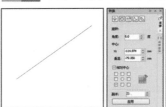

图 6-141 绘制直线

图 6-142 旋转参数

图 6-143 旋转复制效果

技巧点拨

钢笔工具🔲与贝塞尔工具🔲的用法基本一致。使用钢笔工具绘制路径的同时可对路径的样式、宽度和手柄样式等进行设置。

STEP 18 选择工具箱中的"文本工具"🔲, 在线上单击, 输入文字, 并填充颜色为红色。在属性栏中设置偏移为 140mm, 效果如图 6-144 所示。

STEP 19 执行【对象】|【拆分在一路径上的文字】命令, 再删除直线, 效果如图 6-145 所示。

图 6-144 输入文字

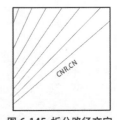

图 6-145 拆分路径文字

STEP 20 参照上述操作方法，输入其他路径文字，效果如图 6-146 所示。

STEP 21 参照上述操作方法，输入其他文字，得到最终效果如图 6-147 所示。

图 6-146 输入文字

图 6-147 最终效果

064 PandHall

珠宝首饰杂志广告设计

本设计以"卷页"为一大特色，不仅在版式上给人以耳目一新之感，同时为读者造就了无限的想象空间。本实例主要运用了矩形工具、星形工具、文本工具等工具，并使用了"卷页""插入字符"等命令。

文件路径：目标文件 \ 第 6 章 \064\PandHall .cdr

视频文件：视频 \ 第 6 章 \064PandHall.mp4

难易程度：★ ★ ★ ☆ ☆

065 BABY 奶粉

本设计以浅蓝色为画面主色，使人联想到大海、天空一类的事物，产生清爽凉快的心理作用；同时通过对文字的处理，体现出广告主题。本实例主要运用了矩形工具、椭圆形工具、文本工具、形状工具、轮廓图工具等工具。

文件路径： 目标文件 \ 第 6 章 \065\BABY 奶粉 .cdr

视频文件： 视频 \ 第 6 章 \065 BABY 奶粉 .mp4

难易程度： ★ ★ ★ ☆ ☆

第 7 章

报纸广告设计

本章内容

报纸广告（newspaper advertising）是指刊登在报纸上的广告。报纸是一种印刷媒介（print-medium）。它的特点是发行频率高、发行量大、信息传递快，因此报纸广告可及时广泛发布。报纸广告以文字和图画为主要视觉刺激，不像其他广告媒介，如电视广告等受到时间的限制。而且报纸可以反复阅读，便于保存。

066 百万世纪之城

房地产报纸广告设计

百万世纪之城的设计，将蓝天、白云、绿草的颜色渲染成金色，给人以华贵之感；运用多条放射光线，形成强力的视觉，给消费者以该房产潜力无限、前景光明的印象。本实例主要运用了矩形工具、椭圆形工具、文本工具、透明度等工具，并使用了"图框精确裁剪内部"命令。

文件路径：目标文件 \ 第 7 章 \066\ 百万世纪之城 .cdr

视频文件：视频 \ 第 7 章 \066 百万世纪之城 .mp4

难易程度：★ ★ ★ ☆ ☆

STEP 01 执行【文件】|【新建】命令，弹出【创建新文档】对话框，设置"宽度"为 196mm，"高度"为 273mm，单击"确定"按钮。

STEP 02 双击工具箱中的"矩形工具"，自动绘制一个与页面大小一样的矩形，并填充颜色为黄色（C5，M7，Y13，K0），效果如图 7-1 所示。

STEP 03 按"+"键复制一个，等比例缩小稍许，并填充如图 7-2 所示参数的渐变色，单击"确定"按钮。

图 7-1 绘制矩形　　图 7-2 填充渐变参数

STEP 04 执行【文件】|【打开】命令，复制背景素材到当前编辑窗口。选中素材，单击右键将素材拖至红色矩形内，释放右键，在弹出的快捷菜单中选择"图框精确裁剪内部"。按住 Ctrl 键，双击图形，进入图框内进行调整，单击右键，选择"结束编辑"。效果如图 7-3 所示。

STEP 05 选择工具箱中的"椭圆形工具"绘制椭圆，填充颜色为桔黄色（C0，M60，Y100，K0），并

去除轮廓线。选择工具箱中的"透明度工具"，在属性栏中设置透明度类型为"椭圆形渐变透明度"，合并模式为"和"，效果如图 7-4 所示。

图 7-3 导入素材　　　图 7-4 透明度效果

STEP 06 参照上述操作方法，复制多个，并调整好大小和位置，效果如图 7-5 所示。

STEP 07 再复制多个，填充颜色为洋红色（C2，M96，Y13，K0）并调整好大小和位置，效果如图 7-6 所示。

图 7-5 复制图形　　　图 7-6 复制图形及更改颜色

STEP 08 选择工具箱中的"椭圆形工具"◯绘制椭圆，并设置轮廓宽度为8，轮廓颜色为白色。选择工具箱中的"透明度工具"🔲，在属性栏中设置透明度为100，按"+"键复制一层，设置透明度为60。选择工具箱中的"调和工具"🔲，从一个椭圆拖到另一椭圆，在属性栏中设置调和对象步长为5，效果如图7-7所示。

STEP 09 按"+"键复制一个，并调整大小和位置，效果如图7-8所示。

STEP 10 选择工具箱中的"贝塞尔工具"🔲，绘制一个不规则图形，参照上述操作，结合"透明度工具"🔲和"调和工具"🔲，绘制大光斑，效果如图7-9所示。

图7-7 绘制椭圆 图7-8 复制图形 图7-9 绘制图形
及调和效果

STEP 11 选择工具箱中的"贝塞尔工具"◻绘制小光斑。参照上述操作，结合"透明度工具"🔲和"调和工具"🔲，羽化图形，效果如图7-10所示。

STEP 12 选择工具箱中的"椭圆形工具"◻绘制椭圆轮廓，并填充颜色为白色。执行【位图】|【转换为位图】命令，再执行【位图】|【模糊】|【高斯式模糊】命令，设置模糊半径为6，再选择工具箱中的"透明度工具"🔲给椭圆添加透明效果，设置合并模式为"添加"，效果如图7-11所示。

STEP 13 复制多个椭圆图形，并调整好位置和大小，效果如图7-12所示。

图7-10 绘制图 图7-11 绘制椭 图7-12 复制图形
形 圆形

STEP 14 选择工具箱中的"椭圆形工具"绘制两个较宽椭圆，并分别填充颜色为白色和黄色（C0，M60，Y100，K0），并去除轮廓线，效果如图7-13所示。

STEP 15 设置白色椭圆的透明度为100，黄色椭圆的透明度为60，选择工具箱中的"调和工具"🔲，对

图形进行调和，再转换为位图。选择工具箱中的"透明度工具"🔲，添加相应的线性透明度，效果如图7-14所示。

STEP 16 复制多个，并调整位置和大小，效果如图7-15所示。

图7-13 绘 图7-14 透 图7-15 复制图形
制椭圆 明效果

STEP 17 选择工具箱中的"文本工具"🈚️，输入文字，填充颜色为黄色（C0，M0，Y20，K0）并旋转角度，选择工具箱中的"透明度工具"🔲，设置合并模式为"添加"，透明度为70，效果如图7-16所示。

STEP 18 参照前面操作，继续添加素材，效果如图7-17所示。

STEP 19 选择工具箱中的"椭圆形工具"◻，绘制椭圆，并填充颜色为白色，选择工具箱中的"透明度工具"🔲添加椭圆形渐变透明度，效果如图7-18所示。

图7-16 输入文字 图7-17 添加素材 图7-18 添加素材

STEP 20 按"+"键复制一个并等比例缩小，选择工具箱中的"选择工具"🔲对图形进行整体调整后，得到最终果如图7-19所示。

图7-19 最终效果

067 环保创意知识竞赛

本设计将平面与立体图形相互穿插，使画面具有强效视觉冲击；以绿叶与草地为背景，很好地迎合了主题；采用大面积留白的手法，给人带来无尽的想象空间。本实例主要运用了立体化工具、椭圆形工具、文本工具、阴影工具等工具，并使用了"添加透视"等命令。

文件路径：目标文件\第7章\067\环保创意知识竞赛.cdr

视频文件：视频\第7章\067 环保创意知识竞赛.mp4

难易程度：★ ★ ★ ☆ ☆

STEP 01 执行【文件】|【新建】命令，弹出【创建新文档】对话框，设置"宽度"为570mm，"高度"为860mm，单击"确定"按钮。

STEP 02 执行【文件】|【打开】命令，选择素材文件，单击"打开"按钮，将背景素材复制到当前编辑窗口，按P键，将图形定位在页面中心，效果如图7-20所示。

STEP 03 选择工具箱中的"文本工具"，输入文字，并填充颜色为洋红色（C0，M100，Y0，K0），设置轮廓颜色为白色，轮廓宽度为5mm，字体为"汉仪菱心体简"，效果如图7-21所示。

图 7-20 添加素材　　　图 7-21 输入文字

STEP 04 选中文件，执行【效果】|【添加透视】命令，调整四角的四个节点，效果如图7-22所示。

STEP 05 按"+"键复制一层，去除轮廓线。选择工具箱中的"立体化工具"，在属性栏中设置相应参数，单击立体化颜色按钮设置颜色从黄色（C0，M0，Y100，K0）到橘黄（C0，M60，Y100，K0），如图7-23所示。

图 7-22 添加透视　　　图 7-23 立体化参数及效果

技巧点拨

为文字添加透视效果后，使用选择工具双击文字，将再次显示透视网格状态。若使用文本工具添加了透视效果的文字，则可在弹出的【编辑文本】对话框中更改文字内容以及文字的相关属性。

STEP 06 选择工具箱中的"文本工具"，输入文字，并填充从红色（C0，M100，Y100，K0）到洋红（C0，M100，Y0，K0）的渐变色，设置轮廓宽度为6，颜色为白色，效果如图7-24所示。

图 7-24 输入文字　　　图 7-25 添加阴影

STEP 07 选中下行文字，选择工具箱中的"阴影工具"，在文字上拖动，效果如图 7-25 所示。

STEP 08 参照上述操作输入其他文字，渐变填充色为从绿色（C100，M0，Y100，K0）到浅绿色（C40，M0，Y100，K0），轮廓宽度为 10mm，效果如图 7-26 所示。

STEP 09 选择工具箱中的"贝塞尔工具"绘制箭头，并分别填充黄色（C0，M0，Y100，K0）和从（C0，M60，Y100，K0）到黄色的渐变色，效果如图 7-27 所示。

图 7-26 输入文字　　　图 7-27 绘制箭头

STEP 10 选中黄色箭头，按"+"键复制一层，等比例缩小稍许，上对齐，并填充如图 7-28 所示参数，效果如图 7-29 所示。

图 7-28 填充渐变参数　　　图 7-29 填充渐变效果

STEP 11 复制一层，填充从深红（C0，M100，Y100，K30）到大红（C0，M100，Y100，K0）的渐变色。选择工具箱中的"透明度工具"，在图形上从右往左拖动，效果如图 7-30 所示。

STEP 12 选择工具箱中的"贝塞尔工具"绘制不规则图形，并填充颜色为白色，选择工具箱中的"透明度工具"调整透明度，效果如图 7-31 所示。

STEP 13 选中箭头，为箭头添加阴影，按 Ctrl+K 快捷键拆分阴影群组，选择工具箱中的"选择工具"调整位置和大小，效果如图 7-32 所示。

图 7-30 透明效果　　图 7-31 绘制高　图 7-32 阴影效
　　　　　　　　　　　　光部分　　　果

STEP 14 复制一层，等比例缩小，效果如图 7-33 所示。

STEP 15 群组箭头图形，按 Ctrl+Pagedown 快捷键调整图层顺序，效果如图 7-34 所示。

STEP 16 选择工具箱中的"矩形工具"绘制矩形，并填充从绿色到黄色的线性渐变色，在属性栏中设置转角半径为 90，复制一层并填充颜色为白色。选择工具箱中的"透明度工具"添加线性透明度，组合图形，再执行【效果】|【添加透视】命令，效果如图 7-35 所示。

图 7-33 复制阴影　图 7-34 调整图形　图 7-35 绘制圆
　　　　　　　　　　　　　　　　　　　角矩形

STEP 17 参照上述操作，输入文字，并添加阴影，效果如图 7-36 所示。

STEP 18 参照上述操作，添加"地球"素材，效果如图 7-37 所示。

图 7-36 输入文字　　　图 7-37 添加素材

STEP 19 选择工具箱中的"文本工具"，输入文字，得到最终效果如图 7-38 所示。

图 7-38 最终效果

068 毕升大峡谷漂流

旅游报纸广告设计

本设计以蓝色作为基调，表现了主体对象的天然气质。而将实例图形加以异形后，整个画面显得更为活泼和生动。本实例主要运用了矩形工具、贝塞尔工具、文字工具、轮廓图工具等工具，并使用了"图框精确裁剪内部"命令。

文件路径：目标文件 \ 第7章 \068\ 毕升大峡谷漂流 .cdr

视频文件：视频 \ 第 7 章 \068 毕升大峡谷漂流 .mp4

难易程度：★ ★ ☆ ☆ ☆

STEP 01 执行【文件】|【新建】命令，弹出【创建新文档】对话框，设置"宽度"为 230mm，"高度"为 170mm，单击"确定"按钮。

STEP 02 双击工具箱中的"矩形工具" ，自动生成一个与页面大小一样的矩形，按 F11 键弹出【渐变填充】对话框，设置参数如图 7-39 所示，效果如图 7-40 所示。

图 7-39 渐变参数　　　　图 7-40 渐变效果

STEP 03 选择工具箱中的"贝塞尔工具" 绘制白云，并分别填充从浅蓝色（C40，M0，Y0，K0）到白色和从蓝色（C100，M42，Y0，K0）到浅蓝色（C40，M0，Y0，K0）的线性渐变，选中大的白云，按"+"键复制一个作备用，效果如图 7-41 所示。

STEP 04 选择工具箱中的"椭圆形工具" 绘制椭圆，设置轮廓宽度为 5mm。选择工具箱中的"轮廓图工具" ，在椭圆上从内往外拖动，在属性栏中设置轮廓图步长为 5，轮廓图偏移为 5mm，按 Ctrl+K 快捷键拆分轮廓图群组。单击属性栏中的"取消组合所有对象"按钮 ，框选椭圆，按 Shift+Ctrl+Q 快捷键将轮廓转换为对象，并选择工具箱中的"矩形工具" 绘制矩形，将椭圆多余的部分修剪掉，并分别填充渐变色，效果如图 7-42 所示。

STEP 05 执行【文件】|【打开】命令，选择素材文件，单击"打开"按钮，复制花的素材到当前编辑窗口，

效果如图 7-43 所示。

图 7-41 绘制云朵　图 7-42 绘制彩虹　图 7-43 导入素材

STEP 06 选择工具箱中的"贝塞尔工具" 绘制水滴状，并分别填充蓝白渐变色和纯白色，效果如图 7-44 所示。

STEP 07 导入图片素材，选中素材，执行【对象】|【图框精确裁剪】|【置于图文框内部】命令，单击水滴形状，置入水滴内。按住 Ctrl 键，双击水滴，对容器内的图片进行编辑，单击右键，选择"结束编辑"，效果如图 7-45 所示。

图 7-44 绘制水滴　　　　图 7-45 精确裁剪

STEP 08 参照上述操作，复制水滴，将其他图片裁剪入水滴和白云内，效果如图 7-46 所示。

图 7-46 复制图形并精确裁剪

CoreIDRAW X7 平面广告设计 228 例

STEP 09 选择工具箱中的"贝塞尔工具" 绘制图形，并填充蓝白渐变色，效果如图 7-47 所示。

STEP 10 选择工具箱中的"文本工具" 输入文字，分别设置字体为"汉仪雪峰体简"和"方正粗圆简体"，并导入"小标志"素材，选择工具箱中的"矩形工具" 和"多边形工具" ，绘制图形并稍作修饰，得到最终效果如图 7-48 所示。

图 7-47 精确裁剪

图 7-48 最终效果

069 彩铃

音乐类报纸广告设计

本设计以属于暖色系的橙色为主调，充满活力与华丽之感。图中的两个小人与红旗相互结合，体现了潮流音乐不断向前发展的主题，整个画面活泼自然，意境深远。本实例主要运用了矩形工具、贝塞尔工具、椭圆形工具、艺术笔工具、调和工具等工具，并使用了"图框精确裁剪内部"命令。

文件路径：目标文件 \ 第 7 章 \069\ 彩铃 .cdr

视频文件：视频 \ 第 7 章 \069 彩铃 .mp4

难易程度：★ ★ ☆ ☆ ☆

STEP 01 执行【文件】|【新建】命令，弹出【创建新文档】对话框，设置"宽度"为 420mm，"高度"为 580mm，单击"确定"按钮。

STEP 02 双击工具箱中的"矩形工具" ，自动生成一个与页面大小一样的矩形，按 F11 键弹出【渐变填充】对话框，设置参数如图 7-49 所示，效果如图 7-50 所示。

STEP 03 选择工具箱中的"矩形工具" 绘制白色矩形，效果如图 7-51 所示。

STEP 04 选择工具箱中的"椭圆形工具" 绘制两椭圆，并填充颜色为黄色（C12，M14，Y82，K0）。全选椭圆，单击属性栏中"合并"按钮 ，

效果如图 7-52 所示。

STEP 05 选中图形，按"+"键复制一个，并等比例放大，填充如图 7-53 所示渐变色。按 Ctrl+Pagedown 快捷键，往下调一层，效果如图 7-54 所示。

图 7-49 渐变参数　　　　图 7-50 渐变效果

图 7-51 绘制图形　图 7-52 绘制椭圆

图 7-53 渐变填充参数　图 7-54 渐变填充效果及调整图层顺序

STEP 06 选择工具箱中的"星形工具" 绘制两个大小不一的星形，分别填充颜色为红色和黄色。选择工具箱中的"调和工具" ，从一个星形拖至另一个星形，在属性栏中设置调和对象步长为 80，效果如图 7-55 所示。

STEP 07 选择工具箱中的"贝塞尔工具" 绘制一曲线，单击右键拖动星形到曲线上，释放后在弹出的快捷菜单中选择"使调和适合路径"选项，在属性栏中单击"更多属性选项"按钮，在下拉菜单中勾选"沿全路径调和"选项，效果如图 7-56 所示。

STEP 08 复制多个图形并调整位置和大小，效果如图 7-57 所示。

图 7-55 绘制图形　图 7-56 调整图形　图 7-57 复制图形

STEP 09 选择工具箱中的"椭圆形工具" 和"星形工具" 绘制图形，设置大小不一的轮廓宽度，并填充从红到黄的渐变色，效果如图 7-58 所示。

STEP 10 选择工具箱中的"贝塞尔工具" 绘制两曲线，设置轮廓宽度为 2mm，并进行调和。按 Ctrl+K 快捷键拆分调和群组，并按 Ctrl+Shift+Q 快捷键将轮廓转换为对象，填充渐变色，复制一个后，调整位置，效果如图 7-59 所示。

STEP 11 选择工具箱中的"贝塞尔工具" ，绘制不规则图形，并填充渐变色，效果如图 7-60 所示。

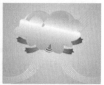

图 7-58 绘制椭圆和星形　图 7-59 绘制曲线　图 7-60 绘制图形

STEP 12 选择工具箱中的"艺术笔工具" ，在属性栏中设置参数，按回车键后在页面中绘制，并填充颜色为紫色（C9，M62，Y27，K38）；按住 Shift 键，选中前面绘制的图形，按 Ctrl+Pagedown 快捷键调整图层顺序，如图 7-61 所示。

STEP 13 执行【文件】|【打开】命令，选择素材文件，单击"打开"按钮，将"喇叭"和"小人"复制到当前编辑窗口中，效果如图 7-62 所示。

STEP 14 选择工具箱中的"贝塞尔工具" 绘制红旗，（根据受光面填充渐变色），效果如图 7-63 所示。

图 7-61 艺术笔参数及效果　图 7-62 导入素材　图 7-63 绘制红旗

技巧点拨

在对图形进行渐变填充的时候，要注意保持光源的一致性。

STEP 15 选择工具箱中的"矩形工具" ，绘制长条矩形，并填充从红到黄到红到黄的渐变色，效果如图 7-64 所示。

STEP 16 选择工具箱中的"文本工具" ，输入文字，并添加"小标志"素材，得到最终效果如图 7-65 所示。

图 7-64 绘制长条矩形　图 7-65 最终效果

070 禁烟

公益类报纸广告设计

　　本设计以将健康的肺与因吸烟而疾病的肺作对比，表现出了吸烟有害健康的主题。同时以从小到大的延伸性构图，赋予画面立体感。而被处理成箭头的烟，对人们起到了警醒的作用。本实例主要运用了矩形工具、贝塞尔工具、网状填充工具、手绘工具等工具。

🎨 文件路径：目标文件 \ 第 7 章 \070\ 禁烟 .cdr

📹 视频文件：视频 \ 第 7 章 \070 禁烟 .mp4

📏 难易程度：★ ★ ☆ ☆ ☆

STEP 01 执行【文件】|【新建】命令，弹出【创建新文档】对话框，设置"宽度"为 205mm，"高度"为 252mm，单击"确定"按钮。

STEP 02 双击工具箱中的"矩形工具" ⬜，自动生成一个与页面大小一样的矩形，按 F11 键弹出【渐变填充】对话框，设置参数如图 7-66 所示，效果如图 7-67 所示。

图 7-66 渐变填充参数　　　图 7-67 渐变填充效果

STEP 03 选择工具箱中的"贝塞尔工具" ✎ 绘制不规则图形，并填充颜色为粉色（C0，M18，Y25，K0），并去除轮廓线；选择工具箱中的"透明度工具" 🅰，在图形上从上往下拖动，添加线性透明度，效果如图 7-68 所示。

STEP 04 选择工具箱中的"贝塞尔工具" ✎绘制肺页，填充颜色为浅褐色（C0，M19，Y25，K23）和如图 7-69 所示渐变色，并去除轮廓线。

STEP 05 单击"确定"按钮，效果如图 7-70 所示。

STEP 06 选择工具箱中的"贝塞尔工具" ✎绘制图形，填充颜色为粉白色（C0，M10，Y13，K7），并选择工具箱中的"网状填充工具" ▦进行颜色填充，

效果如图 7-71 所示。

STEP 07 选择工具箱中的"贝塞尔工具" ✎绘制图形，填充颜色为灰色（C0，M20，Y20，K60），并去除轮廓线，并选择工具箱中的"透明度工具" 🅰添加渐变透明，效果如图 7-72 所示。

图 7-68 透明度效果　　　图 7-69 渐变填充参数

图 7-70 渐变效果　　图 7-71 网状填充效果　　图 7-72 透明度效果

STEP 08 选择工具箱中的"贝塞尔工具" ✎绘制图形，填充从（C0，M19，Y26，K17）到（C0，M18，Y16，K51）到（C0，M7，Y4，K86）的线性渐变色，并选择工具箱中的"网状填充工具" ▦进行颜色填充，效果如图 7-73 所示。

STEP 09 选中图形，按 "+" 键复制一层。选择工具箱中的"网状填充工具" ▦，在属性栏中单击"清

除网状"按钮，并填充颜色为黑色，选择工具箱中的"透明度工具"添加线性透明度，效果如图7-74所示。

STEP 10 选择工具箱中的"手绘工具"，随手绘制碎沫，并填充颜色为灰色（C0，M10，Y10，K78），效果如图7-75所示。

图 7-73 填充网 图 7-74 透明度效果 图 7-75 绘制图形
状效果

技巧点拨

　　使用贝塞尔工具绘制细长的曲线图形时，为避免节点不够平滑，可以先绘制一条平滑曲线，然后按下快捷键Ctrl+Shift+Q，将轮廓转换为对象，最后双击图形对其进行编辑，即可得到平滑的曲线图形。

STEP 11 框选碎沫，按Ctrl+G快捷键组合对象。单击右键拖至黑色透明层内，释放右键并在弹出的快捷菜单中选择"图框精确裁剪内部"。按住Ctrl键双击图形，进入图框内部进行编辑，单击右键选择"结束编辑"，效果如图7-76所示。

STEP 12 选择工具箱中的"贝塞尔工具"绘制几条曲线，设置适当的轮廓宽度。按Ctrl+Shift+Q快捷键将轮廓转换为对象，选择工具箱中的"形状工具"，对其他图形进行调整，并填充颜色为灰色（C0，M16，Y22，K38），效果如图7-77所示。

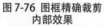
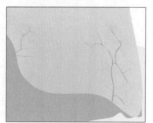

图 7-76 图框精确裁剪 图 7-77 绘制图形
内部效果

STEP 13 运用"贝塞尔工具"绘制气管，填充如图7-78所示渐变色。

STEP 14 选择工具箱中的"矩形工具"绘制多个小矩形并填充颜色为浅褐色（C7，M19，Y20，K11），组合小矩形。选中组合图形和气管，单击属

性栏中的"相交"按钮，去除不要的部分。选择工具箱中的"椭圆形工具"在气管下面绘制椭圆，并填充适当的渐变色，并添加线性透明度，效果如图7-79所示。

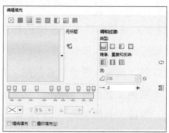

图 7-78 渐变参数 图 7-79 绘制图形

STEP 15 选择工具箱中的"贝塞尔工具"绘制图形，并填充黑白灰渐变色，参照前面的操作方法，再绘制碎沫，效果如图7-80所示。执行【文件】|【导入】命令，选择素材文件，导入烟，效果如图7-81所示。

图 7-80 绘制图形 图 7-81 导入素材

STEP 16 绘制烟。选择工具箱中的"贝塞尔工具"绘制图形，并分别填充颜色为灰色（C0，M4，Y4，K95）和浅灰色（C0，M0，K0，Y7），选择工具箱中的"透明度工具"对灰色图形添加线性透明度，效果如图7-82所示。

STEP 17 复制烟，执行【位图】|【转换为位图】命令，选择工具箱中的"手绘工具"任意绘制图形。选中图形和烟，单击属性栏中的"修剪"按钮，参照上述操作，制作两个已经烧完的烟头，效果如图7-83所示。

图 7-82 绘制烟 图 7-83 绘制图形

STEP 18 框选中整个肺，按"+"键复制后移开；选中右边肺页，按"+"键复制；删去左边肺页，将复制的右边肺页镜像，移动到左边，效果如图7-84所示。

STEP 19 复制多个肺和烟，并调整大小，效果如图

7-85 所示。

STEP 20 选择工具箱中的"文本工具" 字 输入文字，
选择工具箱中的"矩形工具" ▢ 和"贝塞尔工具" ✐
绘制不规则三角形，分别填充颜色，得到最终效果
如图 7-86 所示。

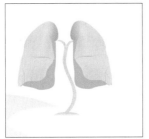

图 7-84 镜像复制图形

图 7-85 复制图形

图 7-86 最终效果

071 瑜伽广告

健身类报纸广告设计

本例以图形排列为主，简单大方，主要使用了矩形
工具、贝塞尔工具、交互式填充工具、轮廓笔工具和文本
工具等来制作。

文件路径：目标文件 \ 第 7 章 \071\ 瑜伽广告 .cdr

视频文件：视频 \ 第 7 章 \071 瑜伽广告 .mp4

难易程度：★ ★ ★ ☆ ☆

STEP 01 执行【文件】|【新建】命令，弹出【创建
新文档】对话框，新建一个"宽度"为 185mm，"高
度"为 210mm 的空白文档。

STEP 02 双击工具箱中的"矩形工具" ▢，自动生
成一个与页面等大的矩形，如图 7-87 所示。

STEP 03 选择工具箱中的"交互式填充工具" ◈，设
置渐变填充为白色到深黄色，右键单击调色板上的
按钮 ⊠，去除轮廓色，效果如图 7-88 所示。

STEP 04 选择工具箱中的"贝塞尔工具" ✐，在页面
的左边绘制一个曲线图形，并选择工具箱中的"形
状工具" ◣ 适当调整其形状，如图 7-89 所示。

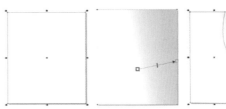

图 7-87 绘制矩形　　图 7-88 填充线　　图 7-89 绘制曲
　　　　　　　　　　　　性渐变　　　　　线图形

STEP 05 执行"文件"|"导入"命令，或者按 Ctrl
＋ I 快捷键，导入人物素材 .cdr"，然后选择工具箱
中的"选择工具"适当调整图片的大小，使其适合
曲线图形的大小。

STEP 06 执行"对象"|"图框精确剪裁"|"置于图文框内部"命令,此时光标变为粗黑箭头➡的形状,在曲线图形上单击即可将图片剪裁到图形中,如图7-90所示。

STEP 07 在图片上单击右键,从弹出的快捷菜单中选择"编辑内容"命令,此时进入编辑图片状态,用鼠标拖动图片调整到合适的位置后,在图片上再次单击右键选择"结束编辑"命令,然后用鼠标右键单击调色板上的按钮⊠,去掉图片的轮廓色,效果如图7-91所示。

STEP 08 双击工具箱中的"矩形工具"囗,再绘制一个与页面等大的矩形。

STEP 09 单击标准工具栏上的"导入"按钮,打开"导入"对话框,从中选择花纹素材图形导入到页面中,如图7-92所示。

图 7-90 精确剪裁 图 7-91 调整图片 图 7-92 导入花
图片　　　　　位置　　　　　纹素材

STEP 10 参照上述步骤的方法,将花纹图形剪裁到矩形中,并调整好位置,然后在下方再复制一个图形,并单击属性栏上的"垂直镜像"按钮,将其垂直翻转,并调整到合适位置,然后修改图形的颜色为白色,完成后的效果如图7-93所示。

STEP 11 选择工具箱中的"矩形工具"囗,在页面的右下角绘制一个小矩形,并在属性栏上的转角半径中输入20,得到一个圆角矩形如图7-94所示。

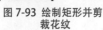 

图 7-93 绘制矩形并剪 图 7-94 绘制圆角矩形
裁花纹

STEP 12 按F12键,打开"轮廓笔"对话框,在该对话框中的"颜色"下拉列表中选择"深黄色",在"宽度"下拉列表框中选择1.0mm,如图7-95所示。

STEP 13 单击"确定"按钮,填充矩形的轮廓,效果如图7-96所示。

图 7-95 【轮廓笔】对话框　图 7-96 填充矩形轮廓

STEP 14 按住Ctrl键的同时按住鼠标左键并拖动圆角矩形,到右边的合适位置后单击鼠标右键,复制一个矩形。然后重复同样的操作再复制一个矩形,效果如图7--97所示。

STEP 15 参照前面讲述的方法,将3张素材图片分别剪裁到3个圆角矩形中,并调整好图片在矩形框中的位置,完成后的效果如图7-98所示。

STEP 16 选择工具箱中的"文本工具"字,在页面的右边单击输入书名,并设置属性栏中的字体为"方正大标宋简体",大小为72点,然后选择工具箱中的"选择工具"和"形状工具"适当调整文字的长宽比和间距,如图7-99所示。

图 7-97 复制矩形 图 7-98 导入图片 图 7-99 输入文字

STEP 17 按F12键,打开【轮廓笔】对话框,在该对话框中设置"轮廓颜色"为白色,"轮廓宽度"为2.0mm,然后单击"确定"按钮,填充文字轮廓,效果如图7-100所示。

STEP 18 选择工具箱中的"交互式填充工具",设置渐变填充颜色为浅橘红色到深黄色,然后在文字上由上往下拖动鼠标,为文字填充渐变效果,如图7-101所示

STEP 19 选择工具箱中的"阴影工具",在文字上拖动鼠标创建阴影效果,并在属性栏上的"阴影羽化"数值框中输入2,,此时的文字效果如图7-102所示。

图 7-100 填充文 图 7-101 填充线 图 7-102 创建阴影
字轮廓　　　　性渐变效果

STEP 20 选择工具箱中的"文本工具"🖫，在页面中继续输入文字，并设置好文字的属性后，用同样的方法处理文字，完成后的效果如图 7-103 所示。

STEP 21 使用"文本工具"🖫，在文字下方继续输入文字，并设置好文字的合适属性，效果如图 7-104 所示。

STEP 22 继续使用"文本工具"🖫，在页面的右下角输入出版社名称等信息，并设置好文字的属性，最终效果如图 7-105 所示。

图 7-105 最终效果

图 7-103 继续输入并处理文字

图 7-104 继续输入文字

07 2 生态家居

生态家居类报纸广告设计

生态家居的制作，以纯净的蓝色作基调，使健康与生态的概念跃然纸上；以家庭成员的实图配以象征大自然的鱼类，突出了人类与自然的和谐，体现了环保的重要性质。本实例主要运用了矩形工具、贝塞尔工具、椭圆形工具、封套工具等工具。

文件路径：目标文件 \ 第 7 章 \072\ 生态家居 .cdr

视频文件：视频 \ 第 7 章 \072 生态家居 .mp4

难易程度：★ ★ ★ ☆ ☆

STEP 01 执行【文件】|【新建】命令，弹出【创建新文档】对话框，设置"宽度"为 194mm，"高度"为 261mm，单击"确定"按钮。

STEP 02 双击工具箱中的"矩形工具"🔲，自动生成一个与页面大小一样的矩形，按 F11 键弹出【渐变填充】对话框，设置参数如图 7-106 所示，效果如图 7-107 所示。

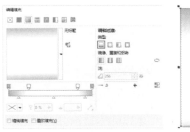

图 7-106 填充渐变参数　　图 7-107 渐变填充效果

STEP 03 选择工具箱中的"椭圆形工具" ◯ 绘制椭圆，并填充如图 7-108 所示渐变色，效果如图 7-109 所示。

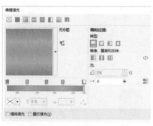

图 7-108 渐变填充参数

图 7-109 渐变填充效果

STEP 04 运用"椭圆形工具" ◯ 绘制制两个椭圆，填充颜色为白色。选择工具箱"透明度工具" ，分别设置透明度为 100 和 70，选择工具箱中的"调和工具" ，从一个椭圆拖到另一椭圆，执行【位图】|【转换为位图】命令。再选择工具箱中的"透明度工具" ，设置透明度为 70，复制一个，效果如图 7-110 所示。

STEP 05 选中大的椭圆，按"+"键复制一个，并等比例放大。按 F12 键，在【轮廓笔】对话框中设置"宽度"为 4mm，"样式"虚线，单击"确定"按钮。按 Ctrl+Shift+Q 快捷键将轮廓转换为对象，并填充渐变色，效果如图 7-111 所示。

STEP 06 选中大的椭圆按"+"键复制两个，填充颜色为白色，并等比例缩小成不同大小。选中两椭圆，单击属性栏中的"修剪"按钮 ，删除不要的部分，得到一个白色圆环，再运用矩形，对其他进行修剪。选择工具箱中的"透明度工具" 添加线性透明度，效果如图 7-112 所示。

图 7-110 透明效果　图 7-111 复制图形　图 7-112 透明效果

STEP 07 绘制椭圆，选择工具箱中的"透明度工具" ，添加椭圆形渐变透明度，并复制多个，效果如图 7-113 所示。

STEP 08 执行【文件】|【导入】命令，选择素材，单击"导入"按钮，并调整好位置，效果如图 7-114 所示。

图 7-113 绘制椭圆

STEP 09 选择工具箱中的"文本工具" 输入文字"生态家居"，填充渐变色，设置轮廓色为白色，效果如图 7-115 所示。

图 7-114 添加素材

图 7-115 输入文字

STEP 10 选中文字，选择工具箱中的"封套工具" 进行调整，效果如图 7-116 所示。

STEP 11 按"+"键复制一层文字，选择工具箱中的"立体化工具" ，单击属性栏中的立体化颜色按钮 ，选择"递减的颜色"按钮，从绿色（C100，M0，Y100，K0）到黄色（C0，M0，Y100，K0），按 Ctrl+Pagedown 快捷键调整图层顺序，如图 7-117 所示。

图 7-116 封套效果

图 7-117 立体化参数及效果

技巧点拨

封套工具状态下，在属性栏中有转换为曲线按钮 、尖突节点按钮 、平滑节点按钮 和生成对称节点按钮 ，它们可用来调整图形的形状。

STEP 12 选择工具箱中的"矩形工具" 绘制矩形并填充渐变色，并复制几个泡泡作为装饰，效果如图 7-118 所示。

STEP 13 选择工具箱中的"文本工具" ，输入文字，得到最终效果如图 7-119 所示。

图 7-118 绘制矩形

图 7-119 最终效果

073 巴西拖鞋广告

鞋类报纸广告设计

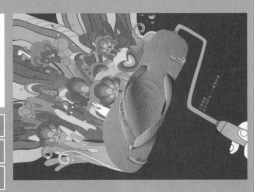

本实例设计以亮色为主色调，映衬主题，同时搭配近似色和补色，使画面富有活力，画面的版式极具设计感。主要运用了涂抹工具、矩形工具、文本工具、阴影工具等工具，并使用了"图框精确裁剪内部"命令。

文件路径：目标文件 \ 第 7 章 \073\ 巴西拖鞋广告 .cdr

视频文件：视频 \ 第 7 章 \073 巴西拖鞋广告 .mp4

难易程度：★ ★ ★ ☆ ☆

STEP 01 执行【文件】|【新建】命令，弹出【创建新文档】对话框，设置"宽度"为 300mm，"高度"为 207mm，单击"确定"按钮，新建一个空白文档。双击工具箱中的"矩形工具"，自动生成一个与页面同等大小的矩形，填充颜色为紫色（R58，G25，B34），如图 7-120 所示。

STEP 02 选择工具箱中的"矩形工具"，绘制多个大小不一的矩形，垂直摆放，选择工具箱中的"选择工具"，框选矩形，选择工具箱中的"涂抹工具"，在属性栏中设置"笔尖半径"为 200，在矩形上涂抹，使矩形调整变形，如图 7-121 所示。

图 7-120 新建文档 　　　图 7-121 涂抹图形

技巧点拨

在使用涂抹工具的过程，为了能达到想要的效果，要不断地更换属性栏中的笔尖半径值。

STEP 03 选择工具箱中的"选择工具"，单击选中变形后的矩形，填充相应的颜色，效果如图 7-122 所示。

STEP 04 按"+"键，复制三份，调整好位置和大小，效果如图 7-123 所示。

图 7-122 填充颜色 　　　图 7-123 复制三份

STEP 05 选择工具箱中的"选择工具"，框选除背景矩形外的图形，执行"对象"|"图框精确裁剪"|"置于图文框内部"命令，当光标变为 ➡ 时，在背景矩形上单击，裁剪至矩形内，如图 7-124 所示。

STEP 06 选择工具箱中的"椭圆形工具"，绘制多个椭圆，选择工具箱中"选择工具"，选中绘制好的椭圆，单击属性栏中的"合并"按钮，合并椭圆，左键调色板上的桔色，效果如图 7-125 所示。

图 7-124 裁剪图形 　　　图 7-125 合并图形

STEP 07 选择工具箱中的"选择工具"，选中图形，拖动至合适的位置单击鼠标右键，复制图形，复制多个，填充不同的颜色，效果如图 7-126 所示。

STEP 08 选择工具箱中的"钢笔工具"，绘制图形，单击调色板上的绿色，放置合适的位置，效果如图 7-127 所示。

STEP 09 复制多个至不同的位置上，按 Ctrl+PageDown 快捷键，向后一层，调整好图形的顺序，填充不同的颜色，效果如图 7-128 所示。

图 7-126 复制图形　图 7-127 绘制图形　图 7-128 复制图形

图 7-134 复制图形

STEP 10 选择工具箱中的"钢笔工具"，绘制图形，单击调色板上的蓝色，放置合适的位置，单击右键弹出快捷菜单，选择"顺序"中的"置于此对象"后，当光标变为➡时，在绿色的合并图形上单击，移至图形后，如图 7-129 所示。

STEP 11 复制多个至不同的位置上，按 Ctrl+PageDown 快捷键，向后一层，调整好图形的顺序，填充不同的颜色，如图 7-130 所示。

STEP 12 选择工具箱中的"椭圆形工具"，绘制椭圆，按"+"键，原位复制多个，调整好大小，并填充不同的颜色，选择工具箱中的"选择工具"，选择图形，按 Ctrl+G 快捷键，组合图形，如图 7-131 所示。

图 7-135 绘制图形

STEP 18 通过上述的方法，绘制其他的图形，并选择工具箱中的"阴影工具"，给图形添加阴影效果，得到最终的效果如图 7-137 所示。

图 7-129 绘制图　图 7-130 复制图　图 7-131 绘制图
形　　　　　形　　　　　形

STEP 13 复制多个至不同的位置上，调整好图形的顺序，填充不同的颜色，如图 7-132 所示。

STEP 14 选择工具箱中的"基本形状工具"，在属性栏中的"完美形状"下拉列表中找到水滴的图形，绘制多个并填充不同的颜色，选择工具箱中的"钢笔工具"，绘制图形，填充颜色，选择工具箱中的"选择工具"，框选图形，按 Ctrl+G 快捷键，组合图形，效果如图 7-133 所示。

STEP 15 复制多个至不同的位置上，调整好图形的顺序，填充不同的颜色，效果如图 7-134 所示。

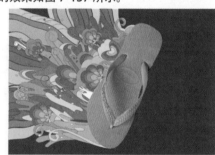

图 7-136 导入素材

图 7-132 复制图形　　　图 7-133 绘制图形

STEP 16 通过上述的方法，绘制其他的图形，如图 7-135 所示。

STEP 17 执行"文件"|"导入"命令，导入拖鞋素材 .cdr，调整至合适位置上，如图 7-136 所示。

图 7-137 最终效果

 技巧点拨

双击已经转换为曲线的对象，会自动切换至形状工具，从而更快捷地对对象进行编辑。

07 4 自行车广告

自行车的制作，以简单的线条勾勒为主导，在画面中形象化地表现出背景与主题人物。运用方正醒目的文字为说明，突出了宣传目的。本实例主要运用了矩形工具、贝塞尔工具、文本工具等工具。

文件路径：目标文件 \ 第 7 章 \074\ 自行车广告 .cdr

视频文件：视频 \ 第 7 章 \074 自行车广告 .mp4

难易程度：★ ★ ★ ☆ ☆

07 5 足够健康，足够快乐

本实例以平面矢量元素合成的鞋子和白色文字，共同表达出鞋对人们的重要性。以红色背景与多元化元素相整合，使画面既炫丽又动感。本实例主要运用了贝塞尔工具、阴影工具等工具，并使用了"高斯式模糊"命令以及"透镜"泊坞窗中的"鱼眼"命令。

文件路径：目标文件 \ 第 7 章 \075\ 足够健康，足够快乐 .cdr

视频文件：视频 \ 第 7 章 \075 足够健康，足够快乐 .mp4

难易程度：★ ★ ★ ☆ ☆

07 6 非洲文化

非洲文化的设计，通过将人物和水果等物体进行抽象化表现，而获得浓厚的趣味性；运用棕色和土黄色作为背景，充分体现其历史的源远流长。本实例主要运用了矩形工具、贝塞尔工具、椭圆形工具、文本工具等工具。

文件路径：目标文件 \ 第 7 章 \076\ 非洲文化 .cdr

视频文件：视频 \ 第 7 章 \076 非洲文化 .mp4

难易程度：★ ★ ★ ☆ ☆

海报设计

本章内容

海报是具有强烈视觉效果，用于宣传的艺术设计。海报设计必须有相当的号召力与艺术感染力，要调动形象、色彩、构图、形式感等因素形成强烈的视觉冲击力；它的画面应有较强的视觉中心，力求新颖、单纯，还必须具有独特的艺术风格和设计特点。海报按其应用不同大致可以分为商业海报、文化海报、电影海报和公益海报等多种类型。

07 7 婴儿纸尿裤

户外海报设计

本实例设计的是一款纸尿裤户外广告，构图紧凑，素材和元素都是围绕婴儿来编排的，充满童趣。主要运用了矩形工具、椭圆形工具、文本工具、形状工具、裁剪、插入字符等命令。

文件路径：目标文件\第8章\077\婴儿纸尿裤.cdr

视频文件：视频\第8章\077 婴儿纸尿裤.mp4

难易程度：★★★★☆

STEP 01 执行【文件】|【新建】命令，弹出【创建新文档】对话框，设置"宽度"为500mm，"高度"为700mm，单击"确定"按钮，双击工具箱中的"矩形工具"，自动生成一个与页面同等大小的矩形，填充颜色为浅蓝色（C24，M6，Y0，K0），效果如图8-1所示。

STEP 02 选择工具箱中的"椭圆形工具"，按住Ctrl键，绘制正圆，设置椭圆形渐变填充为蓝色（C55，M0，Y20，K0）到白色，并去除轮廓线，如图8-2所示。

STEP 03 按"+"键，原位复制，按Ctrl+PageDown快捷键，向下一层，按F12键，弹出"轮廓笔"对话框，设置"宽度"为8mm，设置颜色值为蓝色（C59，M0，Y28，K0），单击"确定"按钮，移至合适的位置，如图8-3所示。

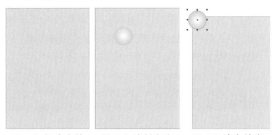

图8-1 新建文件　　图8-2 绘制泡泡　　图8-3 填充轮廓

STEP 04 选择工具箱中的"椭圆形工具"，绘制椭圆，在调色板"白色"色块上单击，为椭圆填充白色，选择工具箱中的"钢笔工具"，绘制图形，填充白色，选择工具箱中的"选择工具"，框选两个图形，右键单击调色板上的无填充按钮，去掉轮廓线，如图8-4所示。

STEP 05 保持图形的选中状态，选择工具箱中的"透明度工具"，在属性栏中设置类型为"均匀填充透明度"，其他保持默认，效果如图8-5所示。

STEP 06 选择工具箱中的"选择工具"，框选图形，按Ctrl+G快捷键，组合图形，拖动图形至合适的位置，释放的同时单击右键，复制图形，单击属性栏中的"取消组合对象"按钮，取消组合对象，选中前面的正圆，修改填充渐变颜色为红色（C6，M65，Y6，K6）到白色，如图8-6所示。

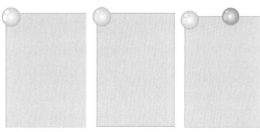

图8-4 绘制高光　　图8-5 透明度效果　　图8-6 复制图形

STEP 07 选择工具箱中的"选择工具"，选中后面的正圆，按F12键，弹出"轮廓笔"对话框，将颜色改为红色（C15，M80，Y0，K0），单击"确定"按钮，效果如图8-7所示。

STEP 08 参照上述方法，复制多个图形，并分别放至合适位置，调整大小，颜色分别改为紫色、蓝色和橙色，效果如图8-8所示。

STEP 09 参照上述方法，复制多个图形，并分别放至合适位置，调整好大小，效果如图8-9所示。

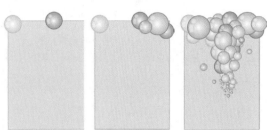

图 8-7 更改轮廓　　图 8-8 复制图形　　图 8-9 复制多个
　　　　颜色　　　　　　　　　　　　　　　　图形

STEP 10 选择工具箱中的"星形工具"，设置属性栏的"边数"为 4，"锐度"为 65，在绘图页面绘制四角星，填充颜色为粉红色（C100，M25，Y0，K0），并去除轮廓线。

STEP 11 按"+"键，复制图形，移至合适的位置，填充颜色改为蓝色（C0，M58，Y0，K0），分别复制多个，按住 Shift 键，进行等比例缩放，分散放至相应位置，如图 8-10 所示。

STEP 12 执行"文本"|"插入符号字符"命令或按 Ctrl+F11 快捷键，在绘图区的右边弹出"插入字符"泊坞窗，设字体为"Wingdings 2"，在字符下拉列表中找到相应的图形，单击"插入"按钮，颜色填充粉红色（C0，M40，Y20，K0，），复制多个图形，并分别放至合适位置，调整大小，效果如图 8-11 所示。

 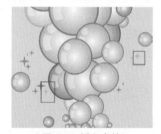

图 8-10 绘制星形　　　　　图 8-11 插入字符
　　　　并复制

STEP 13 插入字符，字体为"Wingding"，在字符下拉列表找到相应的图形，单击"插入"按钮，左键调色板上的粉红色（C0，M80，Y40，K0），复制多个图形，分别放至合适位置，调整大小并填充颜色，效果如图 8-12 所示。

STEP 14 选择工具箱的"贝塞尔工具"，绘制牙齿的外轮廓，填充颜色为蓝色（C62，M20，Y0，K0），放至相应位置，如图 8-13 所示。

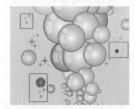 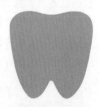

图 8-12 插入字符　　　　　图 8-13 绘制图形

STEP 15 选择工具箱中的"椭圆形工具"，按住 Ctrl 键，绘制正圆，填充任意色，按住 Ctrl 键，水平向右拖动圆至合适的位置，释放的同时单击右键，复制一个，选择工具箱中"贝塞尔工具"，绘制嘴巴，填充任意色，选择工具箱中"选择工具"，框选绘制好的图形，单击属性栏中的"修剪"按钮，删除不需要的图形，效果如图 8-14 所示。

STEP 16 选择工具箱中的"矩形工具"，绘制矩形，选择工具箱中的"形状工具"，调整矩形的圆角度，左键调色板上的橘色（C0，M60，Y100，K0），拖动圆角矩形至合适的位置，释放的同时单击右键，复制两次，得到效果如图 8-15 所示。

STEP 17 通过使用相同的方法，绘制其他的圆角矩形，填充相应的颜色，如图 8-16 所示。

图 8-14 修剪图形　　图 8-15 绘制　　图 8-16 绘制其它的
　　　　　　　　　　　　圆角矩形　　　　　　图形

STEP 18 选择工具箱中的"选择工具"，框选绘制好的图形，按 Ctrl+G 快捷键，组合图形，然后按"+"键，原位复制，放置合适的位置，如图 8-17 所示。

STEP 19 选择工具箱中的"选择工具"，框选除背景矩形外的图形，按 Ctrl+G 快捷键，组合图形，执行"效果"|"图框精确裁剪"|"置于图文框内部"命令，当光标变为➡时，单击背景矩形，裁剪至背景矩形内部，如图 8-18 所示。

STEP 20 执行"文件"|"导入"命令或按 Ctrl+I 快捷键，导入素材 .cdr，选择工具箱中的"选择工具"，调整好素材的位置，效果如图 8-19 所示。

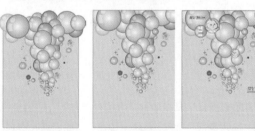

图 8-17 复制图形　　图 8-18 裁剪图形　　图 8-19 导入素材

STEP 21 通过使用相同的方法，导入"包装"和"文字"素材，放置合适的位置上，如图 8-20 所示。

STEP 22 选择工具箱中的"文本工具"字，设置属性栏中的字体为"时尚中黑简体"，大小为"40pt"，在图像窗口输入文字，按 Ctrl+A 快捷键，全选文字，填充颜色为蓝色（C100，M85，Y0，K35），选择工具箱中的"形状工具"，调整好文字的间距，如图 8-21 所示。

STEP 23 继续编辑其他的文字，得到最终的效果如图 8-22 所示。

图 8-20 导入其它的素材　　图 8-21 编辑文字

图 8-22 最终效果

07**8** 汽车户外广告　　户外海报设计

本实例设计的是汽车户外广告，实例中运用了大量流线图形，象征燃烧的火焰。增添了整个画面的气势，以标志文字作底，不仅传达了广告的意指，也装饰了整体，使画面不至于太单调。主要运用了矩形工具、椭圆形工具、星形工具、钢笔工具等工具。

📁 文件路径：目标文件\第8章\078\汽车户外广告.cdr

🌐 视频文件：视频\第8章\078汽车户外广告.mp4

📖 难易程度：★ ★ ★ ★ ☆

STEP 01 执行【文件】|【新建】命令，弹出【创建新文档】对话框，设置"宽度"为 850mm，"高度"为 500mm，单击"确定"按钮，双击工具箱中的"矩形工具"，自动生成一个与页面同等大小的矩形，填充颜色为灰色（C0，M0，Y0，K50），效果如图 8-23 所示。

STEP 02 选择工具箱中的"椭圆形工具"，按住 Ctrl 键，绘制两个正圆，填充白色，去除轮廓线，选中一个正圆，设置渐变填充为白色到淡蓝色（C33，M1，Y3，K7）再到蓝色（C79，M3，Y7，K），如图 8-24 所示。

图 8-23 新建文件　　　图 8-24 绘制泡泡

STEP 03 选择工具箱中的"星形工具"，设置属性栏中的"边数和点数"为 100，"锐度"为 50，按住 Ctrl 键，绘制图形，填充白色，去除轮廓线，如图 8-25 所示。

STEP 04 选择工具箱中的"选择工具"，拖动星形，释放的同时单击右键，复制星形，分别调整颜色和大小，如图 8-26 所示。

STEP 05 选中蓝色渐变圆，按"+"键，复制一个，按 F11 键，弹出【渐变填充】对话框，更改颜色值，单击"确定"按钮。

STEP 06 参照上述复制并更改正圆的方法，复制多个圆，效果如图 8-27 所示。

图 8-25 绘制星形　图 8-26 复制星形　图 8-27 复制圆

STEP 07 选择工具箱中的"钢笔工具"，绘制飘带，填充白色，去除轮廓线，如图 8-28 所示。

STEP 08 运用"钢笔工具"绘制更多飘带形状图形，分别填充相应的颜色，效果如图 8-29 所示。

图 8-28 绘制图形　　　图 8-29 绘制飘带

STEP 09 选择工具箱中的"椭圆形工具"，绘制一个椭圆，填充淡蓝色，按住 Shift 键，往内拖动椭圆，释放的同时单击右键，等比例缩小并复制椭圆，填充白色，反复复制几个，形成同心环，效果如图 8-30 所示。

STEP 10 框选图形，按"+"键，复制多个，调整好大小、位置和颜色，效果如图 8-31 所示。

图 8-30 绘制椭圆图形

图 8-31 复制多个图形

STEP 11 执行"文件"|"导入"命令，导入"汽车和标志"素材，放置到合适位置上，如图 8-32 所示。

图 8-32 添加素材

STEP 12 选中另一个标志，复制多个，分别填充为墨绿色 (C60，M0，Y30，K80)、青色 (C40，M0，Y20，K60) 和蓝色 (C60，M0，Y20，K60)，分别调整合适大小，选中所有文字，在属性栏中设置"旋转角度"为 353 度，放置到汽车背景矩形上面，最终效果如图 8-33 所示。

图 8-33 最终效果

技巧点拨

绘制图形时，应尽量减少节点，绘制出来的曲线才更趋平滑。

079 夏日旅游海报

旅游海报设计

本设计以清凉的蓝色调为主，使画面整体干净清洁，同时运用各种颜色的色环，增添了画面的趣味性。本实例主要运用了轮廓图工具、矩形工具、文本工具、透明度工具等工具，并运用了"图框精确裁剪内部"命令。

文件路径：目标文件 \ 第 8 章 \079\ 夏日旅游海报 .cdr

视频文件：视频 \ 第 8 章 \079 夏日旅游海报 .mp4

难易程度：★ ★ ☆ ☆ ☆

STEP 01 执行【文件】|【新建】命令，弹出【创建新文档】对话框，设置"宽度"为 210mm，"高度"为 297mm，单击"确定"按钮。双击工具箱中的"矩形工具" ▢ ，自动生成一个同页面同样大小的矩形，并填充从蓝色 (R55，G147，B207)) 到白色 (C0，M100，Y100，K0) 到淡蓝色（R140，G197，B235）的线性渐变色，效果如图 8-34 所示。

STEP 02 选择工具箱中的"贝塞尔工具" ◣ ，绘制图形，填充颜色为白色。选择工具箱中的"透明度工具" ◩ ，在属性栏中设置透明度为 95，效果如图 8-35 所示。

图 8-34 绘制矩形

图 8-35 绘制图形

STEP 03 选中图形，在"旋转"泊坞窗中设置如图 8-36 所示参数。单击"应用"按钮，框选图形，按 Ctrl+G 快捷键组合对象，并精确裁到矩形内，效果如图 8-37 所示。

图 8-36 旋转参数　图 8-37 旋转复制效果

STEP 04 执行【文件】|【导入】命令，选择素材文件，单击"导入"按钮，导入素材，效果如图 8-38 所示。

STEP 05 选择工具箱中的"椭圆形工具" ◯ ，绘制椭圆，并填充蓝色。选择工具箱中的"轮廓图工具" ◲ 从内往外拖动，在属性栏中设置轮廓图步长为 2，偏移为 4，轮廓色为白色，填充色为蓝色。单击"对象与颜色加速"按钮，设置参数如图 8-39 所示。

图 8-38 旋转参数　图 8-39 对象与颜色加速参数

STEP 06 按 F12 键，打开"轮廓笔"对话框，设置轮廓宽度为 2，效果如图 8-40 所示。

STEP 07 参照上述操作，绘制更多的同心圆，效果如图 8-41 所示。

图 8-40 描边效果　图 8-41 旋转复制效果

STEP 08 框选图形，按 Ctrl+G 快捷键组合对象，并精确裁剪到矩形内，效果如图 8-42 所示。

STEP 09 选择工具箱中的"椭圆形工具" ⬭，绘制椭圆，填充颜色为白色，并去除轮廓线，选择工具箱中的"透明度工具" 🖾 添加椭圆形渐变透明度，效果如图 8-43 所示。

图 8-42 精确裁剪
内部效果

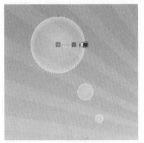

图 8-43 绘制椭圆

STEP 10 选择工具箱中的"星形工具" ⛥，在属性栏中设置边数为 6，锐度为 70，绘制图形。选择工具箱中"变形工具" 🙂，在属性栏中单击"推拉变形"按钮 ⊟，设置推拉振幅为 52，效果如图 8-44 所示。

STEP 11 框选图形，执行【位图】│【转换为位图】命令，再执行【位图】│【模糊】│【高斯式模糊】命令，设置模糊"半径"为 5，效果如图 8-45 所示。

图 8-44 扭曲效果

图 8-45 模糊效果

技巧点拨

适当的模糊效果，会让画面表现得更自然，过渡更柔和。

STEP 12 选择工具箱中的"文本工具" 🅃，输入文字，得到最终效果如图 8-46 所示。

图 8-46 最终效果

技巧点拨

除了具有输入与粘贴文字的功能外，CorelDRAW 还提供了从外部导入文本的功能，即可以在保持原文本字体和格式的情况下，从其他字处理软件中导入大段文本进行文字编辑。

080 戏曲艺术节海报

戏剧海报设计

本海报的制作以平面矢量的戏剧人物为主体，点明主题。通过将紫色背景与戏曲人物融为一体，使画面达到了整体合一的效果。本实例主要运用了阴影工具、矩形工具、文本工具、贝塞尔工具、透明度工具等工具。

📦 文件路径：目标文件\第8章\080\戏曲艺术节海报.cdr

🎬 视频文件：视频\第8章\080 戏曲艺术节海报 .mp4

📖 难易程度：★ ★ ★ ☆ ☆

STEP 01 执行【文件】|【新建】命令，弹出【创建新文档】对话框，设置"宽度"为 168mm，"高度"为 240mm，单击"确定"按钮。

STEP 02 选择工具箱中的"矩形工具" ▣，自动生成一个同页面同样大小的矩形，并填充白色，按"+"键复制一个，设置宽度为 160mm，高度为 230mm。选择工具箱中的"编辑填充" ◪，在对话框中单击"底纹填充"按钮 ▦，，设置参数如图 8-47 所示。

图 8-47 填充底纹参数

STEP 03 单击"确定"按钮，框选图形，设置轮廓宽度为 1.4mm，效果如图 8-48 所示。

STEP 04 选中上层图形，选择工具箱中的"透明度工具" ⬚在图形上拖动；再选择工具箱中的"贝塞尔工具" ◣，绘制图形，并渐加相应的线性渐变透明度，效果如图 8-49 所示。

图 8-48 底纹填充效果

图 8-49 透明度效果

STEP 05 选择工具箱中的"贝塞尔工具" ◣，绘制戏子脸部，分别填充灰色（C0, M15, Y15, K63）、粉红色（C0, M29, Y26, K16）（添加线性透明度）、灰色（C0, M0, Y0, K70）和粉红色（C0, M18, Y27, K18），并去除轮廓线，效果如图 8-50 所示。

STEP 06 运用"贝塞尔工具" ◣，绘制嘴巴，分别填充棕色（C0, M28, Y45, 31）、（C0, M18, Y27, 18）、（C0, M34, Y44, K16）、（C0, M38, Y45, K31），并去除轮廓线，效果如图 8-51 所示。

图 8-50 绘制脸部

图 8-51 绘制图形

STEP 07 选择工具箱中的"调和工具" ⬚，调和图形，效果如图 8-52 所示。

STEP 08 选择工具箱中的"贝塞尔工具" ◣，绘制眼睛，分别填充黑色、灰色（C0, M7, Y10, K72）、（C0, M12, Y20, K29）和白色，并运用调和工具调和，效果如图 8-53 所示。

STEP 09 选择工具箱中的"贝塞尔工具" ◣，绘制头发，分别填充黄色（C0, M11, Y32, K15）和黑色，效果如图 8-54 所示。

图 8-52 调和效果　　　　图 8-53 绘制眼睛

STEP 10 运用"贝塞尔工具" ，绘制发饰，分别填充灰色（C2，M0，Y4，K71）和棕色（C0，M20，Y60，K20），并去除轮廓线，效果如图 8-56 所示。

图 8-54 绘制头发　　　　图 8-55 绘制发饰

STEP 11 框选人物头像，按 **Ctrl+G** 快捷键组合对象，选择工具箱中的"阴影工具" 添加阴影，效果如图 8-56 所示。

STEP 12 选择工具箱中的"贝塞尔工具" ，绘制发饰，并填充青色（C21，M8，Y0，K55），设置轮廓宽度为 2.88mm，轮廓颜色为黄色（C0，M20，Y60，K20），效果如图 8-57 所示。

图 8-56 添加阴影　　　　图 8-57 绘制发饰

技巧点拨

　　若需要将一个图形修剪到另一个图形中，则在选择两个图形时，可单击属性栏中的"修剪"按钮，以选择指定的图形区域；或单击"简化"按钮、"移除后面对象"按钮或"移除前面对象"按钮，以修剪指定的图形区域。

STEP 13 执行【文件】|【导入】命令，选择素材文件，单击"导入"按钮，导入花，效果如图 8-58 所示。

STEP 14 参照上述操作，绘制另一边，效果如图 8-59 所示。

图 8-58 导入素材　　　　图 8-59 绘制图形

STEP 15 选择工具箱中的"椭圆形工具" ，绘制椭圆，填充红色（C43，M99，Y96，K5）、棕色（C0，M20，Y40，K60）并添加相应的高光，框选图形，添加相应的阴影，效果如图 8-60 所示。

STEP 16 参照前面的操作，导入"旗子"和"白菊花"素材，放置适当位置，效果如图 8-61 所示。

图 8-60 绘制椭圆　　　　图 8-61 导入素材

STEP 17 选择工具箱中的"文本工具" ，输入文字。选中底纹填充层，按"+"键复制，填充白色，去除透明度，并调整至下一层，得到最终效果如图 8-62 所示。

图 8-62 最终效果

08 1 城市音乐搜索海报 音乐海报设计

　　本设计以淡黄色为背景，将五线谱的线条作为城市的平面，并使其有机组合，给人以强烈的视觉冲击，同时有力地体现出了主题。本实例主要运用了轮廓图工具、矩形工具、文本工具、贝塞尔工具、椭圆形工具等工具，并使用了"图框精确裁剪内部"命令。

文件路径：目标文件 \ 第 8 章 \081\ 城市音乐搜索海报 .cdr

视频文件：视频 \ 第 8 章 \081 城市音乐搜索海报 .mp4

难易程度：★ ★ ★ ☆ ☆

STEP 01 执行【文件】|【新建】命令，弹出【创建新文档】对话框，设置"宽度"为180mm，"高度"为280mm，单击"确定"按钮。

STEP 02 双击工具箱中的"矩形工具" ，自动生成一个同页面同样大小的矩形，并填充淡黄色（C5，M5，Y30，K3）效果如图 8-63 所示。

STEP 03 执行【文件】|【打开】命令，选择素材文件。单击"打开"按钮，选择"建筑"素材，按 Ctrl+C 快捷键复制，切换到当前窗口，按 Ctrl+V 快捷键粘贴，效果如图 8-64 所示。

图 8-63 绘制矩形　　　　图 8-64 添加素材

STEP 04 选择工具箱中的"矩形工具" 和"椭圆形工具" ，绘制图形，分别填充黑色、红色（C41，M91，Y96，K16）、橙色（C14，M31，Y73，K0）和黄色（C15，M11，Y69，K0），并去除轮廓线，效果如图 8-65 所示。

STEP 05 参照前面的操作，继续添加素材，效果如图 8-66 所示。

图 8-65 绘制矩形和椭圆　　图 8-66 添加素材

STEP 06 选择工具箱中的"矩形工具" ，绘制长条矩形，填充黄绿色（C15，M11，Y69，K0），并旋转复制多个，效果如图 8-67 所示。

STEP 07 选择工具箱中的"椭圆形工具" ，绘制椭圆，按住 Shift 键，将光标定位在椭圆右上角，出现四向箭头时往内拖动，释放的同时单击右键，等比缩小复制。选中两个圆，单击属性栏中的"修剪"按钮 ，删去中间的小圆，并填充青灰色（C38，M28，Y53，K0）。选择工具箱中的"轮廓图工具" ，在属性栏中设置轮廓图步长为 2，轮廓图偏移为 4mm，轮廓色为白色。单击"对象与颜色加速"按钮 ，将对象游标调至最右边，颜色游标居中，效果如图 8-68 所示。

图 8-67 绘制扇形　　　　图 8-68 轮廓图效果

STEP 08 参照上述操作，绘制椭圆，并添加轮廓，效果如图 8-69 所示。

STEP 09 选择工具箱中的"贝塞尔工具" 🖊，绘制曲线，设置轮廓宽度为 1.511mm，轮廓颜色为暗红色（C49，M91，Y97，K25）。选择工具箱中的"轮廓图工具" 🔲，添加轮廓，按 Ctrl+K 快捷键，拆分轮廓图群组，并分别填充颜色，效果如图 8-70 所示。

图 8-69 绘制椭圆　　　　图 8-70 绘制曲线

STEP 10 参照上述操作，绘制椭圆，填充黑色，放置在扇形下层，再绘制一小椭圆，添加轮廓，效果如图 8-71 所示。

STEP 11 参照前面的操作，添加素材，效果如图 8-72 所示。

图 8-71 绘制椭圆　　　　图 8-72 添加素材

STEP 12 框选除背景矩形外的所有图形，按 Ctrl+G 快捷键组合对象，在属性栏中设置旋转度为 45，并精确裁剪到矩形内，效果如图 8-73 所示。

STEP 13 选择工具箱中的"文本工具" 字，输入文字，设置字体分别为"汉鼎繁新艺体"、"汉仪菱心体简"和 Proxy 9，分别填充灰色（C16，M13，Y23，K57）和青绿色（C38，M28，Y53，K0），得到最终效果如图 8-74 所示。

图 8-73 精确裁剪内部　　　　图 8-74 最终效果

技巧点拨

除了指定文本对象沿某一路径排列外，还可以分别指定多个文本对象沿同一路径进行排列，而且可以单独调整各文本对象在路径上的位置。

08 2 商品出售海报　　　　商业海报设计

此海报的制作以清新凉爽的蓝色为主调，将风车居中放置，突出了其在画面中的主体位置，实现了宣传目的。本实例主要运用了矩形工具、文本工具、椭圆形工具、轮廓图工具等。

文件路径：目标文件 \ 第 8 章 \082\ 商品出售海报 .cdr

视频文件：视频 \ 第 8 章 \082 商品出售海报 .mp4

难易程度：★ ★ ★ ☆ ☆

08 3 大学生运动会海报

运动会海报设计

大动会的设计，以城市高楼元素点明了深圳的发展现状；通过多个在流线型图形上不断奔涌到城市的人物，突出了人们对大运会的期待心情和大力支持。本实例主要运用了矩形工具、椭圆形工具、轮廓图工具等工具，并运用了"添加喷涂列表"操作。

文件路径：目标文件\第8章\083\大学生运动会海报.cdr

视频文件：视频\第8章\083 大学生运动会海报.mp4

难易程度：★★★☆☆

08 4 麦兜响当当海报

电影海报设计

本海报以电影中可爱的人物形象为主，运用弧形文字加以说明为铺，直观地传达了该电影的相关信息，使人一目了然。本实例主要运用了矩形工具、文本工具、阴影工具、透明度工具等工具，并运用了"图框精确裁剪内部"命令。

文件路径：目标文件\第8章\084\麦兜响当当海报.cdr

视频文件：视频\第8章\082 麦兜响当当海报.mp4

难易程度：★★★☆☆

标志设计

08**6**

09**1**

08**7**

本章内容

　　标志，是表明事物特征的记号。它以单纯、显著、易识别的物象、图形或文字符号为直观语言，除表示什么、代替什么之外，还具有表达意义、情感和指令行动等作用。英文称为 **LOGO**（标志）。

09**0**

08**8**

08**9**

08 5 海星岛 LOGO

旅游标志设计

海星岛的设计，将文字进行艺术化处理，使其极富趣味性，并运用海岛独有的风光椰树和鱼作为点缀，使主题更鲜明突出，让人不禁产生到此岛一游的向往。本实例主要运用了矩形工具、文本工具、椭圆形工具、形状工具等工具，并使用了"拆分文字"命令和"合并"按钮。

📁 文件路径：目标文件\第9章\085\海星岛 LOGO.cdr

📹 视频文件：视频\第9章\085 海星岛 LOGO.mp4

📖 难易程度：★ ★ ★ ★ ☆

STEP 01 执行【文件】|【新建】命令，弹出【创建新文档】对话框，设置"宽度"为80mm，"高度"为80mm，单击"确定"按钮。

STEP 02 选择工具箱中的"文本工具"，输入文字，设置字体为"方正胖娃简体"，字体大小为40pt。按 Ctrl+K 快捷键拆分文字，按 Ctrl+Q 快捷键将文字转换为曲线，效果如图9-1所示。

STEP 03 选择工具箱中的"贝塞尔工具"，绘制岛字尾巴，并选择工具箱中的"形状工具"，稍微调整文字形状。选中岛和它的尾巴部分，单击属性栏中"合并"按钮，效果如图9-2所示。

STEP 04 选择文字，分别填充从黄色（R254，G232，B54）到橙色（R245，G183，B5）和从淡蓝色（R155，G214，B245）到蓝色（R0，G158，B228）的线性渐变色，设置轮廓宽度为1mm，轮廓颜色分别为红色（C1，M81，Y73，K0）和蓝色（R15，G48，B143），效果如图9-3所示。

图9-1 输入　　图9-2 编辑文字和　　图9-3 渐变填充效
文字　　　　绘制图形　　　　　果

STEP 05 框选图形，按"+"键复制一层，单击属性栏中的"合并"按钮，设置轮廓宽度为4mm，按Shift+Ctrl+Q 快捷键，将轮廓转换为对象。再次单击"合并"按钮，填充黑色，按 Ctrl+Pagedown 快捷键下调一层，效果如图9-4所示。

STEP 06 选择工具箱中的"贝塞尔工具"，在岛下面绘制图形，并与黑色图形合并。选择工具箱中的"形状工具"，删去中间白色，效果如图9-5所示。

STEP 07 选择工具箱中的"贝塞尔工具"，在"海"字上绘制高光区，填充白色，去除轮廓线。选择工具箱中的"透明度工具"，在图形上从右上角往左下角拖动，效果如图9-6所示。

图9-4 复制图形　　图9-5 输入文字　　图9-6 绘制图形

STEP 08 参照上述操作，为其他地方添加高光，效果如图9-7所示。

STEP 09 选择工具箱中的"贝塞尔工具"，在岛下面绘制一弧线，选择工具箱中的"文本工具"在弧线上单击，输入文字。按 Ctrl+K 快捷键拆分路径与文字，删去弧线，将文字填充白色，设置字体为"方正胖娃简体"，大小为9pt，效果如图9-8所示。

STEP 10 选择工具箱中的"贝塞尔工具"，绘制椰树，分别填充橙色（R239，G124，B7）、深绿色（R39，G97，B48）、绿色（R40，G134，B57）、（R123，G190，B64）、（R105，G183，B64），效果如图9-9所示。

图9-7 绘制图形　　图9-8 输入文字　　图9-9 绘制图形

STEP 11 选择工具箱中的"椭圆形工具" 🔵，绘制多个椭圆，并填充从（R214，G133，B103）到（R245，G186，B142）的椭圆形渐变色，效果如图 9-10 所示。

STEP 12 再次选择工具箱中的"贝塞尔工具" 🔽，绘制鱼，并填充从蓝色（C100，M0，Y0，K0）到深蓝色（C100，M100，Y0，K0）的线性渐变色，效果如图 9-11 所示

STEP 13 框选图形，按 Ctrl+G 快捷键组合对象，放置到图形下层，添加一个蓝色到白色渐变背景层，得到最终效果如图 9-12 所示。

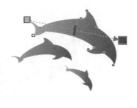

图 9-10 绘制椭圆　　　图 9-11 绘制图形

图 9-12 最终效果

08 6　QQ 炫舞　　　游戏标志设计

此设计，以对主体的颜色进行深化处理，使其各部分相互映衬，同时体现出该游戏的特色和性质；以翅膀元素与文字的相互融合，寓意其焕发着无限青春活力。本实例主要运用了矩形工具、文本工具、贝塞尔工具、星形工具、椭圆形工具等工具。

📁 文件路径：目标文件 \ 第 9 章 \086\QQ 炫舞 .cdr

🎬 视频文件：视频 \ 第 9 章 \086QQ 炫舞 .mp4

📖 难易程度：★ ★ ★ ★ ☆

STEP 01 执行【文件】|【新建】命令，弹出【创建新文档】对话框，设置"宽度"为 80mm，"高度"为 70mm，单击"确定"按钮。

STEP 02 选择工具箱中的"椭圆形工具" 🔵，按住 Ctrl 键，绘制两个大小不一的正圆，分别填充蓝色（R45，G94，B188）到蓝色（R45，G94，B188）到（R40，G118，B210）到（R35，G142，B233）和从蓝色（R26，G93，B188）到蓝色（R26，G93，B188）到（R24，G112，B185）到（R22，G131，B200）到（R1，G138，

B188）到（R1，G138，B188）的线性渐变色，效果如图 9-13 所示。

STEP 03 选择工具箱中的"文本工具" 🔤，输入文字，设置字体为"华康海报体简 W12"。按 Ctrl+K 快捷键拆分文字，按 Ctrl+Q 快捷键，将文字转曲，选择工具箱中的"形状工具" 🔽，调整文字，分别填充蓝色（R5，G28，B86）、（R21，G40，B91）和从（R17，G49，B138 到（R17，G49，B138）到（R25，G39，B121）到（R33，G28，B103）的线性渐变色，效果如图 9-14 所示。

图 9-13 绘制椭圆　　　图 9-14 输入文字

STEP 04 选中椭圆，按"+"键复制一层，并稍微调整大小，分别填充蓝色（R8，G207，B251）和蓝色（R15，G98，B163）。选择文字，按"+"键复制一层，等比例缩小稍许，分别填充橙色（R242，G105，B24）和红色（R240，G130，B107），效果如图 9-15 所示。

STEP 05 再次复制图形调整大小，并填充相应的渐变色，效果如图 9-16 所示。

图 9-15 复制图形　　　　图 9-16 复制图形

STEP 06 参照上述操作，再次复制，并填充渐变色，效果如图 9-17 所示。

STEP 07 选择"炫"字，按"+"键复制一层，等比例缩小并改变其渐变色，效果如图 9-18 所示。

图 9-17 复制图形　　　　图 9-18 复制图形

STEP 08 选择椭圆，复制一层，改变大小和渐变色，并绘制高光区，效果如图 9-19 所示。

STEP 09 再复制椭圆，改变大小填充蓝色（R19，G70，B154），效果如图 9-20 所示。

STEP 10 再复制椭圆，改变大小填充白色，效果如图 9-21 所示。

图 9-19 复制椭圆　图 9-20 复制椭圆　图 9-21 复制图形

STEP 11 选择工具箱中的"贝塞尔工具" ，在"炫"字立体效果不明显的地方绘制图形，分别填充蓝色（R15，G26，B91）和兰色（R31，G75，B144），效果如图 9-22 所示。

STEP 12 选择工具箱中的"星形工具" ，绘制星形，参照前面的操作，添加立体化效果，如图 9-23 所示。

STEP 13 选择工具箱中的"贝塞尔工具" ，绘制翅膀，分别填充蓝色（R31，G107，B202）和兰色（R42，B163，B255），效果如图 9-24 所示。

图 9-22 绘制图形　图 9-23 绘制星形　图 9-24 绘制翅膀

STEP 14 再次选择工具箱中的"贝塞尔工具" ，绘制图形，分别填充白色、蓝色（R0，G73，B216）、兰色（R0，G165，B246）和从（R160，G237，B255）到（R160，G230，B253）到（R80，G223，B251）的线性渐变色，效果如图 9-25 所示。

STEP 15 参照上述操作，绘制另一边，并放置到合适位置，效果如图 9-26 所示。

图 9-25 绘制图形　　　　　　图 9-26 绘制图形

STEP 16 选择工具箱中的"贝塞尔工具" ，绘制图形，分别填充蓝色（R10，G19，B117）、（R42，G121，B198）和从（R19，G26，B80）到（R16，G34，B107）到（R12，G42，B135）到（R12，G42，B135）的线性渐变色，效果如图 9-27 所示。

STEP 17 选择工具箱中的"文本工具" ，输入文字。执行【效果】|【添加透视】命令，调整文字，并填充兰色（R56，G214，B240），效果如图 9-28 所示。

图 9-27 绘制星形　　　　　图 9-28 添加透视

STEP 18 按"+"键复制两层，分别填充蓝色（R21，G84，B165）和淡蓝色（R145，G251，B255），效果如图 9-29 所示。

STEP 19 选择工具箱中的"贝塞尔工具" ，绘制音符，分别填充相应的渐变色和白色，效果如图 9-30 所示。

STEP 20 参照上述操作，绘制另一个小音符，并绘制大椭圆的高光，效果如图 9-31 所示。

图 9-29 复制文字　图 9-30 绘　图 9-31 绘制椭圆和音符
　　　　　　　　　制图形

STEP 21 双击工具箱中的"矩形工具" ▢，自动生成一个同页面同样大小的矩形，并填充红色，得到最终效果如图 9-32 所示。

图 9-32 最终效果

| 08 **7** | 中央公馆 | 房地产标志设计 |

　　　　中央公馆的设计，以金色为主，配以深褐色，突显主体。同时通过钻石形象为标志，充分体现出其高贵典雅的气质。本实例主要运用了文本工具、贝塞尔工具、透明度工具、矩形工具等工具。

🎨 文件路径：目标文件 \ 第 9 章 \087\ 中央公馆 .cdr

📹 视频文件：视频 \ 第 9 章 \087 中央公馆 .mp4

📗 难易程度：★ ★ ☆ ☆ ☆

STEP 01 执行【文件】|【新建】命令，弹出【创建新文档】对话框，设置"宽度"为 291m，"高度"为 291mm，单击"确定"按钮。

STEP 02 双击工具箱中的"矩形工具" ▢，自动生成一个同页面同样大小的矩形，填充咖啡色（C0，M75，Y86，K85），等比例缩小复制一个，无填充，设置轮廓宽度为 0.5mm，颜色为（C0，M5，Y25，K0），效果如图 9-33 所示。

STEP 03 选择工具箱中的"选择工具" ▣，拖出几条辅助线，放置到合适位置。选择工具箱中的"贝塞尔工具" ▨，绘制图形，并填充从（C0，M10，Y40，K5）到（C0，M10，Y40，K0）到（C44，M71，Y99，K5）到（C0，M10，Y40，K5）的线性渐变色，效果如图 9-34 所示。

STEP 04 选择工具箱中的"贝塞尔工具" ▨，绘制图形，填充从（C0，M10，Y40，K5）到（C0，M15，Y50，K12）到（C0，M5，Y40，K0）到（C44，M71，Y99，K5）到（C0，M10，Y40，K5）的线性渐变色，效果如图 9-35 所示。

图 9-33 绘制矩形　图 9-34 绘制图　图 9-35 绘制
　　　　　　　　形并填充渐变色　　　图形

STEP 05 运用"贝塞尔工具" ▨，绘制图形，填充从（C0，M80，Y90，K90）到（C0，M55，Y70，K70）的线性渐变色，效果如图 9-36 所示。

STEP 06 再运用"贝塞尔工具"$\boxed{r}$绘制飘带，填充从（C0，M10，Y40，K5）到（C0，M15，Y50，K12）到（C44，M71，Y99，K5）到（C0，M10，Y40，K5）的线性渐变色，再沿边沿绘制细条，填充相反方向的渐变色，效果如图9-37所示。

 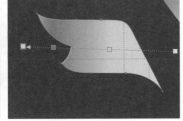

图9-36 绘制图形 　　　　　图9-37 绘制图形

STEP 07 参照上述操作，绘制图形，并填充从（C0，M10，Y40，K5）到（C0，M15，Y50，K12）到（C44，M71，Y99，K5）到（C0，M10，Y40，K5）的线性渐变色，效果如图9-38所示。

STEP 08 参照上述操作，绘制图形，并填充从（C0，M10，Y40，K5）到（C0，M15，Y50）到（C44，M71，Y99，K5）到（C0，M10，Y40，K5）的线性渐变色，效果如图9-39所示。

图9-38 绘制图形 　　　　　图9-39 绘制图形

STEP 09 参照上述操作，绘制图形，并分别填充（C0，M10，Y40，K5）到（C0，M15，Y50，K12）到（C44，M71，Y99，K5）到（C0，M10，Y40，K5）和从（C0，M10，Y40，K5）到（C44，M71，Y99，K5）到（C0，M10，Y40，K5）的线性渐变色，效果如图9-40所示。

STEP 10 框选图形，按"+"键复制一层，单击属性栏中的"水平镜像"按钮$\boxed{\text{□}}$，并稍微改变渐变颜色方向，效果如图9-41所示。

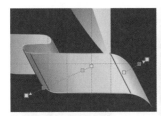 

图9-40 绘制图形 　　　 图9-41 复制镜像图形

STEP 11 选中最底层的两个图形，将其合并，设置宽度为35mm，高度为85mm，并填充从（C0，M80，Y90，K90）到（C0，M30，Y50，K40）的

线性渐变色，效果如图9-42所示。

STEP 12 按"+"键复制图形，选择工具箱中的"贝塞尔工具"$\boxed{r}$绘制图形，将图形上半部分修剪掉，并填充（C0，M80，Y90，K90）到（C0，M30，Y50，K40）的线性渐变色，效果如图9-43所示。

图9-42 合并图形 　　　 图9-43 修剪效果绘制图形

技巧点拨

　　按住Shift键的同时不断按Tab键，则可逆向选取对象，即从底层的对象开始往上进行选择。

STEP 13 选中左右两侧较大的两个图层，按"+"键复制并拼合，设置宽度为47.8mm，高度为102.7mm，放置在棕色渐变层下面，复制相应渐变色，效果如图9-44所示。

STEP 14 选择工具箱中的"文本工具"$\boxed{\text{字}}$，输入文字，设置字体为EU-H4，按Ctrl+K快捷键拆分文字，分别填充渐变色，并改变其他大小写和位置，效果如图9-45所示。

图9-44 复制并拼合图形 　　 图9-45 输入文字

STEP 15 复制合并了的图形，填充白色，设置宽度为26mm，高度为72.5mm，并添加线性透明度，效果如图9-46所示。

图9-46 复制图形并添
加透明度 　　　　　 图9-47 输入文字

STEP **16** 选择工具箱中的"文本工具"字，输入其他文字，字体分别设置为"汉鼎简美黑""黑体"和EU-H4，填充淡黄色（C0，M5，Y25，K0），效果如图9-47所示。

STEP **17** 隐藏辅助线，得到最终效果如图9-48所示。

图 9-48 最终效果

<table>
<tr><td>08</td><td>**8**</td><td colspan="2">上承国际</td><td>企业标志设计</td></tr>
</table>

本案例制作了一款企业标志，标志凝聚着作为高科技企业的生命力和新技术的创造力，极具动感。本实例主要运用了文本工具、透明工具、矩形工具等工具。

文件路径：	目标文件 \ 第 9 章 \088\ 上承国际 .cdr
视频文件：	视频 \ 第 9 章 \088 上承国际 .mp4
难易程度：	★ ★ ★ ☆ ☆

STEP **01** 执行【文件】|【新建】命令，弹出【创建新文档】对话框，设置"高度"为230mm，"宽度"为210mm，单击"确定"按钮，新建一个空白文档，效果如图9-49所示。

STEP **02** 选择工具箱中的"矩形工具"□，在绘图页面中绘制一个矩形，设置属性栏中的"高"为200mm，"宽"为20mm，填充黑色（C100,M100,Y100,K100），效果如图9-50所示。

STEP **03** 选择工具箱中的"椭圆形工具"○，按住Ctrl键，绘制一个正圆，按F11键，弹出【渐变填充】对话框，设置参数值如图9-51所示，参数设置完毕后，单击"确定"按钮，效果如图9-52所示。

STEP **04** 选择工具箱中的"椭圆形工具"○，按住Ctrl键，绘制一个正圆，按"+"键，复制一个，更改正圆的直径大小，如图9-53所示。

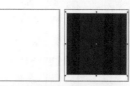

图 9-49 新建　　图 9-50 矩　　图 9-51 渐变填充对话框
页面　　　　　形填充

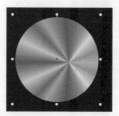
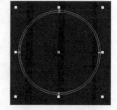

图 9-52 渐变填充效果　　　　图 9-53 绘制正圆

STEP **05** 框选两个正圆，单击属性栏中的"简化"按钮，简化圆形，选中外围圆环，按F11键，弹出渐变填充对话框，设置参数值如图 9-54 所示，参数设置完毕后，单击"确定"按钮，效果如图 9-55 所示。

图 9-54 【渐变填充】对话框　　图 9-55 渐变填充效果

STEP 06 选中中间正圆，填充颜色为蓝色（C98，M68，Y5，K0），效果如图 9-56 所示。

STEP 07 选择工具箱中的"钢笔工具"，绘制图形，填充淡青色（C18，M4，Y1，K0），选择工具箱中的"透明度工具"，在图形上从上往下拖出线性透明度，如图 12-57 所示。

图 9-56 填充均匀颜色　　　图 9-57 绘制图形

STEP 08 参照上述操作，再次绘制图形，填充白色，并添加线性透明度，如图 9-58 所示。

STEP 09 选择工具箱中的"贝塞尔工具"，绘制图形，按 F11 键，弹出【渐变填充】对话框，设置参数值如图 9-59 所示，参数设置完毕后，单击"确定"按钮，效果如图 9-60 所示。

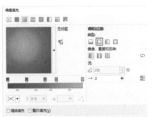

图 9-58 绘制图形　　　图 9-59 【渐变填充】对话框

STEP 10 选择工具箱中的"贝塞尔工具"，绘制图形，按 F11 键，弹出【渐变填充】对话框，设置参数值如图 9-61 所示，参数设置完毕后，单击"确定"按钮，效果如图 9-62 所示。

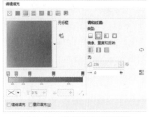

图 9-60 渐变填充效果　　　图 9-61 渐变填充对话框

STEP 11 选择工具箱中的"贝塞尔工具"，绘制图形，按 F11 键，弹出【渐变填充】对话框，设置参数值如图 9-63 所示，参数设置完毕后，单击"确定"按钮，效果如图 9-64 所示。

图 9-62 渐变填充　　　图 9-63 渐变填充对话框

STEP 12 选择工具箱中的"贝塞尔工具"，绘制高光图形，选择工具箱中的"透明度工具"，进行透明度调整。如图 9-65 所示。

图 9-64 渐变填充　　　图 9-65 调整透明度

STEP 13 选择工具箱中的"文本工具"，编辑文字，设置属性栏中的字体为"方正综艺简体"，文字填充白色，最终效果如图 9-66 所示。

图 9-66 最终效果

08 9 奕莎美容机构 LOGO

整个标志的设计，以一朵花作为意象，运用粉红色进行渲染，充分体现了女性的柔美气质。两者相融合，达到了与主旨统一的效果。本实例主要运用了文本工具、贝塞尔工具、透明度工具、文本工具等工具。

文件路径：目标文件\第9章\089 奕莎美容机构 LOGO.cdr

视频文件：视频\第9章\089 奕莎美容机构 LOGO.mp4

难易程度：★★★☆☆

STEP 01 执行【文件】|【新建】命令，弹出【创建新文档】对话框，设置"宽度"为83mm，"高度"为53mm，单击"确定"按钮。

STEP 02 选择工具箱中的"贝塞尔工具" ，绘制图形，填充洋红色（C0，M100，Y0，K0），选择工具箱中的"透明度工具" ，从右上角拖至左下角，效果如图9-67所示。

STEP 03 按"+"键复制一层，选择工具箱中的"形状工具" ，对复制图形稍作调整，并旋转335°，效果如图9-68所示。

STEP 04 按"+"键复制一层，选择工具箱中的"形状工具" ，对复制图形稍作调整，并旋转348°，效果如图9-69所示。

图 9-67 绘制图形　图 9-68 复制图形　图 9-69 复制图形

技巧点拨

"再制"命令的快捷键为 Ctrl+D，反复执行命令的快捷键为 Ctrl+R。

STEP 05 框选图形，按 Ctrl+G 快捷键组合对象，按"+"键复制一层。单击属性栏中的"水平镜像"按钮 ，调整至合适位置，效果如图9-70所示。

STEP 06 选择工具箱中的"贝塞尔工具" ，绘制中心图形，填充为洋红色，效果如图9-71所示。

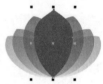

图 9-70 复制图形　　　图 9-71 绘制图形

STEP 07 选中两块花瓣，按"+"键复制，按 Shift+Pageup 快捷键调至最上层，填充白色。选择工具箱中的"透明度工具" 添加线性透明度，效果如图9-72所示。

STEP 08 去除轮廓线，精确裁剪至洋红色图形内，再选择工具箱中的"贝塞尔工具" ，绘制中间白色的人物形象，效果如图9-73所示。

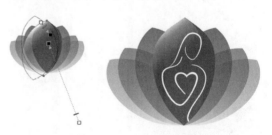

图 9-72 复制图形　　　　图 9-73 绘制图形

STEP 09 选择工具箱中的"文本工具" ，输入文字，分别设置字体为"方正中倩简体"和 Arctic，填充洋红色，效果如图9-74所示。

STEP 10 框选图形，按 Ctrl+G 快捷键组合对象，按 p 键使其居于页面中心，得到最终效果如图9-75所示。

图 9-74 输入文字

图 9-75 最终效果

090 冒险岛 LOGO

游戏标志设计

此制作以岛屿为原型，通过对文字的艺术加工和深色调处理，突显出游戏主题。以眼睛的设计，体现出玩家的好奇心理与探险精神。本实例主要运用了文本工具、贝塞尔工具、椭圆形工具、矩形工具等工具。并使用了"拆分曲线"命令。

📁 **文件路径：** 目标文件 \ 第 9 章 \090\ 冒险岛 LOGO.cdr

🎬 **视频文件：** 视频 \ 第 9 章 \090 冒险岛 LOGO.mp4

📖 **难易程度：** ★★★☆☆

STEP 01 执行【文件】|【新建】命令，弹出【创建新文档】对话框，设置"宽度"为 80mm，"高度"为 80mm，单击"确定"按钮。

STEP 02 选择工具箱中的"文本工具"🔤，输入文字，设置字体为"文鼎香肠体"，大小为 69.5pt，填充颜色为棕色（C0，M40，Y100，K40）。按 Ctrl+K 快捷键拆分文字，调整好位置，效果如图 9-76 所示。

STEP 03 选择工具箱的"矩形工具"⬜，绘制矩形，填充任意色，置于文字下层。选中文字和矩形，单击属性栏中的"修剪"按钮🔲，选中矩形，单击右键，选择"拆分曲线"选项，删去多余的部分，填充颜色为黄色（C0，M24，Y91，K0），效果如图 9-77 所示。

技巧点拨

需要进行渐变填充的对象过多时，可以先以一个对象为例，填充渐变色，再按 Alt+E+M 键，复制此对象属性获得同样的渐变填充效果。

图 9-76 输入文字　　　　图 9-77 修剪效果

STEP 04 选中需要填充渐变色的部分，填充从黄色到黄白色的渐变色，效果如图 9-78 所示。

STEP 05 选择工具箱中的"椭圆形工具"⭕和"贝塞尔工具"✏️，绘制图形，分别填充黑色、淡青色（C20，M0，Y0，K0）、青白色（C10，M0，Y0，K0）和白色，效果如图 9-79 所示。

图 9-78 渐变填充效果　　图 9-79 绘制图形

STEP 06 选择工具箱中的"贝塞尔工具"✏️，绘制图形，分别填充黑色，黄灰色（C32，M35，Y49，K0）和灰白色（C23，M23，Y34，K0），效果如图 9-80 所示。

STEP 07 运用"贝塞尔工具" ，绘制图形分别填充黑色、白色和灰白色（C16，M17，Y24，K0），效果如图 9-81 所示。

STEP 08 框选文字，按"+"键复制一层，添加 2mm 的轮廓线，按 Shift+Ctrl+Q 快捷键，将轮廓转换为对象。选择轮廓和复制层，单击属性栏中的"合并"按钮 ，选择工具箱中的"形状工具" ，将伸出的节点删除，按 Shift+Pagedown 快捷键向下一层，填充颜色为黑色，并将眼睛放上去，效果如图 9-82 所示。

图 9-80 绘制　图 9-81 绘制眼　图 9-82 复制并编辑文字
眼皮　　　　珠和阴暗部分

> **技巧点拨**
>
> 如果某一绘制对象与某一艺术笔触相近时，可以先利用艺术笔绘制一个相似图形，再将艺术笔拆分，然后运用形状工具调整来获得。

STEP 09 执行【文件】|【导入】命令，选择素材文件，单击"导入"按钮，导入椰树，效果如图 9-83 所示。

STEP 10 选择工具箱中的"贝塞尔工具" ，绘制岛屿，分别填充颜色为绿色（R86，G200，B129）和（C80，M0，Y100，K0），效果如图 9-84 所示。

STEP 11 选择工具箱中的"文本工具" ，输入文字，字体分别设置为 Cookies 和 After Shok，大小分别为 30 和 25，分别填充土黄色（C0，M30，Y75，K30）和从（C0，M20，Y100，K0）到（C0，M20，Y100，K0）到淡黄色（C0，M10，Y50，K0）到白色的线性渐变色，效果如图 9-85 所示。

图 9-83 导入素材　图 9-84 绘制图形　图 9-85 输入文字及渐变填充

> **技巧点拨**
>
> 如果需要使填充的对象的颜色富有层次感，就应选择同一色系的颜色进行填充。

STEP 12 选中上层图形并按"+"键复制一层，设置轮廓宽度为 2.0mm。按 Shift+Ctrl+Q 快捷键，将轮廓转换为对象，与复制层合并，并填充黑色，放置到最底层，效果如图 9-86 所示。

STEP 13 选择工具箱中的"贝塞尔工具" ，绘制弧线，选择工具箱中的"文本工具" ，在曲线上单击输入文字，设置字体为"方正粗圆简体"，颜色为（C0，M25，Y75，K25），并添加 0.2mm 宽的白色轮廓，效果如图 9-87 所示。

图 9-86 复制及编辑文字　图 9-87 输入路径文字

> **技巧点拨**
>
> 在对段落文字或美术文本中的部分文字进行特殊编辑时，除了可以使用"文本工具" 进行选择外，还可按 Ctrl+K 快捷键将文字拆分，使其成为一个独立的图形，然后编辑形状、大小及颜色。

STEP 14 选中椰树，解散图形；选中叶子，按 Shift+Pageup 快捷键将其放置到顶层，并添加一个灰色背景层，得到最终效果如图 9-88 所示。

图 9-88 最终效果

> **技巧点拨**
>
> 解散图形，可以按 Ctrl+U 快捷键，或单击属性栏中"取消组合对象"按钮 来实现。

09 1 IGUAO 标志

游戏标志设计

本案例绘制了一个游戏的标志，设计表达出了行业独特性格，醒目丰富的色彩搭配带给人活力。本实例主要运用了文本工具，形状工具，贝塞尔工具等工具，并使用了"图框精确裁剪内部"命令。

🐢 文件路径：目标文件 \ 第 9 章 \091\IGUAO 标志 .cdr

📹 视频文件：视频 \ 第 9 章 \091 IGUAO 标志 .mp4

📖 难易程度：★★★☆☆

STEP 01 执行【文件】|【新建】命令，弹出【创建新文档】对话框，设置"高度"为 297mm，"宽度"为 210mm，单击"确定"按钮，新建一个空白文档，效果如图 9-89 所示。

STEP 02 选择工具箱中的"贝塞尔工具"，在绘图页面中绘制一个不规则图形，按 F11 键，弹出"渐变填充"对话框，设置参数值如图 9-90 所示，参数设置完毕后，单击"确定"按钮，效果如图 9-91 所示。

图 9-89 新建页面　　　图 9-90 渐变填充参数

STEP 03 按"+"键，复制不规则图形，并填充黑色，按 Ctrl+PageDown 快捷键，向下一层，并结合键盘上的方向键，调整图形的顺序和位置，如图 9-92 所示。

STEP 04 选择工具箱中的"贝塞尔工具"，绘制乌龟轮廓图形并填充相应的颜色，如图 9-93 所示。

图 9-91 渐变填充　图 9-92 复制图形　图 9-93 贝塞尔工具绘图

STEP 05 选择工具箱中的"贝塞尔工具"，在乌龟身上绘制两条曲线。选中两条曲线，按 F12 键，弹出【轮廓笔】对话框，设置参数值如图 9-94 所示，参数设置完毕后，单击"确定"按钮，效果如图 9-95 所示。

图 9-94 【轮廓笔】对话框　图 9-95 轮廓笔填充效果

STEP 06 选择工具箱中的"椭圆形工具"，按住 Ctrl 键绘制多个正圆，填充黑白色，并结合上述操作，绘制乌龟的眉毛，填充黑色，效果如图 9-96 所示。

STEP 07 选择工具箱中的"选择工具"，按住 Shift 键，同时选中两只脚，如图 9-97 所示，按"+"键，复制图形，颜色填充为黑色，设置属性栏中的"轮廓宽度"为 4.0mm，并将复制的图形放置原图形后，效果如图 9-98 所示。

图 9-96 绘制眼睛　图 9-97 选中图形　图 9-98 添加轮廓

STEP 08 运用相同的方法，制作乌龟身体的黑色边框部分，如图 9-99 所示。

STEP 09 选择工具箱中的"文本工具"，输入文字，按 Ctrl+K 快捷键，拆分文字，再按 Ctrl+Q 快捷键，将文字转换为曲线，选择工具箱中的"形状工具"，逐个调整文字的形状，并为文字填充白色，效果如图 9-100 所示。

图 9-99 轮廓笔填充

图 9-100 编辑文字

STEP 10 保持文字的选中状态，右键调色板上的无填充按钮⊠，再按 "+" 键，复制文字，然后点击调色板上的绿色，为复制的变形文字填充绿色，按住 Shift 键，等比例放大稍许，按 Ctrl+PageDown 快捷键，向下一层，调整文字的顺序和位置，如图 9-101 所示。

STEP 11 参照上述操作方法，复制文字图层，填充黑色，调整好大小和位置，如图 9-102 所示。

图 9-101 填充文字

图 9-102 复制文字

STEP 12 选择工具箱中的 "贝塞尔工具" ↖，沿文字边缘，绘制不同形状的图形，并填充黄色（C19，M12，Y100，K0），效果如图 9-103 所示。

STEP 13 选择工具箱中的 "文本工具" 字，输入文字，设置属性栏中的字体为 "华文新魏"，大小为 35pt，填充白色，按 "+" 键复制一层，填充黑色，设置字体大小为 38pt，并添加 3mm 宽的黑色轮廓线，最终效果图 9-104 所示。

图 9-103 绘制图形

图 9-104 最终效果

09 2 88ME 网站

网站标志设计

88ME 网站 LOGO 的设计，以小动物为代言，趣味浓厚且显得亲近。同时，黄色的背景充满了朝气与活力，体现出网站年轻向上的形象。本实例主要运用了矩形工具、文本工具、贝塞尔工具、艺术笔工具等工具。

文件路径：目标文件 \ 第 9 章 \092\88ME 网站 .cdr

视频文件：视频 \ 第 9 章 \092 88ME 网站 .mp4

难易程度：★ ★ ★ ☆ ☆

09 3 苹果都市

房地产标志设计

本设计以居中的苹果图形以及文字来点题，以深色背景衬托主体内容，达到高度集中视线的效果。本实例主要运用了矩形工具、文本工具、贝塞尔工具、椭圆形工具、形状工具、阴影工具等工具。并使用了"高斯式模糊"等命令。

文件路径：目标文件 \ 第 9 章 \093\ 苹果都市志 .cdr

视频文件：视频 \ 第 9 章 \093 苹果都市 .mp4

难易程度：★ ★ ★ ☆ ☆

09 4 精艺数码

印刷标志设计

精艺数码 LOGO 的设计，以颜色丰富的彩环为框架，突显出中心处的标识。文字的七彩颜色通过填充而得，两者相互映衬，充分体现了印刷的实质。本实例主要运用了矩形工具、文本工具、贝塞尔工具、椭圆形工具等工具。

文件路径：目标文件 \ 第 9 章 \094\ 精艺数码 .cdr

视频文件：视频 \ 第 9 章 \091 精艺数码 .mp4

难易程度：★ ★ ★ ☆ ☆

户外广告设计

本章内容

　　户外广告是一种典型的城市广告形式，随着社会经济的发展，它已不仅仅是广告业发展的一种传播媒介手段，而是现代化城市环境建设布局中的一个重要组成部分。常见的户外广告有路边广告牌、高立柱广告牌（俗称高炮）、灯箱、霓虹灯广告牌、LED 看板等，现在甚至有升空气球、飞艇等先进的户外广告形式。

095 金莱雅品牌广告

化妆品类广告设计

本设计以具有梦幻色彩的模糊背景图来衬托主题，以流线形的彩带与实物图形的相互融合，突出层次丰富、大方别致的设计风格。本实例主要运用了矩形工具、贝塞尔工具、椭圆形工具、透明度工具等工具，并使用了"高斯式模糊"命令。

文件路径：目标文件\第10章\095\金莱雅品牌广告.cdr

视频文件：视频\第10章\095金莱雅品牌广告.mp4

难易程度：★ ★ ★ ★ ☆

STEP 01 执行【文件】|【新建】命令，弹出【创建新文档】对话框，设置"宽度"为210mm，"高度"为297mm，单击"确定"按钮。

STEP 02 双击工具箱中的"矩形工具"，按F11键，弹出【渐变填充】对话框，设置参数如图10-1所示，效果如图10-2所示。

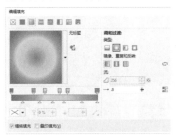

图 10-1 填充渐变参数　　图 10-2 填充效果

STEP 03 按"+"键复制两层，一个作为备用，选中中间矩形，选择工具箱中的"编辑填充"，在对话框中单击"底纹填充"，设置参数如图10-3所示。

STEP 04 单击"确定"按钮，选择工具箱中的"透明度工具"，在属性栏中设置透明类型为"椭圆形渐变透明度"，拖动调色板上的色块到虚线上，效果如图10-4所示。

图 10-3 填充底纹参数　　图 10-4 透明度效果

STEP 05 执行【文件】|【打开】命令，选择素材文件，单击"打开"按钮，将相应的素材复制到当前编辑窗口，效果如图10-5所示。

STEP 06 选中备用的矩形，按Shift+Pageup快捷键调至顶层，按P键，放置到中心，设置透明度为50，效果如图10-6所示。

STEP 07 选择工具箱中的"椭圆形工具"，绘制椭圆，并填充粉红色（C2，M59，Y52，K0），去除轮廓线，效果如图10-7所示。

图 10-5 导入素材　　图 10-6 调整图层　　图 10-7 绘制
　　　　　　　　　　　　　　顺序　　　　　　椭圆

STEP 08 选中图形，按Alt+F8快捷键，打开"旋转"泊坞窗，设置参数如图10-8所示。单击"应用"按钮，效果如图10-9所示。

STEP 09 框选图形，按Ctrl+G快捷键组合图形，按"+"键复制一个，并旋转10度，等比例缩小稍许，填充淡粉红色（C1，M50，Y44，K0），效果如图10-10所示。

技巧点拨

为对象添加不同亮度的颜色可使画面更具层次感。

图 10-8 旋转　图 10-9 旋转复制　图 10-10 复制并调整
　　参数　　　　效果　　　　　　图层

STEP 10 选择工具箱中的"椭圆形工具"◎绘制三个椭圆，分别填充黑色，黄色（C13，M26，Y64，K4）和淡黄色（C8，M16，Y38，K2），并去除轮廓线，效果如图 10-11 所示。

STEP 11 选择工具箱中的"贝塞尔工具"，绘制图形，并填充金色（C20，M40，Y96，K7），按 Ctrl+Pagedown 快捷键调整图层顺序，效果如图 10-12 所示。

STEP 12 选择工具箱中的"多边形工具"◎，在属性栏中设置边数为 6；按住 Ctrl 键，绘制多个正六边形，并填充黄色（C13，M26，Y64，K4），效果如图 10-13 所示。

图 10-11 绘制椭圆　图 10-12 绘制图形　图 10-13 绘制图形

STEP 13 框选图形，按 Ctrl+G 快捷键组合图形，并复制多个，效果如图 10-14 所示。

STEP 14 参照前面的操作方法，导入其他花朵图形，并调整好位置，效果如图 10-15 所示。

STEP 15 选择工具箱中的"矩形工具"▢，绘制一个矩形，并填充黑色，效果如图 10-16 所示。

图 10-14 绘制图形　图 10-15 导入素材　图 10-16 绘制矩形

STEP 16 参照前面的操作方法，再次导入"化妆品"素材，并调整好位置，效果如图 10-17 所示。

STEP 17 选择工具箱中的"贝塞尔工具"绘制图形，

填充红色（C0，M100，Y100，K0），并去除轮廓线，效果如图 10-18 所示。

STEP 18 按"+"键复制一层，并选择工具箱中的"形状工具"，调整图形，填充颜色为蓝色（C100，M0，Y0，K0），效果如图 10-19 所示。

图 10-17 导入　图 10-18 绘制图形　图 10-19 绘制图形
　　素材

STEP 19 参照上述操作，绘制其他图形，并填充淡黄色（C0，M0，Y31，K0）和黄色（C0，M0，Y100，K0），效果如图 10-20 所示。

STEP 20 选中所有色块，按"+"键复制一层，单击属性栏中的"垂直镜像"按钮▣和"水平镜像"按钮▣，稍微将图形拉宽，调整到合适位置，效果如图 10-21 所示。

图 10-20 绘制图形　　　　图 10-21 绘制图形

STEP 21 选中化妆品，按"+"键复制一层，调整到两个彩带之上。选择工具箱中的"形状工具"，调整化妆品，效果如图 10-22 所示。

STEP 22 选中两条彩带，执行【位图】|【转换为位图】命令，再执行【位图】|【模糊】|【高斯式模糊】命令，设置模糊"半径"为 15 像素，效果如图 10-23 所示。

图 10-22 复制并调整位图　　　图 10-23 高斯式模糊效果

在运用"形状工具" 对位图进行调整时，添加或删除相应的节点会使操作更容易。

STEP 23 参照前面的操作，添加"光晕"和"小标志"素材，效果如图 10-24 所示。

图 10-24 添加素材

STEP 24 选择工具箱中的"文本工具" ，输入文字，得到最终效果如图 10-25 所示。

图 10-25 最终效果

096 手机广告

产品类广告设计

此设计画面，以充满视觉冲击力的光束突出手机这一主体，同时映衬出产品的金属质感，通过各种浮于空中的小物件、上升的白光使画面更立体。本实例主要运用了矩形工具、贝塞尔工具、星形工具、透明度工具等工具，并使用了"高斯式模糊"命令。

📁 文件路径：目标文件 \ 第 10 章 \096\ 手机广告 .cdr

🎬 视频文件：视频 \ 第 10 章 \096 手机广告 .mp4

📖 难易程度：★ ★ ★ ★ ☆

STEP 01 执行【文件】|【新建】命令，弹出【创建新文档】对话框，设置"宽度"为 210mm，"高度"为 288mm，单击"确定"按钮。

STEP 02 双击工具箱中的"矩形工具" ，绘制一个与页面大小一样的矩形，并填充青色（R0，G89，B79），效果如图 10-26 所示。执行【文件】|【打开】命令，将手机素材复制到当前编辑窗口。单击右键拖动素材至矩形内，在弹出的快捷菜单击选择"图框精确裁剪内部"，效果如图 10-27 所示。

STEP 03 选择工具箱中的"贝塞尔工具" 绘制图形，填充从嫩绿（C40，M0，Y100，K0）到绿色（C65，M0，Y100，K0）的椭圆形渐变色，并去除轮廓线，效果如图 10-28 所示。

图 10-26 绘制矩形　　图 10-27 导入素材　　图 10-28 绘制图形

技巧点拨

  运用"贝塞尔工具"[图标]绘制图形时，应尽量避免出现过多节点，以保证线条的流畅和自然。

STEP 04 参照上述操作，绘制其他图形，效果如图 10-29 所示。

STEP 05 参照前面的操作，添加"灰色图形"素材。框选图形，按 Ctrl+G 快捷键组合图形，并精确裁剪到背景矩形内，效果如图 10-30 所示。参照前面的操作，继续添加手机素材，效果如图 10-31 所示。

图 10-29 绘制流线   图 10-30 添   图 10-31 添加手机
图形   加素材   素材

STEP 06 选择工具箱中的"椭圆形工具"[图标]，绘制椭圆，并填充墨绿色（C90，M62，Y73，K36）。执行【位图】|【转换为位图】命令，再执行【位图】|【模糊】|【高斯式模糊】命令，设置模糊"半径"为 8，按"+"键复制一个，分别放置在手机下方，效果如图 10-32 所示。

STEP 07 选择工具箱中的"星形工具"[图标]，在属性栏中设置边数为 20，锐度为 20，绘制星形，并填充黑色。选择工具箱中的"变形工具"[图标]，单击属性栏中的"扭曲变形"按钮[图标]，设置附加角度为 10，效果如图 10-33 所示。

STEP 08 按"+"键复制一层，并填充橙色（C0，M60，Y100，K0），运用方向键进行微调，效果如图 10-34 所示。

图 10-32 高斯式   图 10-33 绘制星   图 10-34 复制图形
模糊效果   形及扭曲效果

技巧点拨

  扭曲的类型有多种，可通过单击在属性栏中的扭曲变形按钮[图标]、推拉变形按钮[图标]和拉链变形按钮[图标]来实现。

STEP 09 再复制一层，填充白色，按 Ctrl+Q 快捷键转曲图形，选择工具箱中的"形状工具"[图标]，调整图形。选择工具箱中的"透明度工具"[图标]，在图形上拖动，效果如图 10-35 所示。

STEP 10 选择工具箱中的"文本工具"[图标]，输入文字，并旋转一定的角度，效果如图 10-36 所示。

图 10-35 透明度效果   图 10-36 输入文字

STEP 11 选择工具箱中的"文本工具"[图标]输入文字，设置字体为"方正大黑体"；选择工具箱中的"轮廓图工具"[图标]，从内往外拖动，在属性栏中设置步长为 2，轮廓图偏移为 0.3mm；选择工具箱中的"形状工具"[图标]将字距拉开稍许，效果如图 10-37 所示。

STEP 12 选中轮廓，按 Ctrl+K 快捷键拆分轮廓图群组，分别填充黑色、白色和线性渐变色，效果如图 10-38 所示。

图 10-37 轮廓图效果   图 10-38 渐变填
充效果

技巧点拨

  适当地添加镜像图形，会使画面更精致，更具立体感。

STEP 13 框选文字，按 Ctrl+G 快捷键组合图形，按"+"键复制一层，单击属性栏中的"垂直镜像"按钮[图标]，放置到合适位置。选择工具箱中的"透明度工具"[图标]添加线性透明度，复制一个手机下的阴影图形，放置到文字中间，效果如图 10-39 所示。

STEP 14 选择工具箱中的"文字工具"[图标]，输入其他文字，效果如图 10-40 所示。

STEP 15 参照前面的操作方法，继续添加文字素材，得到最终效果如图 10-41 所示。

图 10-39 透明度效果

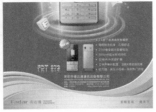
图 10-40 输入文字

技巧点拨

　　如果一个文件中的文字过多而不想一一删除，则可按快捷键 Alt+E+A+T，全选文字，再按 Delete 键删除。

图 10-41 最终效果

097 舞区户外广告　　音乐类广告设计

　　以热情的红色和黄色为背景，彰显出舞台的个性化和时代感，视觉冲击力强。通过对文字的艺术化处理表明了突出了画面的主题。本实例主要运用了椭圆工具、矩形工具、表格工具、文本工具等工具。

文件路径：目标文件 \ 第 10 章 \097\ 舞区户外广告 .cdr

视频文件：视频 \ 第 10 章 \097 舞区户外广告 .mp4

难易程度：★ ★ ★ ☆ ☆

STEP 01 执行【文件】|【新建】命令，弹出【创建新文档】对话框，设置"宽度"为 383mm，"高度"为 648mm，单击"确定"按钮。

STEP 02 双击工具箱中的"矩形工具" □，自动生成一个与页面大小一样的矩形，并填充从黄色（C0，M0，Y80，K0）到红色（C0，M100，Y100，K0）的线性渐变色，效果如图 10-42 所示。

STEP 03 选择工具箱中的"椭圆形工具" ○，按住 Ctrl 键，绘制两个大小不一的正圆，并填充黄色，去除轮廓线，效果如图 10-43 所示。

STEP 04 选中两个椭圆，垂直对齐，选择工具箱中的"调和工具" ，从一个椭圆拖至另一个椭圆，在属性栏中设置调和步长为 3，效果如图 10-44 所示。

图 10-42 渐变填充效果

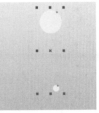
图 10-43 渐变填充效果

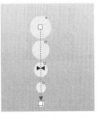
图 10-44 调和效果

水平中心对齐的快捷键为 E，垂直中心对齐的快捷键为 C，上对齐的快捷键为 T，下对齐的快捷键为 B，左对齐的快捷键为 L，右对齐的快捷键为 R。

STEP 05 按 Alt+F8 快捷键，打开"旋转"泊坞窗，设置参数如图 10-45 所示。

STEP 06 单击"应用"按钮，效果如图 10-46 所示。

STEP 07 选择工具箱中的"文本工具"，输入文字，设置字体分别为"方正琥珀简体""方正大黑体""汉鼎简特粗黑"，分别填充从橙色（C0，M60，Y100，K0）到黄色（C0，M0，Y100，K0）的椭圆形渐变色，设置轮廓宽度分别为 4mm 和 3mm，框选文字，按"+"键复制一层移开作备用，效果如图 10-47 所示。

图 10-45 旋转参数　　图 10-46 调和效果　　图 10-47 输入文字

STEP 08 选中文字，按"+"键复制一层，单击属性栏中的"取消组合所有对象"按钮，再单击"合并"按钮，添加 30mm 的轮廓宽度。按 Ctrl+Shift+Q 快捷键将轮廓转换为对象，再将对象和复制图层进行合并，并填充从黑色到红色（C0，M100，Y100，K0）的线性渐变色，效果如图 10-48 所示。

STEP 09 框选图形，按 Ctrl+G 快捷键组合对象，执行【效果】｜【添加透视】命令，调整图形，效果如图 10-49 所示。

STEP 10 选择工具箱中的"矩形工具"，绘制矩形，并填充粉红色（C2，M60，Y40，K 0），效果如图 10-50 所示。

图 10-48 绘制图形　图 10-49 输入文字　图 10-50 绘制矩形

STEP 11 选择工具箱中的"贝塞尔工具"，绘制云朵，并填充黄色（C0，M0，Y100，K0），将刚刚绘制的矩形放置到适当位置，效果如图 10-51 所示。

STEP 12 选择工具箱中的"贝塞尔工具"，绘制光束，填充白色；选择工具箱中的"透明度工具"，在图形上从左下角往右上角拖动，效果如图 10-52 所示。

STEP 13 执行【文件】｜【导入】命令，选择素材文件，单击"导入"按钮，效果如图 10-53 所示。

图 10-51 绘制云朵　图 10-52 绘制图形　图 10-53 导入素材

STEP 14 参照前面的操作方法，选择工具箱中的"文本工具"，输入文字；选择工具箱中的"贝塞尔工具"沿边缘绘制曲线，设置轮廓宽度为 5mm，效果如图 10-54 所示。

STEP 15 选择工具箱中的"表格工具"，在属性栏中设置"行数"和"列数"都为 6，边框都显示，设置轮廓宽度为 4mm。按 Ctrl+K 快捷键拆分表格，按 Ctrl+U 快捷键，取消组合对象。按 Shift+Ctrl+Q 快捷键将轮廓转换为曲线，删去外框，并填充渐变色，效果如图 10-55 所示。

STEP 16 选择备用文字，等比例缩小，将轮廓宽度改为 0.2mm，放置到网格上。再绘制一个矩形，填充淡黄色（C0，M0，Y48，K0），调整图层顺序，效果如图 10-56 所示。

图 10-54 输入文字　图 10-55 绘制表格　图 10-56 调整图形

STEP 17 按 F4 键，显示全部对象，整体调整图形，得到最终效果如图 10-57 所示。

此处也可运用矩形工具进行绘制，但运用表格工具更精确快捷，具体依个人喜好而定。

图 10-57 最终效果

09**8** iPad 手机广告

本例设计以黑色与绚丽的灯光为背景，使画面更具立体感，也充满了梦幻色彩。将大小两台手机放置于中心处，既相互对比又起到了点题的作用。本实例主要运用了椭圆工具、矩形工具、透明度工具、文本工具、网状填充工具等工具。

📁 文件路径：目标文件 \ 第 10 章 \098\iPad 手机广告 .cdr

🎬 视频文件：视频 \ 第 10 章 \098 iPad 手机广告 .mp4

📗 难易程度：★ ★ ★ ☆ ☆

STEP 01 执行【文件】|【新建】命令，弹出【创建新文档】对话框，设置"宽度"为 900mm，"高度"为 800mm，单击"确定"按钮。

STEP 02 双击工具箱中的"矩形工具" 🔲，自动生成一个与页面大小一样的矩形，填充黑色；选择工具箱中的"网状填充工具" 🔳，进行填色，效果如图 10-58 所示。

STEP 03 双击工具箱中的"矩形工具" 🔲，按 Ctrl+Pageup 快捷键调整至上层，并填充黑色（C93，M88，Y89，K80）；选择工具箱中的"透明度工具" 🔍，设置透明类型为"矩形渐变透明度"，效果如图 10-59 所示。

图 10-58 网状填充效果

图 10-59 透明度效果

STEP 04 选择工具箱中的"椭圆形工具" 🔘，绘制多个椭圆，并填充橙色（C0，M60，Y100，K0）、红色（C0，M100，Y100，K0）和黄色（C0，M0，Y100，K0），设置透明度分别为 80、50、60，效果如图 10-60 所示。

STEP 05 选择工具箱中的"椭圆形工具" 🔘，绘制椭圆，填充从黄色到白色的椭圆形渐变色；选择工具箱中的"透明度工具" 🔍，在属性栏中设置透明类型为"椭圆形渐变透明度"，合并模式为"如果更亮"，效果如图 10-61 所示。

STEP 06 按 "+" 键复制多个，并改变其大小和位置效果如图 10-62 所示。

图 10-60 绘制椭 | 图 10-61 透明度 | 图 10-62 复制椭
圆 | 效果 | 圆

📚 **技巧点拨**

为对象设置不同的透明度和颜色，可使画面更具立体感，内容更丰富。

STEP 07 绘制椭圆，填充从黄色到粉红色（C0，M40，Y20，K0）的椭圆形渐变色。选择工具箱中的"透明度为工具" 🔍，在属性栏中设置透明度类型为"椭圆形渐变透明度"，合并模式为"除"，效果如图 10-63 所示。

STEP 08 再绘制椭圆，填充颜色为红色（C0，M100，Y100，K0），设置透明度类型为"椭圆形渐变透明度"，合并模式为"如果更亮"，效果如图 10-64 所示。

STEP 09 执行【文件】|【打开】命令，打开素材文件，选择"射灯"素材，按 Ctrl+C 快捷键复制，切换到当前窗口，按 Ctrl+V 快捷键粘贴。选择工具箱中的"透明度工具" 🔍，在图形上从下往上拖动，效果如图 10-65 所示。

图 10-63 透明度效果

图 10-64 绘制椭圆

图 10-65 添加素材

STEP 10 再在素材文件中复制"手机"素材，粘贴入当前窗口，效果如图 10-66 所示。

图 10-66 添加素材

STEP 11 选择工具箱中的"文本工具" 字，输入文字，字体分别设置为"方正大黑简体"和"宋体"，填充颜色为淡绿色（C25，M0，Y45，K0）和白色，分别将其放置在相应位置上，得到最终效果如图 10-67 所示。

图 10-67 最终效果

---

09 9 咖啡广告

饮料类广告设计

该广告的制作，以咖啡色的背景表现主题，运用上升的热气体现出咖啡的香浓味美，整个画面既和谐又统一。本实例主要运用了贝塞尔工具、矩形工具、形状工具、文本工具等工具。并使用了"高斯式模糊"命令。

文件路径：目标文件 \ 第 10 章 \099\ 咖啡广告 .cdr

视频文件：视频 \ 第 10 章 \099 咖啡广告 .mp4

难易程度：★ ★ ★ ☆ ☆

STEP 01 执行【文件】|【新建】命令，弹出【创建新文档】对话框，设置"宽度"为 217mm，"高度"为 303mm，单击"确定"按钮。

STEP 02 双击工具箱中的"矩形工具" 口，自动生成一个与页面大小一样的矩形，按 F11 键，弹出【编辑填充】对话框，设置参数如图 10-68 所示，效果如图 10-69 所示。

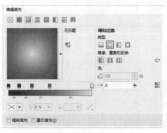
图 10-68 填充渐变参数

图 10-69 填充效果

STEP 03 按 "+" 键复制一层, 选择工具箱中的 "编辑填充" , 在对话框中单击 "底纹填充" 按钮 , 设置参数如图 10-70 所示, 效果如图 10-71 所示。

图 10-70 底纹填充参数

图 10-71 底纹填充效果

STEP 04 选择工具箱中的 "透明度工具" , 在属性栏中设置透明度类型为 "椭圆形渐变透明度", 合并模式为 "绿", 效果如图 10-72 所示。

STEP 05 执行【文件】|【打开】命令, 选择素材文件, 单击 "打开" 按钮, 将咖啡杯复制到当前编辑窗口, 效果如图 10-73 所示。

STEP 06 选择工具箱中的 "贝塞尔工具" , 绘制多条曲线, 设置轮廓宽度为 10mm, 轮廓颜色为黄色 (C0, M0, Y100, K0), 按 Shift+Ctrl+Q 快捷键将轮廓转换为对象; 选择工具箱中的 "形状工具" , 进行调整, 效果如图 10-74 所示。

图 10-72 透明度效果   图 10-73 导入素材   图 10-74 绘制图形

STEP 07 绘制图形, 按 Ctrl+G 快捷键组合对象, 执行【位图】|【转换位图】命令, 再执行【位图】|【模糊】|【高斯式模糊】命令, 设置模糊 "半径" 为 30, 效果如图 10-75 所示。

STEP 08 参照前面的操作, 添加 "标志" 素材, 效果如图 10-76 所示。

图 10-75 高斯式模糊效果

图 10-76 导入标志素材

STEP 09 选择工具箱中的 "贝塞尔工具" , 绘制图形, 填充咖啡色 (C52, M72, Y65, K71) 和橙色 (C0, M60, Y100, K0), 并去除轮廓线, 效果如图 10-77 所示。

STEP 10 选中橙色图形, 选择工具箱中的 "透明度工具" , 添加椭圆形渐变透明度, 效果如图 10-78 所示。

图 10-77 绘制图形

图 10-78 透明度效果

STEP 11 选择工具箱中的 "文本工具" , 输入文字, 设置字体为 "文鼎 CS 长美黑", 得到最终效果如图 10-79 所示。

图 10-79 最终效果

10O 银鹭牛奶广告

画面以瓶装饮料为主体，相互映衬的红色天空与蓝色大海为背景，使人从画面中体会到健康与活力概念。本实例主要运用了星形工具、矩形工具、透明度工具、文本工具等工具，并使用了"高斯式模糊"命令。

文件路径：目标文件 \ 第 10 章 \100\ 银鹭牛奶广告 .cdr

视频文件：视频 \ 第 10 章 \100 银鹭牛奶广告 .mp4

难易程度：★ ★ ★ ☆ ☆

STEP 01 执行【文件】|【新建】命令，弹出【创建新文档】对话框，设置"宽度"为 600mm，"高度"为 1600mm，单击"确定"按钮。

STEP 02 双击工具箱中的"矩形工具" ▣，自动生成一个与页面大小一样的矩形，按 F11 键，弹出【编辑填充】对话框，设置参数如图 10-80 所示，效果如图 10-81 所示。

图 10-80 渐变填充参数

图 10-81 渐变填充效果

STEP 03 选择工具箱中的"星形工具" ▣，在属性栏中设置边数为 30，锐度为 60，去除轮廓线。执行【对象】|【转换为曲线】命令，选择工具箱中的"形状工具" ▣ 调整图形，再选择工具箱中的"矩形工具" ▣ 绘制矩形，与星形下半部分重叠。选中两个图形，单击属性栏中的"修剪"按钮 ▣，效果如图 10-82 所示。

STEP 04 选中图形，执行【位图】|【转换为位图】命令，弹出【转换为位图】对话框，设置"分辨率"为 100，单击"确定"按钮。再执行【位图】|【模糊】|【高斯式模糊】命令，设置模糊"半径"为 60，效果如图 10-83 所示。

图 10-82 绘制星形及修 剪效果

图 10-83 高斯式模糊

STEP 05 选择工具箱中的"透明度工具" ▣，在属性栏中设置透明度为 30，效果如图 10-84 所示。

STEP 06 再次选择工具箱中的"星形工具 ▣，绘制星形，设置边数为 20、锐度为 60。

STEP 07 选择工具箱中的"变形工具" ▣，在属性栏中单击"扭曲变形"按钮 ▣，设置完全旋转为 1，附加角度为 156，设置透明度为 50，效果如图 10-85 所示。

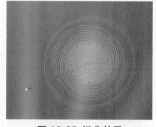

图 10-84 透明度效果

图 10-85 扭曲效果

STEP 08 按 "+" 键，复制多个，并调整好其位置和大小，效果如图 10-86 所示。

STEP 09 执行【文件】|【导入】命令，选择素材文件，单击"导入"按钮，框选除背景矩形的所有图形。

单击右键拖动至矩形内, 在弹出的快捷菜单中选择"图框精确裁剪内部", 效果如图 10-87 所示。

STEP 10 选中"年轻双动力"图层, 选择工具箱中的"阴影工具" , 在图形上拖动, 效果如图 10-88 所示。

STEP 11 选择工具箱中的"文本工具" , 输入文字, 得到最终效果如图 10-89 所示。

图 10-86
复制图形

图 10-87
导入素材

图 10-88 添加阴影

图 10-89 最终效果

技巧点拨

如果选择的图形对象比较多, 则可先将不要的图形锁定, 以快速框选对象并对其进行编辑。

10 1 无偿献血广告

公益类广告设计

本例为公益广告的设计, 画面以手捧爱心之图点题, 并运用文字加以说明, 体现了社会的关怀。而以蓝天、草原为背景, 则象征着大爱无疆。本实例主要运用了基本形状工具、贝塞尔工具、矩形工具、透明度工具、文本工具等工具, 并使用了"高斯式模糊"命令。

文件路径: 目标文件 \ 第 10 章 \101\ 无偿献血广告 .cdr

视频文件: 视频 \ 第 10 章 \101 无偿献血广告 .mp4

难易程度: ★ ★ ★ ☆ ☆

STEP 01 执行【文件】|【新建】命令, 弹出【创建新文档】对话框, 设置"宽度"255mm, "高度"为 160mm, 单击"确定"按钮。

STEP 02 选择工具箱中的"矩形工具" , 绘制一矩形, 并填充从蓝色 (C100, M88, Y0, K0) 到兰色 (C100, M0, Y0, K0) 到淡蓝色 (C39, M0, Y0, K0) 到白色的线性渐变色, 效果如图 10-90 所示。

STEP 03 再次运用"矩形工具" , 绘制矩形, 并分别填充橙色 (C0, M35, Y100, K0) 和黄色 (C0, M15, Y100, K0), 效果如图 10-91 所示。

图 10-90 填充渐变效果　　图 10-91 绘制矩形及填充颜色

STEP 04 执行【文件】|【打开】命令，选择素材文件，单击"打开"按钮，将背景图片复制到当前编辑窗口，效果如图 10-92 所示。

STEP 05 选择工具箱中的"基本形状工具"，在属性栏中单击完美形状右下角的小黑三角，选择心形，在图像窗口中绘制心形，按 F11 键，弹出【编辑填充】对话框，设置参数如图 10-93 所示。

图 10-92 导入素材　　　图 10-93 填充渐变参数

技巧点拨

按住 Ctrl 键，则是以等比例形式绘制心形。

STEP 06 单击"确定"按钮，效果如图 10-94 所示。

STEP 07 绘制多个心形，并填充红色，效果如图 10-95 所示。

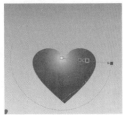 

图 10-94 填充效果　　　　图 10-95 复制图形

STEP 08 参照前面的操作方法，添加"手"和"心形"素材，效果如图 10-96 所示。

STEP 09 选择工具箱中的"文本工具"，输入文字，设置字体为"方正黑体简体"，大小为 20pt，效果如图 10-97 所示。

图 10-96 添加素材　　　　图 10-97 输入文字

STEP 10 选择工具箱中的"贝塞尔工具"，绘制两条曲线，设置轮廓色为白色，轮廓宽度为 0.2mm，效果如图 10-98 所示。

STEP 11 选择工具箱中的"调和工具"，从一根曲线拖至另一根曲线，效果如图 10-99 所示。

图 10-98 绘制曲线　　　图 10-99 调和效果

STEP 12 选择工具箱中的"贝塞尔工具"绘制一条曲线，设置轮廓宽度为 20mm，按 Shift+Ctrl+Q 快捷键，将轮廓转换为对象，填充白色。选择工具箱中的"透明度工具"，添加透明度，再复制一层进行水平和垂直镜像后，放到合适位置，效果如图 10-100 所示。

STEP 13 选择上面的白色曲线和白色图形，精确裁剪到蓝色渐变图形内，效果如图 10-101 所示。

图 10-100 绘制图形　　图 10-101 精确裁剪内部效果

STEP 14 双击工具箱中的"矩形工具"，按 Shift+Padeup 快捷键，调至顶层，并填充绿黄色（C20，M0，Y80，K0）到黄色的线性渐变色，选择工具箱中的"透明度工具"添加线性透明度，效果如图 10-102 所示。

图 10-102 绘制矩形及透明度效果

STEP 15 选择工具箱中的"文本工具"，输入文字，得到最终效果如图 10-103 所示。

图 10-103 最终效果

10 2 影城户外广告

本实例以主次有序地排列多样元素，并对其进行色彩渲染，从而丰富了画面内容，充分体现出影城的娱乐性。本实例主要运用了星形工具、矩形工具、贝塞尔工具、透明度工具、文本工具等工具，并使用了"图框精确裁剪内部"命令。

文件路径：目标文件 \ 第 10 章 \102\ 影城户外广告 .cdr

视频文件：视频 \ 第 10 章 \102 影城户外广告 .mp4

难易程度：★ ★ ★ ☆ ☆

STEP 01 执行【文件】|【新建】命令，弹出【创建新文档】对话框，设置"宽度"1100mm，"高度"为 462mm，单击"确定"按钮。

STEP 02 双击工具箱中的"矩形工具" ，绘制与页面大小一样的矩形，并填充从洋红色（R174，G44，B88）到橙色（R240，G133，B25）到黄色的线性渐变色，效果如图 10-104 所示。

STEP 03 选择工具箱中的"矩形工具" ，绘制矩形，单击左键拖动至合适位置，释放的同时单击右键，按 Ctrl+D 快捷键进行再复制。选中所有矩形，按 Ctrl+G 快捷键组合对象。按 Alt+E+M 快捷键，弹出【复制属性】对话框，勾选"填充"复选框，单击"确定"按钮，选择背景矩形，复制填充色，调整渐变方向，效果如图 10-105 所示。

图 10-104 渐变填充效果

图 10-105 绘制矩形

STEP 04 双击工具箱中的"矩形工具" ，按 Shift+Pageup 快捷键调整至最上层，填充白色；选择工具箱中的"透明度工具" ，在属性栏中设置透明度类型为"椭圆形渐变透明度"，在图像窗口中作相应的调整，效果如图 10-106 所示。

STEP 05 选择工具箱中的"贝塞尔工具" ，绘制图形，并填充暗红色（R166，G22，B92），去除轮廓线，效果如图 10-107 所示。

图 10-106 透明度效果

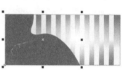
图 10-107 绘制图形

STEP 06 双击工具箱中的"矩形工具" ，按 Shift+Pageup 快捷键调整至最上层。执行【文件】|【打开】命令，选择素材文件，单击"打开"按钮，选择相关素材，按 Ctrl+C 快捷键复制。切换到当前窗口，按 Ctrl+V 快捷键粘贴，选择除魔方外的所有素材，精确裁剪到矩形内，效果如图 10-108 所示。

STEP 07 选择工具箱中的"贝塞尔工具" ，绘制光束，并填充白色，选择工具箱中的"透明度工具" 添加线性透明度，在属性中设置合并模式为"添加"，效果如图 10-109 所示。

图 10-108 添加素材

图 10-109 绘制光束

STEP 08 选择工具箱中的"文本工具" ，输入文字，设置字体为"汉仪菱心体简"，选中"演绎"，按 Ctrl+Q 快捷键将其他转换为曲线。选择工具箱中的"形状工具" ，删去三点，再添加放印盘，效果如图 10-110 所示。

STEP 09 选择工具箱中的"贝塞尔工具" 再绘制几条光束，放置图片上方，并添加线性透明度，效果如图 10-111 所示。

图 10-110 输入文字

图 10-111 绘制光束

STEP 10 参考前面的操作方法，添加"红色"素材，并复制，分别精确裁剪到"演绎"内，效果如图 10-112 所示。

STEP 11 选择工具箱中的"星形工具" 🔃，在属性栏中设置边数为 4，锐度为 90，绘制星形，填充白色。去除轮廓线，按"+"键复制一层，并旋转一定角度，并等比例放大，组合图形，效果如图 10-113 所示。

图 10-112 添加素材

图 10-113 绘制星形

STEP 12 复制多个星星，并调整好位置和大小，得到最终效果如图 10-114 所示。

图 10-114 最终效果

技巧点拨

星形的放置，应该注意疏密结合、大小合一，做到零而不乱，错落有致。

10 3 丝路花雨酒广告 　　酒类广告设计

此设计以仰视的表现形式突出了酒的权威与厚重，以绚烂多彩的金色为基调彰显该酒的金贵，整个画面饱满充实，新颖独特。本实例主要运用了艺术笔工具、矩形工具、文本工具等工具，并使用了"图框精确裁剪内部"命令。

文件路径：目标文件 \ 第 10 章 \103\ 丝路花雨酒广告 .cdr

视频文件：视频 \ 第 10 章 \103 丝路花雨酒广告 .mp4

难易程度：★ ★ ★ ☆ ☆

10 4 汽车广告

商业类广告设计

　　此例设计的是汽车广告，画面以矢量图形的明暗度对比，突出整体的立体感；以浅黄色背景、各种环状图形和阴影使汽车更具真实感。本实例主要运用了椭圆工具、矩形工具、轮廓图工具、星形工具等工具，并使用了"图框精确裁剪内部"命令。

文件路径：目标文件 \ 第 10 章 \104\ 汽车广告 .cdr

视频文件：视频 \ 第 10 章 \104 汽车广告 .mp4

难易程度：★ ★ ★ ☆ ☆

10 5 衣衣童装广告

服装类广告设计

　　衣衣童装广告的制作，以鲜艳明快的颜色使画面童趣恒生，进而打动消费者。以对文字进行活泼大方的处理，体现出儿童纯真的内心世界。本实例主要运用了椭圆工具、矩形工具、轮廓图工具、文本工具、贝塞尔工具等工具。

文件路径：目标文件 \ 第 10 章 \105\ 衣衣童装广告 .cdr

视频文件：视频 \ 第 10 章 \105 衣衣童装广告 .mp4

难易程度：★ ★ ★ ☆ ☆

插画设计

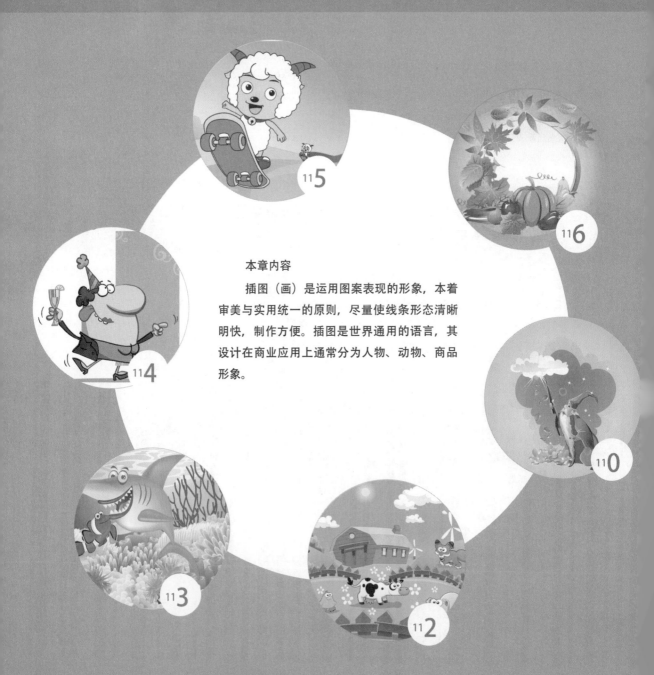

本章内容

　　插图（画）是运用图案表现的形象，本着审美与实用统一的原则，尽量使线条形态清晰明快，制作方便。插图是世界通用的语言，其设计在商业应用上通常分为人物、动物、商品形象。

106 老北京民俗

民俗类插画

　　老北京民俗画的设计，以暖色背景营造出了轻松、愉悦的氛围，富有喜感的人物生动而真实，增添了插画的趣味性。本实例主要运用了矩形工具、贝塞尔工具、椭圆形工具、透明度工具等，并使用了"精确裁剪内部"命令。

文件路径：目标文件\第11章\106\设计老北京民俗.cdr

视频文件：视频\第11章\106 设计老北京民俗.mp4

难易程度：★ ★ ★ ☆ ☆

STEP 01 执行【文件】|【新建】命令，弹出【创建新文档】对话框，设置"宽度"为210mm，"高度"为297mm，单击"确定"按钮。

STEP 02 双击工具箱中的"矩形工具" ，按F11键，弹出【渐变填充】对话框，设置参数如图11-1所示，效果如图11-2所示。

图 11-1 填充渐变参数　　　　图 11-2 填充效果

STEP 03 选择工具箱中的"椭圆形工具" 和"贝塞尔工具" ，绘制图形，设置轮廓宽度为2mm，填充颜色为白色，效果如图11-3所示。

STEP 04 选中一个椭圆，按住Shift键，将光标定位在图形右上角，出现双向箭头时，向内拖动，释放的同时单击右键，等比例缩小复制一个，并填充颜色为水红色（C0，M40，Y20，K0）。去除轮廓线，再等比例缩小复制一个，并填充颜色为红色（C0，M100，Y100，K0）。选中两个图形，按Ctrl+G快捷键组合对象，选择工具箱中的"透明度工具" ，在属性栏中设置透明度为50，（右边耳朵运用同样的相同操作方法），效果如图11-4所示。

图 11-3 绘制图形　　　　　　图 11-4 复制图形

STEP 05 执行【文件】|【打开】命令，选择素材文件，单击"打开"按钮，选中文字，按Ctrl+C快捷键复制，切换到当前文件，按Ctrl+V快捷键粘贴，效果如图11-5所示。

STEP 06 选择工具箱中的"贝塞尔工具" ，绘制两个重叠的图形并分别填充颜色为蓝色（C100，M100，Y0，K0）和浅蓝色（C30，M30，Y0，K0），效果如图11-6所示。

图 11-5 添加文字素材　　　　图 11-6 绘制图形

STEP 07 选择工具箱中的"贝塞尔工具" 和"椭圆形工具" ，绘制老虎，并分别填充颜色为黄色

（C0、M0、Y100、K0）（设置透明度为 50）、黑色、红色（C0、M100、Y100、K0）和橙色（C0、M60、Y100、K0），效果如图 11-7 所示。

STEP 08 选择工具箱中"贝塞尔工具" 和"椭圆形工具" ，绘制人物头部，并分别填充颜色为黄色（C30、M40、Y100、K0）、蓝色（C100、M0、Y0、K0）、水红色（C0、M40、Y 20、K0）、红色（C0、M100、Y100、K0）和黑色，效果如图 11-8 所示。

STEP 09 运用"贝塞尔工具" 绘制头发，填充颜色为黄色（C0、M20、Y100、K0），设置透明度为 50，效果如图 11-9 所示。

图 11-7 绘制老虎　　图 11-8 绘制 头部　　图 11-9 绘制头发

STEP 10 选择工具箱中的"椭圆形工具" ，按住 Ctrl 键，绘制三个正圆，并分填充颜色为深红色（C0、M100、Y100、K30）、红色（C0、M100、Y100、K0）和黄色（C0、M0、Y100、K0）（设置透明度为 50）。选中红色球，按 Ctrl+Q 快捷键转曲图形，选择工具箱中的"形状工具" 进行调整，效果如图 11-10 所示。

STEP 11 选择工具箱中的"椭圆形工具" ，绘制椭圆，分别等比例缩小，分别填充黄色（C30、M40、Y100、K0），白色和灰色（C0、M0、Y0、K10），并去除轮廓线，效果如图 11-11 所示。

STEP 12 绘制椭圆，分别填充颜色为深黄色（C0、M20、Y100、K0）和黄色（C0、M0、Y100、K0）并去除轮廓线，并设置透明度为 50，效果如图 11-12 所示。

图 11-10 绘制椭 圆　　图 11-11 绘制椭 圆　　图 11-12 绘制椭 圆

STEP 13 选择工具箱中的"贝塞尔工具" 绘制衣服，分别填充颜色为黄色（C0、M0、Y100、K0）、橙色（C0、M20、Y100、K0）、红色（C0、M100、Y100、K0）和深红色（C0、M100、Y100、K30），并去除轮廓线，效果如图 11-13 所示。

STEP 14 运用"贝塞尔工具" 绘制手，分别填充白色、橙色（C0、M60、Y100、K0）、深黄色（C30、M40、Y10、K0）和深红色（C0、M100、Y100、K30）（设置透明度为 50），并去除轮廓线，效果如图 11-14 所示。

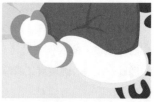

图 11-13 绘制衣服　　　　图 11-14 绘制手

STEP 15 运用"贝塞尔工具" 绘制下摆裙，分别填充颜色为红色和灰色（C0、M0、Y0、K10），并去除轮廓线，效果如图 11-15 所示。

STEP 16 运用"贝塞尔工具" 绘制下摆裙和鞋，分别填充颜色为白色、黑色和深红色（C0、M100、Y100、K30）（设置透明度为 50），并去除轮廓线，效果如图 11-16 所示。

STEP 17 选择工具箱中的"贝塞尔工具" 和"矩形工具" 绘制裙摆，分别填充颜色为蓝色 C100、白色和深红色（C0、M100、Y100、K30）（设置透明度为 50），并去除轮廓线，效果如图 11-17 所示。

图 11-15 绘制 裙摆　　图 11-16 绘制裙摆 和鞋　　图 11-17 绘制裙 摆

STEP 18 运用"贝塞尔工具" 绘制腰上的环，并填充颜色为黑色，再运用"贝塞尔工具" 绘制几个白色图形，并精确裁剪到黑色环内，选中黑色环，按"+"键复制一个，填充颜色为深红色（C0、M100、Y100、K30）（设置透明度为 50），并去除轮廓线，效果如图 11-18 所示。

STEP 19 运用"贝塞尔工具" ，绘制旗子，并填充深黄色（C30、M40、Y 100、K 0）、黄色（C0、M20、Y100、K0）和橙色（C0、M60、Y100、K0），去除轮廓线，效果如图 11-19 所示。

STEP 20 选中旗子按"+"键复制，选择工具箱中的"形状工具" ，将旗子右边的瞄点向左边移动，并填充颜色为深黄色（C0、M60、Y60、K40），设置透明度为 50。选择工具箱"贝塞尔工具" ，在旗子上任意画图形，选中复制的旗子和图形，单击属性栏中的"修剪"按钮 ，选中不规则图形，填充

颜色为黄色 (C0、M0、Y100、K0)（设置透明度为50），稍微向下调整，效果如图 11-20 所示。

图 11-18 绘制腰环　　图 11-19　图 11-20 绘制
　　　　　　　　　　绘制旗子　旗子上的图案

STEP 21 复制图形并调整到合适位置，如图 11-21 所示。选择工具箱中的"贝塞尔工具" ，绘制图形，并分别填充颜色为黑色和红色（C0，M100，Y100，K0），效果如图 11-22 所示。

图 11-21 复制图形　　　图 11-22 绘制图形

STEP 22 切换到素材文件，选中相应的文字，复到当前窗口，得到最终效果如图 11-23 所示。

图 11-23　最终效果

技巧点拨

选择两个或两个以上的图形时，按 Shift 键的同时单击所要选择的图形，就能逐个选中。

107 荷花

花卉类插画

本例为花卉设计，此图以绿荷叶与红荷花相互映衬，色彩明亮，画面丰富。本实例主要运用了矩形工具、贝塞尔工具、椭圆形工具、网状填充工具等。

文件路径：目标文件 \ 第 11 章 \107\ 荷花 .cdr

视频文件：视频 \ 第 11 章 \107 荷花 .mp4

难易程度：★★★☆☆

STEP 01 执行【文件】|【新建】命令，弹出【创建新文档】对话框，设置"宽度"为 297mm，"高度"为 210mm，单击"确定"按钮。

STEP 02 双击工具箱中的"矩形工具" ，自动生成一个与页面大小一样的矩形。选择工具箱中的"编辑填充" ，弹出【编辑填充】对话框，单击"底纹填充"按钮 ，其中两个颜色值分别为（R189，G237，B160）和（R160，G220，B71），设置参数如图 11-24 所示。单击"确定"按钮，效果如图 11-25 所示。

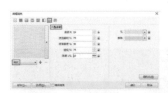

图 11-24 填充底纹参数　　图 11-25 底纹填充效果

STEP 03 选择工具箱中的"贝塞尔工具" ，绘制荷叶，设置轮廓色为绿色（C82，M15，Y100，K0），轮廓宽度为"细丝"，填充绿黄色（C35，M2，Y96，K0）。选择工具箱中的"网状填充工具" 进行填色，效果如图 11-26 所示。

STEP 04 选择工具箱中的"贝塞尔工具" ，绘制荷叶脉络，设置轮廓宽度为"发丝"，轮廓颜色为深绿色（C94，M49，Y100，K15），并去除轮廓线，效果如图 11-27 所示。

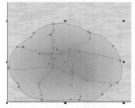

图 11-26 绘制图形及网状　　图 11-27 绘制荷叶脉
　　　　　填充效果

STEP 05 参照上述相同的操作方法，绘制其他荷叶，效果如图 11-28 所示。

STEP 06 选择工具箱中的"贝塞尔工具" ，绘制曲线，设置轮廓宽度为 2.5mm。按 Shift+Ctrl+Q 快捷键将轮廓转换为对象，并填充为绿色（C68，M0，Y100，K0），设置轮廓色为（C78，M19，Y76，K0），轮廓宽度为"细线"，参照此方法绘制多根，效果如图 11-29 所示。

图 11-28 复制图形　　　　图 11-29 绘制图形

STEP 07 运用"贝塞尔工具" ，绘制荷花花瓣，选择工具箱中的"网状填充工具" 进行填充，主色值有（R255，G153，B153）、（R255，G153，B255）和白色，设置轮廓宽度为细线，轮廓颜色为（R255，G153，B153），效果如图 11-30 所示。参照上述操作方法，绘制其他花瓣，效果如图 11-31 所示。

图 11-30 绘制图形　　　　图 11-31 绘制图形

STEP 08 框选荷花，按"+"键复制多个，分别相应变形和旋转，并添加花梗，效果如图 11-32 所示。

STEP 09 运用"贝塞尔工具" 绘制莲蓬，并分别填充从浅绿（C40，M0，Y100，K0）到深绿（C100，M0，Y100，K0）的线性和椭圆形椭圆形渐变色，效果如图 11-33 所示。

图 11-32 绘制图形　　　　图 11-33 绘制图形

STEP 10 运用"贝塞尔工具" 绘制莲子，选择工具箱中的"网状填充工具" 进行填充，颜色值为（C27，M0，Y76，K0）和（C67，M25，Y100，K0），效果如图 11-34 所示。

STEP 11 选择工具箱中的"矩形工具" 绘制一小矩形，填充深绿色（C94，M49，Y100，K15），并去除轮廓线。选择工具箱中的"形状工具" ，拖动矩形上的黑色控制点，将矩形调整成圆角矩形，效果如图 11-35 所示。

STEP 12 选中两图形，按"+"键复制多个，并调整好位置，效果如图 11-36 所示。

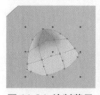

图 11-34 绘制莲子　　图 11-35 绘制圆角　　图 11-36 复制
及网状填充效果　　　　　矩形　　　　　　图形

STEP 13 参照前面的方法，绘制莲蓬梗，效果如图 11-37 所示。

STEP 14 框选图形，按"+"键复制多个，并调整方向，效果如图 11-38 所示。

图 11-37 绘制莲梗　　　　图 11-38 复制图形

宽度为细线，效果如图 11-41 所示。

图 11-39 绘制花瓣　图 11-40 绘制　图 11-41 绘制花
　　　　　　　　　　　　花粉头　　　　　　　托

STEP 15 参照前面绘制花瓣的操作方法，绘制图形。选择工具箱中的"网状填充工具" 进行填色，效果如图 11-39 所示。

STEP 16 选择工具箱中的"贝塞尔工具" ，绘制花丝，设置轮廓宽度为 0.328mm，轮廓颜色为（C0，M53，Y59，K0）；选择工具箱中"椭圆形工具" 绘制花粉头，填充颜色为橙色（C0，M24，Y95，K0），效果如图 11-40 所示。

STEP 17 选择工具箱中的"贝塞尔工具" ，绘制图形，并填充颜色为绿色（C100，M0，Y100，K0），设置轮廓色为（C67，M25，Y100，K0），设置轮廓

STEP 18 按 F4 键将所有图形整体调整，得到最终效果如图 11-42 所示。

图 11-42 最终效果

10 8 时尚美女

时尚类插画

本例制作的是时尚插画，以装扮靓丽的人物为主体，结合蓝色与粉色的完美搭配，体现了主题并营造出一个梦幻的场景。本实例主要运用了矩形工具、贝塞尔工具、透明度工具、星形工具、椭圆形工具等工具。

文件路径：目标文件 \ 第 11 章 \108\ 时尚美女 .cdr

视频文件：视频 \ 第 11 章 \108 时尚美女 .mp4

难易程度：★ ★ ★ ★ ☆

STEP 01 执行【文件】|【新建】命令，弹出【创建新文档】对话框，设置"宽度"为 100mm，"高度"为 105mm，单击"确定"按钮。

STEP 02 双击工具箱中的"矩形工具" ，自动生成一个与页面大小一样的矩形，并填充线性渐变色，

效果如图 11-43 所示。

STEP 03 执行【文件】|【打开】命令，选择素材文件，单击"打开"按钮，选中相应的素材，按 Ctrl+C 快捷键复制。切换到当前窗口，按 Ctrl+V 快捷键粘贴，调整至合适位置，效果如图 11-44 所示。

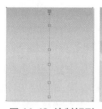 

图 11-43 绘制矩形 图 11-44 导入素 图 11-45 绘制
及渐变填充效果 材 头发

STEP 04 选择工具箱中的"贝塞尔工具" ，绘制人物头发，并填充椭圆形椭圆形渐变色，效果如图11-45 所示。

STEP 05 选择工具箱中的"贝塞尔工具" ，绘制人物头发高光部分，填充较浅颜色的椭圆形椭圆形渐变色，并添加透明度为 45 的均匀透明度，效果如图 11-46 所示。

STEP 06 选择工具箱中的"贝塞尔工具" ，绘制人物脸部轮廓，分别填充颜色为黄色（C0，M32，Y40，K0）和黑色，并去除轮廓线，效果如图 11-47 所示。

STEP 07 选择工具箱中的"椭圆形工具" ，绘制椭圆，并且填充从红色（C0，M47，Y43，K0）（中间色值相同）到黄色（C0，M32，Y40，K0）的椭圆形渐变色。选中两个椭圆，选择工具箱中的"透明度工具" ，在属性栏中设置透明度为 30，将椭圆精确裁剪到脸部轮廓内，效果如图 11-48 所示。

图 11-46 绘制高光 图 11-47 绘 图 11-48 绘制腮红
制脸型

技巧点拨

在某一对象上添加较浅或较深色的图形，可使其更有质感。

STEP 08 选择工具箱中的"贝塞尔工具" ，绘制人物嘴唇，并分别填充从深红色（C29，M99，Y73，K28）到红色（C25，M96，Y67，K15）的椭圆形渐变色，效果如图 11-49 所示。

STEP 09 选择工具箱中的"贝塞尔工具" 和"椭圆形工具" ，绘制人物嘴巴阴暗和高光部分，分别填充深红色（C22，M74，Y55，K46）和桃红色（C2，M35，Y40，K0），效果如图 11-50 所示。

STEP 10 参照前面相同的操作方法，绘制人物眼睛，并分别填充深色渐变色和纯白色，浅咖啡色（C30，M42，Y48，K42），效果如图 11-51 所示。

图 11-49 绘制嘴唇 图 11-50 绘制图形 图 11-51 绘
制眼睛

STEP 11 参照前面的操作方法，绘制人物的眼珠，并分别填充深色渐变色和浅咖啡色（C30，M42，Y48，K42）。选中眼珠按 Ctrl+Pagedwon 快捷键调整图层顺序，效果如图 11-52 所示。

STEP 12 选中所有的眼睛图形，按"+"键复制一个，调整至右边，并相应地调整眼珠的位置和眉毛大小，效果如图 11-53 所示。

STEP 13 参照前面绘制头发的方法，绘制正面头发和上半身，填充从红色（C0，M47，Y43，K0）（中间色值相同）到黄色（C0，M32，Y40，K0）的椭圆形渐变色，效果如图 11-54 所示。

图 11-52 绘制眼珠 图 11-53 复制 图 11-54 绘
图形 制头发

技巧点拨

复制图形时，还可以通过按快捷键 Alt+E+N 快捷键进行复制。

STEP 14 选择工具箱中的"贝塞尔工具" ，绘制颈部暗部，填充渐变色，设置透明度为 44，合并模式为"乘"，效果如图 11-55 所示。

STEP 15 选择工具箱中的"椭圆形工具" ，按住 Ctrl 键，绘制正圆，并填充从白色到浅蓝色（C20，M0，Y18，K17）的椭圆形渐变色，并复制多个，效果如图 11-56 所示。

STEP 16 选择工具箱中的"星形工具" ，在属性栏中设置旋转角度为 45，边数为 4，锐度为 90，按住 Ctrl 键绘制星形，填充白色，设置透明度为 70。按住 Shift 键，将光标定位在星形右上角，出现双向箭头时往内拖动，释放的同时单击右键，等比例缩小复制一个。去除透明度，并复制一个，相应缩小，效果如图 11-57 所示。

图 11-55 绘制图形　图 11-56 绘制　图 11-57 绘制星形
　　　　　　　　　　　椭圆

STEP 17 选中耳环，复制一个，并放置到右边，调整图层顺序，效果如图 11-58 所示。

STEP 18 参照前面的方法，绘制手和衣服，并分别填充渐变色，效果如图 11-59 所示。

STEP 19 参照前面的方法，绘制衣服，并分别填充渐变色，效果如图 11-60 所示。

图 11-58 复制　　图 11-59 绘制图形　图 11-60 绘制图
　　图形　　　　　　　　　　　　　　　　　形

STEP 20 参照前面的方法，绘制衣服，并分别填充渐变色，效果如图 11-61 所示。

STEP 21 参照前面的方法，绘制手袖，并分别填充渐变色，效果如图 11-62 所示。

图 11-61 绘制图形　　　　图 11-62 绘制图形

STEP 22 选择工具箱中的"椭圆工具" ○ 绘制多个小椭圆，并填充白色，分别设置不同的透明度，效果如图 11-63 所示。

STEP 23 从耳环上复制多个椭圆作为手链，并选择工具箱中的"贝塞尔工具" ☑ 绘制手的暗部和指甲，分别填充渐变色，效果如图 11-64 所示。

图 11-63 绘制图形　　　　图 11-64 绘制图形

STEP 24 切换到素材窗口，复制彩球，粘贴到当前窗口，效果如图 11-65 所示。

图 11-65 添加素材

STEP 25 复制多个星形，作为点缀，得到最终效果如图 11-66 所示。

图 11-66 最终效果

10**9** 青蛙军团

漫画类插画

本设计为漫画插画，以绿色为背景，给人以清新淡雅之感；以动物们的各种表情，表现出了该插画的趣味性。本实例主要运用了矩形工具、贝塞尔工具、椭圆形工具、形状工具等工具，并使用了"图框精确裁剪内部"命令。

文件路径：目标文件 \ 第 11 章 \109\ 青蛙军团 .cdr

视频文件：视频 \ 第 11 章 \109 青蛙军团 .mp4

难易程度：★ ★ ☆ ☆ ☆

STEP 01 执行【文件】|【新建】命令，弹出【创建新文档】对话框，设置"宽度"为 350mm，"高度"为 310mm，单击"确定"按钮。

STEP 02 执行【文件】|【导入】命令，选择素材文件，单击"导入"按钮，效果如图 11-67 所示。

STEP 03 选择工具箱中的"贝塞尔工具" 绘制图形，并填充黑色（C100, M100, Y0, K100），设置轮廓宽度为 1.05mm，轮廓颜色为黑色，效果如图 11-68 所示。

图 11-67 导入素材　　　　图 11-68 绘制图形

STEP 04 选择工具箱中的"贝塞尔工具" 绘制图形，分别填充颜色为黄色（C0, M20, Y100, K0）和白色，设置轮廓宽度为 1.05mm，轮廓颜色为黑色。按 Ctrl+Pagedown 快捷键调整图层顺序，效果如图 11-69 所示。

STEP 05 选择工具箱中的"贝塞尔工具" 和"椭圆形工具" 绘制图形，分别填充颜色为黄色（C0, M0, Y100, K0）、绿色（C40, M0, Y100, K0）和灰色（C0, M0, Y20, K60），设置轮廓宽度为 1.05mm，效果如图 11-70 所示。

图 11-69 绘制图形　　　　图 11-70 绘制图形

STEP 06 选择工具箱中的"贝塞尔工具" 绘制图形，并分别填充颜色为白色和红色（C0, M40, Y20, K10），效果如图 11-71 所示。

STEP 07 选择工具箱中的"椭圆形工具" 绘制椭圆，按 Ctrl+Q 快捷键转曲图形；选择工具箱中的"形状工具" ，调整椭圆形状；选择工具箱中的"贝塞尔工具" 绘制黑色曲线，设置论廓宽度为 1.05，效果如图 11-72 所示。

图 11-71 绘制图形　　　　图 11-72 绘制眼睛

STEP 08 参照上述操作，绘制其他动物，效果如图 11-73 所示。

STEP 09 双击工具箱中的"矩形工具" ，自动生成一个与页面大小一样的矩形，按 Shift+PageUP 快捷键将图层调整至顶层，框选小人物。单击右键拖动至矩形内，在弹出的快捷菜单中选择"图框精确裁剪内部"，效果如图 11-74 所示。

图 11-73　绘制图形

图 11-74　精确裁剪内部效果

STEP 10 参照前面的操作方法，导入文字素材，得到最终效果如图 11-75 所示。

图 11-75　最终效果

110　阿拉神灯

神话类插画

　　本例制作的是阿拉神灯，以两种对比度强的色彩为背景，赋予画面层次感；以形象生动的人物为主体，达到引人共鸣的效果。本实例主要运用了扭曲工具、矩形工具、贝塞尔工具、椭圆形工具、多边形工具等工具，并使用了"图框精确裁剪内部"命令。

📁 文件路径：目标文件 \ 第 11 章 \110\ 阿拉神灯 .cdr

🎬 视频文件：视频 \ 第 11 章 \110 阿拉神灯 .mp4

🎚 难易程度：★ ★ ☆ ☆ ☆

STEP 01 执行【文件】|【新建】命令，弹出【创建新文档】对话框，设置"宽度"为 480mm，"高度"为 502mm，单击"确定"按钮。双击工具箱中的"矩形工具"，自动生成一个与页面大小一样的矩形，并填充椭圆形渐变色，色值为白色、黄色（C19，M5，Y60，K0）和绿色（C53，M0，Y53，K0），效果如图 11-76 所示。

STEP 02 选择工具箱中的"贝塞尔工具"绘制图形，并填充从浅蓝色（C68，M38，Y58，K0）到蓝色（C85，M60，Y4，K0）和从淡蓝（C33，M16，Y9，K0）到蓝（C49，M24，Y5，K0）的椭圆形渐变色，效果如图 11-77 所示。

STEP 03 选择工具箱中的"星形工具"，在属性栏中设置边数为 5，锐度为 70，填充颜色为白色，去除轮廓线。选择工具箱中的"变形工具"在星形上从内往外拖动，在属性栏中的预设列表下拉框中选择"拉角"，设置推拉振幅为 112，效果如图 11-78 所示。

图 11-76　绘制矩　图 11-77　绘制图　图 11-78　绘制星形
　　　形　　　　　　形　　　　　　及扭曲效果

STEP 04 复制多个，并改变大小、颜色和旋转度，效果如图 11-79 所示。

STEP 05 参照前面的操作方法，绘制图形并填充渐变色，效果如图 11-80 所示。选择工具箱中的"贝塞尔工具" ⚫️绘制图形，并填充黄色和从橙色到红色的渐变色，效果如图 11-81 所示。

图 11-79 复制　图 11-80 绘制图　图 11-81 绘制图形
　　图形　　　　形

STEP 06 选择工具箱中的"椭圆形工具" ⚪️，绘制椭圆，并填充渐变色，效果如图 11-82 所示。

STEP 07 参照上述操作，绘制其他金币，效果如图 11-83 所示。

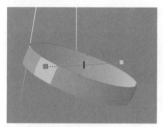 

图 11-82 绘制椭圆形　　　　图 11-83 绘制图形

STEP 08 参照上述操作，绘制椭圆，并填充从白色到浅蓝色（C65，M13，Y13，K0）的椭圆形渐变色，复制多个并调整位置，效果如图 11-84 所示。

STEP 09 执行【文件】|【导入】命令，单击"导入"按钮，导入老人，并调整图层顺序，效果如图 11-85 所示。

STEP 10 选择工具箱中的"椭圆形工具" ⚪️和"多边形工具" ⬡️绘制正圆和三角形，选中两个图形，单击属性栏中的"合并"按钮 ⬜️，并填充从嫩绿（C29，M0，Y95，K0）到白色的线性渐变色，效果如图 11-86 所示。

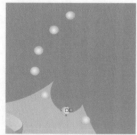 

图 11-84 绘制椭圆形　　　图 11-85 导入素材

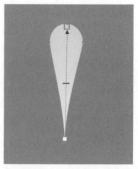

图 11-86 绘制图形及合并效果

STEP 11 选中图形，按 Alt+F8 快捷键打开"旋转"泊坞窗，设置参数如图 11-87 所示。单击"应用"按钮，效果如图 11-88 所示。

STEP 12 框选图形，按"+"键复制两个，旋转适当位置，并相应复制星形放置适当位置，作为点缀，得到最终效果如图 11-89 所示。

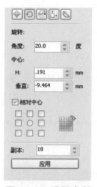 

图 11-87 设置参数　　　　　图 11-88 旋转复制效果

图 11-89 最终效果

11.1 天外来客

魔幻类插画

本例设计的是外星人，画面中仅运用了灰色和嫩黄色，不至于使人眼花缭乱；以形象另类的人物为主体，体现出外星人与人类的差异，也表达了人类对外星人的猜想。本实例主要运用了矩形工具、贝塞尔工具、椭圆形工具等工具。

文件路径：目标文件 \ 第 11 章 \111\ 天外来客 .cdr

视频文件：视频 \ 第 11 章 \111 天外来客 .mp

难易程度：★ ★ ★ ☆ ☆

STEP 01 执行【文件】|【新建】命令，弹出【创建新文档】对话框，设置"宽度"为 210mm，"高度"为 263mm，单击"确定"按钮。

STEP 02 双击工具箱中的"矩形工具"，自动生成一个与页面大小一样的矩形，并填充颜色（C48，M32，Y40，K0），再运用"矩形工具"绘制一个长条矩形，填充颜色为墨绿色（C69，M51，Y64，K39），并去除轮廓线，效果如图 11-90 所示。

STEP 03 执行【文件】|【导入】命令，选择素材文件，单击"导入"按钮，效果如图 11-91 所示。

STEP 04 选择工具箱中的"贝塞尔工具"绘制图形，分别填充颜色为浅灰色（C59，M43，Y46，K11）和深灰色（C64，M48，Y51，K20），并去除轮廓线，效果如图 11-92 所示。

图 11-90 绘制 　图 11-91 导入 　图 11-92 绘制图形
矩形 　　　　　素材

STEP 05 选择工具箱中的"贝塞尔工具"和"椭圆形工具"，绘制眼睛，分别填充颜色为黑色和淡黄色（C11，M12，Y29，K0），并去除轮廓线，效果如图 11-93 所示。

STEP 06 选中圆形，按"+"键复制两个，将最上层椭圆稍微变形，并错开放置。选中两个圆形，单击属性栏中的"修剪"按钮，填充颜色为墨绿色（C69，

M51，Y64，K39），并去除轮廓线。

STEP 07 按照上述操作绘制下眼睑，并填充颜色为黄色（C55，M55，Y75，K42），效果如图 11-94 所示。

 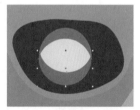

图 11-93 绘制眼睛 　　图 11-94 复制及修剪效果

STEP 08 选择工具箱中的"椭圆形工具"，按住 Ctrl 键，绘制多个正圆，分别填充颜色为白色、棕色（C54，M54，Y90，K44）和黑色（C64，M66，Y73，K83），效果如图 11-95 所示。

STEP 09 参照上述操作，绘制另另一只眼睛，效果如图 11-96 所示。

STEP 10 参照前面的操作，绘制外星人身体，分别填充颜色为灰色（C59，M43，Y46，K11）和绿色（C69，M51，Y64，K39），效果如图 11-97 所示。

图 11-95 绘制椭圆 图 11-96 绘制图形 图 11-97 绘制身体

STEP 11 选择工具箱中的"贝塞尔工具"，绘制图形，并填充颜色为黑色，按"+"键复制一层，缩小稍许，填充颜色为灰色（C59，M43，Y46，K11）。再运

用"贝塞尔工具" 绘制高光部分，填充颜色为（C64，M48，Y51，K20），效果如图 11-98 所示。

STEP 12 选择工具箱中的"贝塞尔工具" 和"椭圆形工具" ，绘制手臂并分别填充颜色，设置轮廓宽度为 0.273mm，轮廓颜色为黑色，效果如图 11-99 所示。

STEP 13 参照上述操作，绘制外星人的脚，效果如图 11-100 所示。

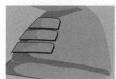
图 11-98 绘制图形

图 11-99 绘制图形

图 11-100 绘制图形

STEP 14 参照上述操作，绘制外星人的鼻子和头发，效果如图 11-101 所示。

STEP 15 选择工具箱中的"贝塞尔工具" 和"椭圆形工具" ，绘制外星人头发。按 Alt+E+M 快捷键弹出【复制属性】对话框，勾选"填充"单选框，单击"确定"按钮，选择上眼睑的颜色，效果如图 11-102 所示。

STEP 16 参照上述操作，绘制另一边的头发，效果如图 11-103 所示。

图 11-101 绘制图形

图 11-102 绘制头发

图 11-103 绘制头发

STEP 17 参照上述操作，导入素材，作为外星人额头和身上的装饰，得到最终效果如图 11-104 所示。

图 11-104 最终效果

11 2 温馨农场 游戏类插画

本农场的设计，以各种动物表明了图画的环境，以远近层次使画面立体感十足；通过疏密有序的排列方式和亮丽的色彩，表现出农场的无限生机。本实例主要运用了矩形工具、贝塞尔工具、椭圆形工具等工具。

文件路径：目标文件 \ 第 11 章 \112\ 温馨农场 .cdr

视频文件：视频 \ 第 11 章 \112 温馨农场 .mp4

难易程度：★★★★☆

STEP 01 执行【文件】|【新建】命令，弹出【创建新文档】对话框，设置"宽度"为 504mm，"高度"为 400mm，单击"确定"按钮。

STEP 02 双击工具箱中的"矩形工具" ，自动生成一个与页面大小一样的矩形，并填充从蓝色（C87，M11，Y0，K0）到白色的线性渐变色，效果如图 11-105 所示。

STEP 03 选择工具箱中的"贝塞尔工具"，绘制白云，分别填充颜色为白色和淡蓝色（C26，M0，Y0，K0），效果如图11-106所示。

图11-105 绘制矩形

图11-106 绘制云朵

STEP 04 选择工具箱中的"椭圆形工具"，按住Ctrl键，绘制正圆，并填充从蓝色（C87，M11，Y0，K0）到淡蓝（C44，M5，Y26，K0）再到黄色（C0，M0，Y52，K0）的椭圆形渐变色，效果如图11-107所示。

STEP 05 再绘制一个正圆，并填充颜色为黄色（C0，M0，Y52，K0）。选中两个椭圆，按C键垂直中心对齐，按E键水平中心对齐，效果如图11-108所示。

STEP 06 选择工具箱中的"贝塞尔工具"，绘制草地，并设置渐变填充为嫩绿（C40，M0，Y69，K6）到绿色（C80，M1，Y100，K0），按"+"键复制一个。单击属性栏中的"水平镜像"按钮，调整至适当位置，效果如图11-109所示。

图11-107 绘制椭圆及渐变效果

图11-108 绘制正圆

图11-109 绘制草地

STEP 07 参照上述操作，绘制另一片草地，效果如图11-110所示。

STEP 08 选择工具箱中的"贝塞尔工具"，绘制风车页。双击图形，将中心点往下移，移动光标至图形右上角，出现旋转箭头时往下拖动，释放的同时单击右键，旋转复制一个。按Ctrl+D快捷键，进行再复制，再运用"贝塞尔工具"绘制风车柱子，分别填充颜色为白色和红色，选中风车复制一个，效果如图11-111所示。

图11-110 绘制草地

图11-111 绘制风车

STEP 09 执行【文件】|【打开】命令，选择素材文件，单击"打开"按钮，选择房子，按Ctrl+C快捷键复制。切换到当前窗口，按Ctrl+V快捷键粘贴，调整好位置，效果如图11-112所示。

STEP 10 选择工具箱中的"贝塞尔工具"，绘制图形，并添加"栅栏"素材。选中栅栏与图形，按"+"键复制一层，并且单击属性栏中的"水平镜像"按钮，放置到适当位置，效果如图11-113所示。

图11-112 添加素材

图11-113 绘制图形及添加素材

STEP 11 选择工具箱中的"贝塞尔工具"，绘制草丛，相应填充渐变色，效果如图11-114所示。

STEP 12 框选图形，按Ctrl+G快捷键键组合图形，复制一层，分别放置到适当位置，效果如图11-115所示。

图11-114 绘制草丛

图11-115 复制草丛

STEP 13 参照前面的操作，再次添加"栅栏"素材，并绘制栅栏阴影，相应填充渐变色，效果如图11-116所示。

STEP 14 参照前面的操作，再次添加"农场内的动物"素材，效果如图11-117所示。

图11-116 绘制图形及添加素材

图11-117 添加动物素材

STEP 15 选择工具箱中的"贝塞尔工具"绘制花瓣，设置轮廓宽度为0.75mm，轮廓颜色为蓝色（C36，M0，Y0，K0），并旋转复制5个。选择工具箱中的"椭圆形工具"绘制花芯，填充颜色为黄色（C0，M0，Y100，K0），并去除轮廓线，效果如图11-118所示。

图 11-118 绘制花朵

STEP 16 框选图形，复制多个，并改变大小，旋转到合适位置，得到最终效果如图 11-119 所示。

图 11-119 最终效果

11 3 海底风景

风景类插画

本例为风景设计，以深蓝色为背景，自由的鱼儿和各种海藻植物为主体，表现出了海底世界的丰富多彩。本实例主要运用了矩形工具、贝塞尔工具、网状填充工具、椭圆形工具等工具。

文件路径：目标文件 \ 第 11 章 \113\ 海景风景 .cdr

视频文件：视频 \ 第 11 章 \113 海景风景 .mp4

难易程度：★ ★ ★ ★ ☆

STEP 01 执行【文件】|【新建】命令，弹出【创建新文档】对话框，设置"宽度"为 280mm，"高度"为 216mm，单击"确定"按钮。

STEP 02 双击工具箱中的"矩形工具" □，自动生成一个与页面大小一样的矩形。按 F11 键，弹出【渐变填充】对话框，设置参数如图 11-120 所示，效果如图 11-121 所示。

STEP 03 执行【文件】|【打开】命令，选择素材文件，单击"打开"按钮，选择海底波浪图形，按 Ctrl+C 快捷键复制。切换到当前窗口，按 Ctrl+V 快捷键粘贴，并放置到适当位置，效果如图 11-122 所示。

STEP 04 选择工具箱中的"贝塞尔工具" ▷，绘制曲线。按 F12 键弹出【轮廓笔】对话框，设置轮廓"颜色"紫色为（R93，G65，B100），其他参数如图 11-123 所示。

图 11-120 填充渐变参数

图 11-121 填充效果

图 11-122 添加素材

图 11-123 轮廓笔参数

STEP 05 框选图形，按 Shift+Ctrl+Q 快捷键，将轮廓转换为对象，效果如图 11-124 所示。

STEP 06 选择工具箱中的"贝塞尔工具" ，绘制图形，并填充线性渐变色，效果如图 11-125 所示。

STEP 07 参照前面的操作，将珊瑚和鱼的素材，粘贴入当前窗口，效果如图 11-126 所示。

图 11-124 绘制 图 11-125 绘制图 图 11-126 添加素
曲线　　　　　 形　　　　　 材

STEP 08 选择工具箱中的"贝塞尔工具" ，绘制鲨鱼身体，填充颜色为青色（R72，G148，B146），选择工具箱中的"网状填充工具" ，进行填色，效果如图 11-127 所示。

STEP 09 参照上述操作，绘制背部鱼鳍，并进行网状填充，效果如图 11-128 所示。

STEP 10 参照上述操作，绘制尾部鱼鳍，并进行网状填充，效果如图 11-129 所示。

图 11-127 绘制图形 图 11-128 绘制鱼 图 11-129 绘制
及网状填充效果　　　　 鳍　　　　　 鱼尾

STEP 11 参照上述操作，绘制腹部鱼鳍，并进行网状填充，效果如图 11-130 所示。

STEP 12 参照上述操作，绘制鱼鳍高光，并进行网状填充，效果如图 11-131 所示。

STEP 13 参照上述操作，绘制鱼嘴，填充紫色（R124，G39，B93），再进行网状填充，效果如图 11-132 所示。

图 11-130 绘制鱼 图 11-131 绘制鱼鳍 图 11-132 绘
鳍　　　　　　　　　　　　　 制鱼嘴

STEP 14 参照上述操作，绘制鱼的舌头，填充水红色（R196，G88，B106），并进行网状填充，效果如图 11-133 所示。

STEP 15 参照上述操作，绘制鱼的牙齿，填充淡紫色（R212，G208，B255），并进行网状填充，效果如图 11-134 所示。

STEP 16 参照上述操作，绘制鱼唇上部，填充红色（R200，G18，B9），并进行网状填充，效果如图 11-135 所示。

图 11-133 绘制 图 11-134 绘制牙 图 11-135 绘制鱼
鱼舌　　　 齿　　　　　 唇

STEP 17 参照上述操作，绘制鱼唇下部，并进行网状填充，效果如图 11-136 所示。

STEP 18 参照上述操作，绘制图形，分别填充淡青色（R82，G138，B160）和青色（R47，G89，B117），效果如图 11-137 所示。

STEP 19 参照上述操作，绘制下鱼鳍，并进行网状填充，效果如图 11-138 所示。

图 11-136 绘制鱼 图 11-137 绘制 图 11-138 绘制鱼
唇　　　　　 图形　　　　 鳍

STEP 20 选择工具箱中的"贝塞尔工具" ，绘制图形，并填充渐变色，效果如图 11-139 所示。

STEP 21 选择工具箱中的"贝塞尔工具" 和"椭圆形工具" 绘制鱼眼，分别填充青色（R47，G89，B117）和从灰色到白色的椭圆形渐渐变色，效果如图 11-140 所示。

STEP 22 选择工具箱中的"椭圆形工具" ，按住 Ctrl 键，绘制多个正圆，分别填充白色，蓝色（R0，G49，B115），对眼瞳进行网状填充，效果如图 11-141 所示。

图 11-139 绘制鱼鳍 图 11-140 绘 图 11-141 绘制
制眼睛　　　 眼珠

STEP 23 参照上述操作，绘另一只眼睛，效果如图 11-142 所示。

STEP 24 框选图形，按 Ctrl+G 快捷键组合图形，并调整至合适位置。单击右键，在弹出的快捷菜单中选择【顺序】|【置于此对象后】，单击小鱼并置于其后，效果如图 11-143 所示。

图 11-142 复制图形

图 11-143 调整图形

STEP 25 选择工具箱中的"贝塞尔工具" ，绘制图形，并进行网状填充，效果如图 11-144 所示。

图 11-144 绘制鱼鳍

STEP 26 按F4键，显示所有物件，选择工具箱中的"选择工具" ，对图形进行调整，得到最终效果如图 11-145 所示。

图 11-145 最终效果

11 4 Happy Holidays

节日类插画

此设计的一大特点是人物比例失调，活泼有趣，以夸张的风格使画面整体充满了娱乐感，让人忍俊不禁。本实例主要运用了矩形工具、贝塞尔工具、椭圆形工具等工具。

文件路径：目标文件 \ 第 11 章 \114\Happy Holidays.cdr

视频文件：视频 \ 第 11 章 \114 Happy Holidays.mp4

难易程度：★ ★ ★ ☆ ☆

STEP 01 执行【文件】|【新建】命令，弹出【创建新文档】对话框，设置"宽度"为 328mm，"高度"为 388mm，单击"确定"按钮。

STEP 02 选择工具箱中的"矩形工具" ，绘制一个宽为 133mm、高为 265mm 的矩形，并填充颜色为粉红色（R246，G147，B205），去除轮廓线，效果如图 11-146 所示。

STEP 03 执行【文件】|【打开】命令，选择素材文件，单击"打开"按钮，选中花纹，按 Ctrl+C 快捷键复制。切换到当前窗口，按 Ctrl+V 快捷键粘贴，效果如图 11-147 所示。

STEP 04 选择工具箱中的"贝塞尔工具" ，绘制图形，分别填充颜色为粉红色（R255，G209，B184）和暗红色（R105，G59，B38），效果如图 11-148 所示。

图 11-146 绘制矩形

图 11-147 导入素材

图 11-148 绘制图形

STEP 05 运用"贝塞尔工具" ，绘制图形，并分别填充颜色为暗红色（R209，G131，B130）、白色、黑色和淡蓝色（R186，G230，B244），效果如图11-149所示。

STEP 06 运用"贝塞尔工具" ，绘制图形，并分别填充颜色为大红色（R170，G8，B10）、白色、黑色和淡蓝色（R186，G230，B244）以及淡红色（R240，G93，B93），效果如图11-150所示。

STEP 07 运用"贝塞尔工具" ，绘制头发，并分别填充颜色为咖啡色（R89，G28，B10）（设置轮廓色为黑色，轮廓宽度为2.5mm），和棕色（R107，G59，B12），效果如图11-151所示。

图11-149 绘制　　图11-150 绘制嘴巴　　图11-151 绘制
眼睛及阴暗部分　　　　　　　　　　　　　头发

技巧点拨

在绘制好不规则图形后，可以使用"形状工具" 对其节点进行调整。

STEP 08 运用"贝塞尔工具" ，绘制帽子，并分别填充相应的颜色，效果如图11-152所示。

STEP 09 运用"贝塞尔工具" ，绘制衣服，并填充颜色为黑色，效果如图11-153所示。

STEP 10 运用"贝塞尔工具" ，绘制衣服颜色，并分别填充颜色为黄色（R168，G128，B82）和棕色（R137，G89，B66），效果如图11-154所示。

图11-152 绘制　　图11-153 绘制衣　　图11-154 绘制衣
帽子　　　　　　　服　　　　　　　　服

STEP 11 运用"贝塞尔工具" ，绘制图形，并分别填充颜色为暗红色（R96，G1，B0）和棕色（R123，G1，B0），效果如图11-155所示。

STEP 12 运用"贝塞尔工具" ，绘制手，并分别填充颜色为棕色（R105，G59，B38）、桃红色（R207，G128，B128）和黄色（R255，G209，B184），效果如图11-156所示。

STEP 13 参照前面操作，添加"酒杯"素材，效果如图11-157所示。

图11-155 绘制衣服　　图11-156 绘　　图11-157
　　　　　　　　　　　制手　　　　　添加素材

STEP 14 参照前面操作，绘制另一只手，效果如图11-158所示。

STEP 15 选择工具箱中的"贝塞尔工具" 绘制脚，分别填充颜色为大红色（R179，G12，B19）、棕色（R105，G61，B42）和黑色，效果如图11-159所示。

STEP 16 运用"贝塞尔工具" ，绘制图形，并填充颜色为灰色（R51，G45，B45）。选择工具箱中的"椭圆形工具" ，绘制椭圆，并填充颜色为灰色（R147，G147，B147），效果如图11-160所示。

图11-158　　图11-159 绘制脚和鞋子　　图11-160 绘制
绘制手　　　　　　　　　　　　　　　曲线和阴影

STEP 17 参照前面的操作，添加文字素材，并整体调整一下图形，得到最终效果如图11-161所示。

图11-161 最终效果

11 5 喜洋洋滑板

动画类插画

本设计以蓝天为背景，以远近两个大小不一的喜羊羊形象为对比，使画面极富层次感；以黄色为地面颜色，有春天与阳光的涵义，寓意美好。本实例主要运用了椭圆形工具、贝塞尔工具、形状工具等工具。

📁 文件路径：目标文件 \ 第 11 章 \115\ 喜洋洋滑板 .cdr

🎬 视频文件：视频 \ 第 11 章 \115 喜洋洋滑板 .mp4

📖 难易程度：★ ★ ☆ ☆ ☆

STEP 01 执行【文件】|【新建】命令，弹出【创建新文档】对话框，设置"宽度"为450mm，"高度"为334mm，单击"确定"按钮。执行【文件】|【打开】命令，选择素材文件，单击"打开"按钮，选择背景素材，按Ctrl+C快捷键复制。切换到当前窗口，按 Ctrl+V 快捷键粘贴，效果如图 11-162 所示。

STEP 02 选择工具箱中的"贝塞尔工具" 🖋，绘制图形，并分别填充颜色为白色和黄色（R250，G219，B177），设置轮廓宽度为1.243mm，效果如图 11-163 所示。

STEP 03 选择工具箱中的"椭圆形工具" ⬭，按住Ctrl键，绘制正圆，分别填充颜色为白色和黑色，设置轮廓宽度为0.806mm，效果如图 11-164 所示。

图 11-162 添加素材

图 11-163 绘制脸型

图 11-164 绘制椭圆

STEP 04 选择工具箱中的"贝塞尔工具" 🖋 和"椭圆形工具" ⬭，绘制鼻子和眉毛，效果如图 11-165 所示。

STEP 05 选择工具箱中的"贝塞尔工具" 🖋，绘制嘴巴，分别填充颜色为黑色和红色（R254，G180，B179），设置轮廓亮度为1.207mm，效果如图 11-166 所示。

STEP 06 选择工具箱中的"贝塞尔工具" 🖋，绘制羊角和耳朵，分别填充颜色为黄色（R250，G219，B177）和棕色（R138，G104，B69），设

置轮廓宽度为 1.056mm，效果如图 11-167 所示。

图 11-165 绘制图形

图 11-166 绘制嘴巴

图 11-167 绘制羊角和耳朵

STEP 07 选择工具箱中的"贝塞尔工具" 🖋，绘制身体和手脚，分别填充颜色为黄色（R250，G219，B177）、白色、蓝色（R40，G66，B123），设置轮廓宽度为0.135mm，效果如图 11-168 所示。

STEP 08 选择工具箱中的"贝塞尔工具" 🖋 和"椭圆形工具" ⬭，绘制铃铛和鞋子，分别填充颜色为白色、蓝色（R40，G66，B123）和黄色（R251，G228，B135），效果如图 11-169 所示。

图 11-168 绘制身体

图 11-169 绘制鞋子

STEP 09 选择工具箱中的"贝塞尔工具" 🖋，绘制滑板，分别填充颜色为黄色（R251，G228，B135）和橙色（R202，G101，B56），效果如图 11-170 所示。

STEP 10 选择工具箱中的"贝塞尔工具" 🖋 和"椭圆形工具" ⬭，绘制滑轮，分别填充颜色为白色、

黄色（R251，G228，B135）和橙色（R202，G101，B56）效果如图 11-171 所示。

STEP 11 选中轮子，按"+"键复制一个，并等比例缩小稍许，放置合适位置，效果如图 11-172 所示。

图 11-170 绘制滑板　图 11-171 绘制轮子　图 11-172 复制轮子

STEP 12 参照上述操作，框选整个喜羊羊滑板图形，复制一个，放置到合适位置，并调整好大小，得到最终效果如图 11-173 所示。

图 11-173 最终效果

11 6 花果飘香

实物类插画

本设计以暖色调的橙色为主，配以绿叶作为点缀，充分体现蔬菜新鲜健康的理念，提示人们可以放心食用。本实例主要运用了椭圆形工具、贝塞尔工具、形状工具等工具。

🧺 文件路径：目标文件 \ 第 11 章 \116\ 花果飘香 .cdr

🎬 视频文件：视频 \ 第 11 章 \116 花果飘香 .mp4

📖 难易程度：★★★☆☆

STEP 01 执行【文件】|【新建】命令，弹出【创建新文档】对话框，设置"宽度"为 500mm，"高度"为 500mm，单击"确定"按钮。

STEP 02 双击工具箱中的"矩形工具" ▣，自动生成一个与页面大小一样的矩形，并填充橙色（C0，M50，Y100，K0）。选择工具箱中的"椭圆形工具" ◯，绘制椭圆，并填充从橙色（C0，M50，Y100，K0）到黄色（C0，M20，Y100，K0）的线性渐变色，效果如图 11-174 所示。

STEP 03 选择工具箱中的"椭圆形工具" ◯，按住 Ctrl 键，绘制两个正圆，分别填充从红色（C0，M100，Y100，K0）到黄色（C0，M0，Y60，K0）的线性渐变色和黄色（C0，M0，Y60，K0）、红色（C0，

M100，Y100，K40），稍微错开后放置，效果如图 11-175 所示。

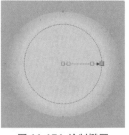 

图 11-174 绘制椭圆　　图 11-175 绘制正圆

STEP 04 按"+"键复制两个，分别填充从黄色（C0，M20，Y100，K0）到橙色（C0，M60，Y100，K0）到白色到橙色到黄色到淡黄色（C0，M0，

Y60，K0）和从淡黄色（C0，M0，Y40，K0）到淡黄色到白色到淡黄色到淡黄的线性渐变色，效果如图 11-176 所示。

STEP 05 执行【文件】|【打开】命令，选择素材文件，单击"打开"按钮，选择"叶子"素材，按 Ctrl+C 快捷键复制。切换到当前窗口，按 Ctrl+V 快捷键粘贴，效果如图 11-177 所示。

STEP 06 选择工具箱中的"贝塞尔工具" 🖎，绘制丝瓜，分别填充颜色为淡绿色（C20，M0，Y60，K0）和从马丁绿（C20，M0，Y60，K20）到墨绿色（C79，M59，Y90，K37）的椭圆形渐变色，效果如图 11-178 所示。

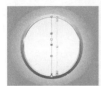

图 11-176 复制正圆　图 11-177 添加素材　图 11-178 绘制丝瓜

技巧点拨

若要将图形迅速对齐到页面中心，可按快捷键 P 实现。

STEP 07 选择工具箱中的"贝塞尔工具" 🖎，绘制图形，分别填充绿色（C32，M10，Y72，K0）和从绿色（C69，M49，Y94，K16）到墨绿色（C85，M60，Y90，K42）的线性渐变色，效果如图 11-179 所示。（中间色值，可根据前后色值进行设置）

STEP 08 选择工具箱中的"贝塞尔工具" 🖎，绘制丝瓜，分别填充颜色为（C63，M71，Y92，K23）、（C43，M52，Y87，K2）、（C0，M20，Y60，K20）和白色，效果如图 11-180 所示。

STEP 09 参照绘制丝瓜的操作方法，绘制辣椒，效果如图 11-181 所示。

图 11-179 绘制图形　图 11-180 绘制瓜蒂　图 11-181 绘制辣椒

STEP 10 选择工具箱中的"椭圆形工具" ⊙，绘制椭圆，并填充颜色为棕色（C0，M60，Y100，K40），效果如图 11-182 所示。

STEP 11 运用"椭圆形工具" ⊙，绘制椭圆，并填充

颜色为棕色（C0，M60，Y100，K30）。按"+"键复制一个，放置到合适位置，效果如图 11-183 所示。

STEP 12 选择工具箱中的"椭圆形工具" ⊙，再绘制一个大一点的椭圆，并填充颜色为棕色（C0，M60，Y100，K30）。按"+"键复制一个，放置到合适位置，效果如图 11-184 所示。

图 11-182 绘制椭圆　图 11-183 绘制椭圆　图 11-184 绘制椭圆

STEP 13 选择工具箱中的"贝塞尔工具" 🖎，绘制图形，并填充颜色为橙色（C0，M60，Y100，K0），效果如图 11-185 所示。

STEP 14 运用"贝塞尔工具" 🖎，绘制高光部分，并填充从橙色（C0，M60，Y100，K0）到黄色（C0，M20，Y100，K0）的线性渐变色，效果如图 11-186 所示。

STEP 15 运用"贝塞尔工具" 🖎，绘制图形，并填充颜色为咖啡色（C0，M70，Y100，K70），效果如图 11-187 所示。

图 11-185 绘制图形　图 11-186 绘制图形及渐变填充效果　图 11-187 绘制椭圆

STEP 16 参照前面的操作方法，绘制图形，并填充颜色为棕色（C0，M60，Y100，K30），效果如图 11-188 所示。

STEP 17 参照前面的操作方法，绘制图形，并填充相应的颜色，效果如图 11-189 所示。

STEP 18 参照前面的操作方法，绘制图形，并填充相应的颜色，效果如图 11-190 所示。

图 11-188 绘制椭圆图 11-189 绘制图形图 11-190 绘制椭圆

STEP 19 参照前面的操作方法，绘制图形，并填充相应的颜色，效果如图 11-191 所示。

STEP 20 选择工具箱中的"贝塞尔工具" 🖎，绘

制南瓜蒂，并填充从墨绿色（C54，M49，Y94，K25）到黄色（C0，M0，Y60，K20）的线性渐变色，效果如图 11-192 所示。

STEP 21 运用"贝塞尔工具" ⬚，绘制图形，并填充黄色（C0，M0，Y60，K20），效果如图 11-193 所示。

图 11-191 绘制椭圆 图 11-192 绘制图形 图 11-193 绘制
图形

STEP 22 运用"贝塞尔工具" ⬚，绘制图形，并填充从墨绿色（C54，M49，Y94，K25）到（C32，M29，Y81，K0）的线性渐变色，效果如图 11-194 所示。

STEP 23 运用"贝塞尔工具" ⬚，绘制图形，分别填充暗绿色（C47，M23，Y100，K63）和黄色（C0，M0，Y60，K20），效果如图 11-195 所示。

STEP 24 运用"贝塞尔工具" ⬚，绘制一条曲线，设置轮廓宽度为 2mm，设置轮廓颜色为褐色（C57，M63，Y93，K9）。按 Shift+Ctrl+Q 快捷键将轮廓转换为对象，选择工具箱中的"形状工具" ⬚ 进行调整，效果如图 11-196 所示。

图 11-194 绘制　图 11-195 绘制　图 11-196 绘制图形
图形　　　　　椭圆

STEP 25 框选图形，按 Ctrl+G 快捷键组合对象，放入适当位置，按 Ctrl+PageDown 快捷键调整图层顺序，效果如图 11-197 所示。

STEP 26 框选图形，按 Ctrl+G 快捷键组合对象，放入适当位置，效果如图 11-198 所示。

图 11-197 调整图层　　　　图 11-198 调整图形

STEP 27 参照前面的操作，添加其他蔬菜素材，并调整好位置，得到最终效果如图 11-199 所示。

图 11-199 最终效果

11 7 花开四季　　　　自然类插画

本设计将五彩缤纷的花朵作为主体，并居中放置，以白色作为背景，简约又清新，突出画面的温馨与柔美。本实例主要运用了矩形工具、贝塞尔工具等工具。

📁 文件路径：目标文件 \ 第 11 章 \117\ 花开四季 .cdr

🎬 视频文件：视频 \ 第 11 章 \117 花开四季 .mp4

📊 难易程度：★★★☆☆

118 快乐春游

儿童类插画

　　快乐春游主要以天蓝、嫩绿、嫩黄三色为主，结合画面人物的衣着装扮；通过人物各自的表情，突出了春天来临之际春游的乐趣。本实例主要运用了矩形工具、贝塞尔工具、椭圆形工具等工具，并使用了"高斯式模糊"命令。

文件路径：目标文件 \ 第 11 章 \118\ 快乐春游 .cdr

视频文件：视频 \ 第 11 章 \118 快乐春游 .mp4

难易程度：★★★☆☆

119 大漠驼影

艺术类插画

　　大漠驼影的制作，以太阳与沙漠为背景，以骆驼为主体，共同表现出沙漠干燥高温、缺少绿色植被的环境状况。本实例主要运用了椭圆形工具、贝塞尔工具等工具，并使用了"图框精确裁剪内部"命令。

文件路径：目标文件 \ 第 11 章 \119\ 大漠驼影 .cdr

视频文件：视频 \ 第 11 章 \119 大漠驼影 .mp4

难易程度：★★★☆☆

工业设计

12**3**

12**6**

12**4**

本章内容

生活的工业化和数字化使得更多的工业产品诞生,工业设计这一领域也逐渐发展并壮大起来。本章以工业设计为主要内容,通过对几个实例的分析和制作来体现现代工业与高科技数字为生活带来的便捷,并充分展示现代文明的风采。

12**7**

12**5**

12**8**

120 摄像机

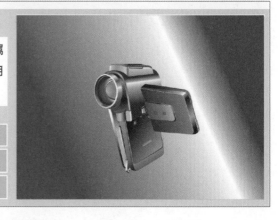

此摄像机的设计，以银色为基调，赋予产品金属质感，并体现出其对现代科技的诠释。本实例主要运用了矩形、贝塞尔、椭圆形等工具。

文件路径：目标文件 \ 第 12 章 \120\ 摄像机 .cdr

视频文件：视频 \ 第 12 章 \120 摄像机 .mp4

难易程度：★ ★ ★ ★ ☆

STEP 01 执行【文件】|【新建】命令，弹出【创建新文档】对话框，设置"宽度"为 210mm，"高度"为 297mm，单击"确定"按钮。

STEP 02 选择工具箱中的"贝塞尔工具" 绘制摄像机的整体形状，填充颜色为黑色，并去除轮廓线，效果如图 12-1 所示。

STEP 03 运用"贝塞尔工具" 绘制像机顶部，并填充如图 12-2 所示渐变色。

图 12-1 绘制图形　　　　图 12-2 渐变参数

STEP 04 单击"确定"按钮，效果如图 12-3 所示。

图 12-3 渐变效果

STEP 05 运用"贝塞尔工具" 绘制图形，并填充如图 12-4 所示渐变色。

STEP 06 单击"确定"按钮，效果如图 12-5 所示。

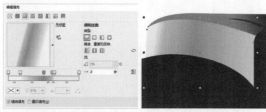

图 12-4 渐变参数　　　　图 12-5 渐变效果

STEP 07 运用"贝塞尔工具" 绘制图形，并分别填充灰白渐变色（可以在图 12-4 的基础上更改参数），和深色一点的灰色渐变色，效果如图 12-6 所示。

STEP 08 "运用贝塞尔工具" 绘制图形，并分别填充颜色为灰色（C0，M0，Y0，K90）和黑色，效果如图 12-7 所示。

STEP 09 运用"贝塞尔工具" 绘制图形，并填充灰白渐色，效果如图 12-8 所示。

图 12-6 渐变参数　图 12-7 渐变效果　图 12-8 绘制图形

STEP 10 运用"贝塞尔工具" 绘制图形，并填充如图 12-9 所示渐变参数，效果如图 12-10 所示。

STEP 11 运用"贝塞尔工具" 绘制图形，并填充从灰到白到灰到白的渐变色，效果如图 12-11 所示。

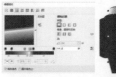

图 12-9 渐变参数　图 12-10 渐变效果　图 12-11 绘制图形

STEP 12 运用"贝塞尔工具" 绘制细丝图形，并填充灰白渐变色，效果如图 12-12 所示。

STEP 13 运用"贝塞尔工具" 绘制图形，并填充如图 12-13 所示渐变色，效果如图 12-14 所示。

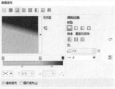

图 12-12 绘制
图形
图 12-13 渐变参数
图 12-14 渐变效果 

STEP 14 运用"贝塞尔工具"绘制图形，并填充如图 12-15 所示渐变色，效果如图 12-16 所示。

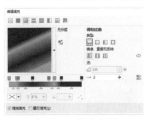

图 12-15 渐变参数
图 12-16 渐变效果

STEP 15 运用"贝塞尔工具"绘制图形，并填充如图 12-17 所示渐变色，效果如图 12-18 所示。

图 12-17 渐变参数
图 12-18 渐变效果

STEP 16 运用"椭圆形工具"绘制椭圆，按"+"键复制一个，并等比例缩小。选中两个椭圆，单击属性栏中的"修剪"按钮，并填充灰白渐变色，效果如图 12-19 所示。

STEP 17 参照上述操作，绘制椭圆，并单击属性栏中的"修剪"按钮进行修剪，分别填充不同的渐变色，效果如图 12-20 所示。

图 12-19 绘制椭圆及个修剪效果
图 12-20 渐变效果

STEP 18 参照上述操作，绘制椭圆，并单击属性栏中的"修剪"按钮进行修剪，填充如图 12-21 所示渐变色，效果如图 12-22 所示。

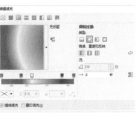

图 12-21 渐变填充参数
图 12-22 渐变效果

STEP 19 参照上述操作，绘制椭圆，并单击属性栏中的"修剪"按钮进行修剪，填充如图 12-23 所示的渐变色。

STEP 20 单击"确定"按钮，选择工具箱中的"贝塞尔工具"绘制两条灰白渐变色图形，效果如图 12-24 所示。

图 12-23 渐变填充参数
图 12-24 渐变效果

STEP 21 运用"贝塞尔工具"绘制侧面，并填充灰白渐变色，效果如图 12-25 所示。

STEP 22 运用"贝塞尔工具"绘制图形，并填充如图 12-26 所示渐变参数。

图 12-25 绘制图形
图 12-26 渐变参数

STEP 23 单击"确定"按钮，效果如图 12-27 所示。

STEP 24 运用"贝塞尔工具"绘制图形，并填充深灰到浅灰的渐变色，效果如图 12-28 所示。

STEP 25 参照上述操作方法，绘制小图形，效果如图 12-29 所示。

图 12-27 绘制图形
图 12-28 绘制图形
图 12-29 绘制图形

STEP 26 选择工具箱中的"矩形工具"，按住 Ctrl 键，绘制正方形，并复制多个。按 Ctrl+G 快捷键组合图形，执行【效果】｜【添加透视】命令，效果如图 12-30 所示。

STEP 27 参照前面的操作方法，选择工具箱中的"贝塞尔工具" 绘制图形，并填充不同的渐变色，效果如图 12-31 所示。

STEP 28 参照前面的操作方法，并填充渐变色，效果如图 12-32 所示。

图 12-30 绘制正方形　　图 12-31 绘制　　图 12-32 绘制
　　　　　　　　　　　　　　　　图形　　　　　　　图形

技巧点拨

对图形的透视角度进行调整时，可应用"添加透视"命令，也可使用"选择工具" 对图形的旋转角度和倾斜角度进行调整，以达到调整对象透视角度的目的。

STEP 29 参照前面的操作方法，选择工具箱中的"贝塞尔工具" 和"椭圆形工具" 绘制小部件，并填充不同的渐变色，效果如图 12-33 所示。

STEP 30 参照前面的操作方法，运用选择工具箱中的"贝塞尔工具" 绘制按钮，效果如图 12-34 所示。

图 12-33 绘制图形　　　　　图 12-34 绘制图形

STEP 31 双击工具箱中的"矩形工具" ，自动生成一个与页面大小一样的矩形，并填充蓝白渐变色作为背景，得到最终效果如图 12-35 所示。

图 12-35 最终效果

技巧点拨

在 CorelDRAW 中，添加透视的命令，只能作用于矢量图上。

12 1 洗衣机 　　　　　　　　　家电类设计

此例设计的洗衣机，以柔和的色彩为背景，突出主体的形态，通过立体放置的方式，展现出该洗衣机的小巧和时尚气质。本实例主要运用了矩形、贝塞尔、椭圆形、透明度、阴影等工具。

文件路径：目标文件 \ 第 12 章 \121\ 洗衣机 .cdr

视频文件：视频 \ 第 12 章 \121 洗衣机 .mp4

难易程度：★ ★ ★ ★ ☆

STEP 01 执行【文件】｜【新建】命令，弹出【创建新文档】对话框，设置"宽度"为 300mm，"高度"为 220mm，单击"确定"按钮。

STEP 02 选择工具箱中的"贝塞尔工具" ，绘制图形，按 F11 键弹出【渐变填充】对话框，设置参数如图 12-36 所示。

STEP 03 单击"确定"按钮，效果如图 12-37 所示。

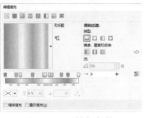

图 12-36 渐变参数 　　图 12-37 渐变效果

STEP 04 按"+"键，复制一层，并填充如图 12-38 所示渐变色。选择工具箱中的"透明度工具" ，在属性栏中设置透明类型为"均匀透明度"，合并模式为"乘"，其他参数默认，效果如图 12-39 所示。

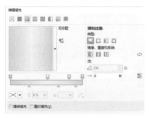
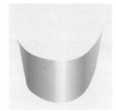

图 12-38 渐变参数 　　图 12-39 透明度效果

STEP 05 选择工具箱中的"贝塞尔工具" ，绘制图形，并填充如图 12-40 所示渐变色，效果如图 12-41 所示。

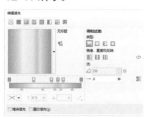

图 12-40 渐变参数 　　图 12-41 渐变效果

STEP 06 运用"贝塞尔工具" ，绘制图形，并填充渐变色，效果如图 12-42 所示。

STEP 07 运用"贝塞尔工具" ，绘制桶耳，并分别填充渐变色和黑色，效果如图 12-43 所示。

图 12-42 绘制图形 　　图 12-43 绘制图形

STEP 08 运用"贝塞尔工具" ，绘制桶前的标识区，并填充渐变色，效果如图 12-44 所示。

STEP 09 运用"贝塞尔工具" ，绘制桶盖，并填充渐变色，效果如图 12-45 所示。

图 12-44 绘制图形 　　图 12-45 绘制图形

STEP 10 运用"贝塞尔工具" ，绘制图形，并填充渐变色，效果如图 12-46 所示。

STEP 11 运用"贝塞尔工具" ，绘制图形，并分别填充渐变色和不同灰度的黑色，效果如图 12-47 所示。

图 12-46 绘制图形 　　图 12-47 绘制图形

STEP 12 按快捷键 F2，可放大物件的显示比例。

STEP 13 运用"贝塞尔工具" ，绘制图形，并填充颜色为灰色（C76，M69，Y67，Y30），按"+"键复制一层，移开作备用，效果如图 12-48 所示。

STEP 14 运用"贝塞尔工具" ，绘制图形，填充颜色为黑色，设置透明度为 56，效果如图 12-49 所示。

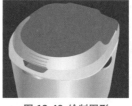

图 12-48 绘制图形 　　图 12-49 绘制图形

STEP 15 运用"贝塞尔工具" ，绘制图形，填充颜色为黑色，设置透明度为 56，效果如图 12-50 所示。

STEP 16 运用"贝塞尔工具" ，绘制图形，并填充白蓝渐变色，效果如图 12-51 所示。

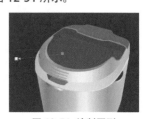

图 12-50 绘制图形 　　图 12-51 绘制图形

STEP 17 选中备用图形，并填充如图 12-52 所示渐变色，设置透明度为 56。按 Ctrl+PageDown 快捷键调整图层顺序，效果如图 12-53 所示。

图 12-52 渐变填充参数

图 12-53 绘制图形

STEP 18 选择工具箱中的"贝塞尔工具"，绘制曲线，设置轮廓宽度为 0.5mm。按 Shift+Ctrl+Q 快捷键键，将轮廓转换为对象，选择工具箱中的"形状工具"进行调整，并填充渐变色，同时将后盖复制一层，并填充颜色为灰色（R229，G229，B229），效果如图 12-54 所示。

STEP 19 选择工具箱中的"贝塞尔工具"，绘制图形，并填充渐变色，效果如图 12-55 所示。

图 12-54 绘制图形

图 12-55 绘制图形

STEP 20 选择工具箱中的"贝塞尔工具"，绘制图形，填充任色。选择工具箱中的"阴影工具"在图形上拖动，在属性栏中设置阴影的不透明度为 75，其它默认。按 Ctrl+K 快捷键拆分阴影组，删去不要的部分，效果如图 12-56 所示。

STEP 21 参照上述操作，添加其他阴影，效果如图 12-57 所示。

图 12-56 绘制图形

图 12-57 绘制图形

STEP 22 选择工具箱中的"椭圆工具"，绘制椭圆并填充渐变色，效果如图 12-58 所示。

STEP 23 按"+"键复制一个，按住 Shift 键，将光标移到图形右上方，出现双向箭头后，往内拖动，并填充渐变色。选中两个椭圆，按 T 键上对齐，效果如图 12-59 所示。

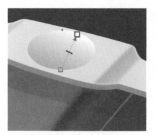
图 12-58 绘制椭圆

图 12-59 复制图形

STEP 24 选中最上层的椭圆，执行【位图】|【转换为位图】命令，再执行【位图】|【模糊】|【高斯式模糊】命令，设置模糊半径为 3 像素，效果如图 12-60 所示。

STEP 25 选择工具箱中的"椭圆形工具"绘制椭圆，并填充渐变色，效果如图 12-61 所示。

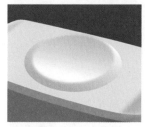
图 12-60 高斯式模糊效果

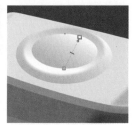
图 12-61 绘制椭圆

STEP 26 执行【文件】|【导入】命令，选择素材文件，单击"导入"按钮，调整好位置后，效果如图 12-62 所示。

STEP 27 选择工具箱中的"贝塞尔工具"，绘制图形，填充渐变色，效果如图 12-63 所示。

图 12-62 导入素材

图 12-63 绘制图形

技巧点拨

按快捷键 Ctrl+8，可将字体大小增加为下一个点数。

STEP 28 按"+"键复制一层，并填充为白色，按 Ctrl+PageDown 快捷键向下调整一层，并按方向键，向右上方移动稍许，效果如图 12-64 所示。

STEP 29 选择工具箱中的"文本工具"，输入文字，参照上述操作，填充渐变色，再复制一层，效果如图 12-65 所示。

图 12-64 绘制椭圆

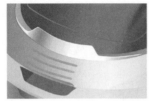
图 12-65 输入文字

STEP 30 选择工具箱中的"贝塞尔工具" ![icon]，绘制图形，并填充黑色，效果如图 12-66 所示。

STEP 31 运用"贝塞尔工具" ![icon]，绘制图形；选择工具箱中的"阴影工具" ![icon]，添加阴影，在阴影属性栏中设置阴影透明度为 80，羽化为 50，效果如图 12-67 所示。

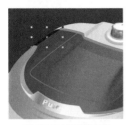

图 12-66 绘制图形

图 12-67 阴影效果

STEP 32 按 Ctrl+K 快捷键拆分阴影，删去不要的部分。按 Shift+PageDown 快捷键调整到最下层，作为洗衣机的阴影，并添加适当的背景色，得到最终效果如图 12-68 所示。

图 12-68 最终效果

12 2 MP4　数码类设计

　　MP4 的设计，以流线型的外观突出主体审美大方的特点，以英文标志展现出该产品的品牌形象，让消费者能够轻松选购。本实例主要运用了矩形工具、贝塞尔工具、椭圆形工具、阴影工具、文本工具等，并使用了"图框精确裁剪内部"和"添加透视"命令。

🗁 文件路径：目标文件 \ 第 12 章 \122\MP4.cdr

🎬 视频文件：视频 \ 第 12 章 \122 MP4.

📦 难易程度：★ ★ ★ ★ ☆

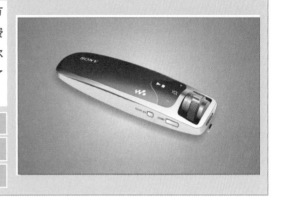

STEP 01 执行【文件】|【新建】命令，弹出【创建新文档】对话框，设置"宽度"为 400mm，"高度"为 250mm，单击"确定"按钮。

STEP 02 选择工具箱中的"贝塞尔工具" ![icon]，绘制图形，按 F11 键弹出【渐变填充】对话框，设置参数如图 12-69 所示。

图 12-69 渐变参数　　　　图 12-70 渐变效果

STEP 03 单击"确定"按钮，并添加 0.5mm 的轮廓宽度，轮廓颜色为灰色（C0、M0、Y0、K50），效果如图 12-70 所示。

STEP 04 选择工具箱中的"贝塞尔工具"，绘制图形，并填充渐变色，效果如图 12-71 所示。

STEP 05 运用"贝塞尔工具"，绘制图形，填充颜色为黑色。选择工具箱中的"透明度工具"在图形上拖动，效果如图 12-72 所示。

图 12-71 绘制图形   图 12-72 透明度效果

STEP 06 运用"贝塞尔工具"，绘制图形，并填充渐变色，效果如图 12-73 所示。

STEP 07 运用"贝塞尔工具"，绘制图形，并填充渐变色，效果如图 12-74 所示。

STEP 08 运用"贝塞尔工具"，绘制图形，并填充渐变色，效果如图 12-75 所示。

图 12-73 绘制图形   图 12-74 绘制图形   图 12-75 绘制图形

STEP 09 运用"贝塞尔工具"，绘制图形，并填充渐变色，效果如图 12-76 所示。

STEP 10 运用"贝塞尔工具"，绘制图形，并填充渐变色，效果如图 12-77 所示。按"+"键复制一层，选择工具箱中的"形状工具"稍作调整，并填充渐变色，效果如图 12-78 所示。

图 12-76 绘制图形   图 12-77 绘制图形   图 12-78 绘制图形

STEP 11 选择工具箱中的"贝塞尔工具"，绘制图形，并填充渐变色。选择工具箱中的"透明度工具"隐去上面部分，使之柔和的过渡，效果如图 12-79 所示。选择工具箱中的"贝塞尔工具"，绘制图形，并填充颜色为黑色，效果如图 12-80 所示。

STEP 12 选择工具箱中的"矩形工具"和"多边形工具"绘制图形，填充为白色。选择工具箱中的"文本工具"，输入文字，效果如图 12-81 所示。

图 12-79 绘制图形   图 12-80 绘制图形   图 12-81 绘制图形及输入文字

STEP 13 选择工具箱中的"贝塞尔工具"，绘制图形，并填充相应线性渐变色，效果如图 12-82 所示。

STEP 14 选择工具箱中的"矩形工具"绘制一个长条矩形，并填充颜色为黑色。左键拖动矩形，释放的同时单击右键复制一个，按 Ctrl+D 快捷键进行再复制，效果如图 12-83 所示。

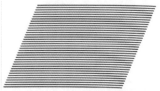

图 12-82 绘制图形   图 12-83 绘制矩形条

技巧点拨

复制矩形时要注意图形之间的距离，可以按下键盘上的方向键调整相关的间距。

STEP 15 框选图形，按 Ctrl+G 快捷键组合对象，按"+"键复制两层，并分别填充颜色为灰色（C47，M38，Y36，K0）和白色，稍微交错放置。组合图形，旋转一定的角度，单击右键拖动至刚刚绘制的图形内，在弹出的快捷菜单中选择"图框精确裁剪内部"，效果如图 12-84 所示。

STEP 16 选择工具箱中的"贝塞尔工具"，绘制图形，并填充渐变色；按 Ctrl+Pagedown 快捷键调整图层顺序，效果如图 12-85 所示。

图 12-84 复制图形及精确裁剪效果   图 12-85 绘制图形   图 12-86 绘制椭圆及透明度效果

STEP 17 选择工具箱中的"椭圆形工具"◎绘制椭圆，并填充渐变色，设置轮廓宽度为 0.5mm，颜色为（C0，M0，Y 0，K70），选择工具箱中的"透明度工具"隐去椭圆下部分，效果如图 12-86 所示。

STEP 18 参照上述相同的操作方法，绘制另一个滚轮，效果如图 12-87 所示。

STEP 19 选择工具箱中的"贝塞尔工具"，绘制图形，并填充渐变色，效果如图 12-88 所示。

STEP 20 选择工具箱中的"贝塞尔工具"，绘制图形，并填充渐变色，效果如图 12-89 所示。

图 12-87 绘制图　图 12-88 绘制图　图 12-89 绘制图形
　　形　　　　　　形

STEP 21 选择工具箱中的"矩形工具"◻，绘制矩形，在属性栏中设置转角半径为 1.5mm，填充渐变色，等比例缩小复制一个并改变渐变色。选择工具箱中的"文本工具"输入文字，全选矩形和文字，按 Ctrl+G 快捷键组合图形。执行【效果】|【添加透视】命令，调整图形，效果如图 12-90 所示。

STEP 22 选择工具箱中的"贝塞尔工具"，绘制一条弧线，选择工具箱中的"文本工具"，在曲线上单击并输入文字。选中文字，按 Ctrl+K 快捷键拆分路径上的文字，删去弧线，并为其填渐变色。按"+"键复制一层，改变渐变色，稍微与下层文字偏移一点，效果如图 12-91 所示。

STEP 23 执行【文件】|【导入】命令，选择素材文件，单击"导入"按钮，导入接口，效果如图 12-92 所示。

图 12-90 绘制圆角　图 12-91 绘制　图 12-92 导
　　矩形　　　　　图形　　　　入素材

STEP 24 选择工具箱中的"贝塞尔工具"，绘制图形，并填充渐变色，效果如图 12-93 所示。

STEP 25 运用"贝塞尔工具"，绘制图形，并填充渐变色，效果如图 12-94 所示。

STEP 26 选择工具箱中的"矩形工具"◻，绘制矩形，在属性栏中设置转角半径为 1mm，并填充渐变色，效果如图 12-95 所示。

图 12-93 绘　图 12-94 绘制图　图 12-95 绘制圆角矩
制图形　　　　形　　　　　　形

技巧点拨

圆角半径的设置，可以直接运用"形状工具"，拖动矩形四角上的小黑框实现。

STEP 27 按"+"键复制一层，并等比例缩小，更改渐变色，效果如图 12-96 所示。

STEP 28 选择工具箱中的"贝塞尔工具"，绘制图形，并填充颜色为黑色，并精确裁剪到矩形内，效果如图 12-97 所示。

STEP 29 框选图形，按 Ctrl+G 快捷键组合对象，按 Shift+Pagedown 快捷键，放到最下层，效果如图 12-98 所示。

图 12-96 复制图形　图 12-97 绘制图　图 12-98 调整图
　　　　　　　　　形　　　　　　层

STEP 30 打开素材文件，复制索尼的标志和文字，切换到当前窗口进行粘贴，并调整好位置，效果如图 12-99 所示。

图 12-99 添加素材

STEP 31 选择工具箱中的"阴影工具"◻，在 MP4 的侧面拖动，在属性栏中设置阴影的不透明度为 50，羽化为 10，再添加红白色渐变的背景色，得到最终效果如图 12-100 所示。

图 12-100 最终效果

12 3 耳机

硬件类设计

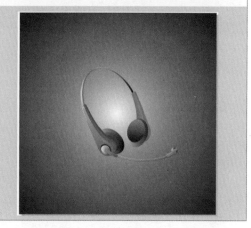

耳机的设计，以蓝色为主调，丰富了产品的外形形象。本实例主要运用了矩形工具、贝塞尔工具、椭圆形工具、透明度工具等工具。

🖼 文件路径：目标文件 \ 第 12 章 \123\ 耳机 .cdr

🎬 视频文件：视频 \ 第 12 章 \123 耳机 .mp4

📖 难易程度：★ ★ ★ ★ ☆

STEP 01 执行【文件】|【新建】命令，弹出【创建新文档】对话框，设置"宽度"为 200mm，"高度"为 200mm，单击"确定"按钮。

STEP 02 选择工具箱中的"贝塞尔工具"🖊，绘制曲线，设置轮廓宽度为 0.8mm，按 shift+Ctrl+Q 快捷键将轮廓转换为对象。填充颜色为蓝灰色（C46，M34，Y31，K17），效果如图 12-101 所示。

STEP 03 按"+"键复制一层，并填充渐变色。选择工具箱中的"透明度工具"🖊，在属性栏中设置透明度为 70，效果如图 12-102 所示。

STEP 04 选择工具箱中的"贝塞尔工具"🖊，绘制图形，并填充渐变色，效果如图 12-103 所示。

图 12-101 绘制曲 图 12-102 渐变效 图 12-103 绘制
线　　　　　果　　　　　图形

STEP 05 运用"贝塞尔工具"🖊，绘制图形，并填充渐变色，效果如图 12-104 所示。

STEP 06 运用"贝塞尔工具"🖊，绘制图形，并分别填充浅蓝（C91，M23，Y0，K0）和蓝色（C96，M55，Y2，K0），效果如图 12-105 所示。

STEP 07 框选蓝色图形，按"+"键复制一层。单击属性栏中的"合并"按钮🔲，并填充黑色渐变色，设置透明度为 80，效果如图 12-106 所示。

STEP 08 选择工具箱中的"椭圆形工具"🔵绘制椭圆，并填充从灰色（C0，M0，Y0，K20）到黑色的渐变，效果如图 12-107 所示。

图 12-104 渐变效果 图 12-105 图 12-106 图 12-107
　　　　　　绘制图形 复制图形及 绘制椭圆
　　　　　　　　　　修剪效果

STEP 09 按"+"键复制一个，并等比例缩小，填充黑灰渐变色，调整至适当位置，效果如图 12-108 所示。

STEP 10 运用"贝塞尔工具"🖊，绘制图形，并填充颜色为蓝色（C94，M49，Y9，K3），效果如图 12-109 所示。运用"贝塞尔工具"🖊，绘制图形，并填充渐变色，设置透明度为 80，效果如图 12-110 所示。

图 12-108 复 图 12-109 绘制图形 图 12-110 绘制
制椭圆　　　　　　　　　　　　　　图形

STEP 11 运用"贝塞尔工具"🖊，绘制图形，并填充渐变色，效果如图 12-111 所示。

STEP 12 框选蓝色图形，按"+"键复制一层。单击属性栏中的"合并"按钮🔲，并填充黑色渐变色，设置透明度为 80，效果如图 12-112 所示。

STEP 13 运用"贝塞尔工具" ，绘制图形，填充颜色白色，分别设置透明度为50和80，效果如图12-113所示。

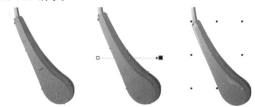

图12-111 绘制图形　　图12-112 复制图形及透明度效果　　图12-113 绘制高光

STEP 14 选择工具箱中的"椭圆形工具" ，绘制椭圆，并填充从灰色（C0，M0，Y0，K30）到黑色（C94，M89，Y86，K78）的渐变，效果如图12-114所示。

STEP 15 等比例缩小复制一个，并填充渐变色，效果如图12-115所示。

STEP 16 等比例缩小复制一个，并填充颜色为蓝色（C94，M62，Y38，K38），效果如图12-116所示。

图12-114 绘制椭圆　　图12-115 绘制图形　　图12-116 绘制图形

STEP 17 选择工具箱中的"贝塞尔工具" ，绘制图形，填充黑白渐变色，效果如图12-117所示。

STEP 18 框选图形，按Shift+Pagedown快捷键，调至最后一层，调整至合适位置；再运用贝塞尔工具 ，绘制图形，填充颜色为白色，设置透明度为70，效果如图12-118所示。

STEP 19 选择工具箱中的"椭圆形工具" 绘制椭圆，填充颜色为黑色，等比例缩小复制一个，并填充渐变色，效果如图12-119所示。

图12-117 复制图形　　图12-118 调整图层顺序　　图12-119 绘制椭圆

STEP 20 按"+"键复制一个，并填充灰白渐变色，选择工具箱中的"贝塞尔工具" 绘制高光部分，填充颜色为白色，效果如图12-120所示。

STEP 21 选择工具箱中的"贝塞尔工具" 和"椭圆形工具" 绘制图形，并分别填充白色（设置透明度为30，椭圆形为50）、绿色（C58，M23，Y98，K7）和黑色（设置透明度为50），效果如图12-121所示。

STEP 22 选中绿色图形，按"+"键复制一层；按Shift+PageUp快捷键调至最上层，并填充灰黑渐变色，设置透明度为70，效果如图12-122所示。

图12-120 复制图形　　图12-121 绘制图形　　图12-122 复制图形

技巧点拨

　按Shift+PageDown快捷键，可将对象放置到最下层。

STEP 23 选择工具箱中的"贝塞尔工具" ，绘制曲线，设置轮廓宽度为2mm，按Shift+Ctrl+Q快捷键将轮廓转换为对象，并填充渐变色，效果如图12-123所示。

STEP 24 选择工具箱中的"贝塞尔工具" 和"椭圆形工具" ，在曲线的尾部绘制图形，并填充渐变色，效果如图12-124所示。

STEP 25 选中较大的图形，按"+"键复制一层；选择工具箱中的"形状工具" ，调整图形上部分，并填充从绿色到黑色的渐变色，设置透明度为50，效果如图12-125所示。

图12-123 绘制图形　　图12-124 绘制图形　　图12-125 复制并调整图形

STEP 26 选择工具箱中的"贝塞尔工具" ，绘制图形，分别填充颜色为绿色（C43，M0，Y96，K0）和从白色到黑色的渐变色（设置透明度为50），效果如图12-126所示。

STEP 27 选中绿色图形，按"+"键复制一层，并填充从灰到黑的渐变色，设置透明度为30，效果如图12-127所示。

STEP 28 双击工具箱中的"矩形工具" ，自动生成一个与页面大小一样的矩形，并填充渐变色，得到最终效果如图12-128所示。

图 12-126 绘制图形　　图 12-127 绘制图形

图 12-128 最终效果

124 豆浆机

家电类设计

此设计运用流线结构和灰色背景，配上淡淡的光线效果，充分表现出了豆浆机的金属质感。本实例主要运用了矩形工具、贝塞尔工具、椭圆形工具、形状工具等工具。

文件路径：目标文件 \ 第 12 章 \124\ 豆浆机 .cdr

视频文件：视频 \ 第 12 章 \124 豆浆机 .mp4

难易程度：★ ★ ★ ★ ☆

STEP 01 执行【文件】|【新建】命令，弹出【创建新文档】对话框，设置"宽度"为 400mm，"高度"为 300mm，单击"确定"按钮。

STEP 02 选择工具箱中的"贝塞尔工具"，绘制图形，填充相应的线性渐变色，效果如图 12-129 所示。

STEP 03 参照上述方法，绘制图形，并填充渐变色，效果如图 12-130 所示。

STEP 04 选中上层图形，按"+"键复制一层，并填充渐变色，运用方向键向右下角移动稍许，效果如图 12-131 所示。

STEP 05 选择工具箱中的"贝塞尔工具"，绘制图形，并填充渐变色，效果如图 12-132 所示。

STEP 06 运用"贝塞尔工具"，绘制图形，并填充渐变色，效果如图 12-133 所示。

技巧点拨

需要对图形进行渐变填充时，按 G 键切换到"交互式填充工具"，在图形上拖动，在属性栏中的"填充类型"中选择"线性渐变填充"，然后在调色板上拖动相应的色块至虚线上即可。

图 12-129 绘制图形

图 12-130 绘制图形

图 12-131 绘制图形

STEP 07 运用"贝塞尔工具" ，绘制图形，并填充颜色为灰色（C50，M33，Y30，K0），效果如图12-134所示。

图12-132 绘制图形　　图12-133 绘制图形　　图12-134 绘制图形

STEP 08 运用"贝塞尔工具" ，绘制图形，并填充颜色为黑色。按"+"键复制一层，并填充渐变色，运用方向键向上移动稍许，效果如图12-135所示。

STEP 09 运用"贝塞尔工具" 和"椭圆形工具" ，在豆浆机左上角绘制按钮，并分别填充渐变色，效果如图12-136所示。

图12-135 绘制图形　　　　图12-136 绘制按钮

STEP 10 运用"贝塞尔工具" ，绘制图形，并填充渐变色，效果如图12-137所示。

STEP 11 运用"贝塞尔工具" ，绘制图形，并填充渐变色，效果如图12-138所示。

STEP 12 选择工具箱中的"矩形工具" ，绘制矩形，在属性栏中设置转角半径为0.2mm，轮廓宽度为0.2mm，并旋转一定的角度。按Ctrl+Q快捷键转换为曲线，选择工具箱中的"形状工具" 进行调整。选中轮廓，按Shift+Ctrl+Q快捷键将轮廓转换为对象，并分别填充渐变色，框选图形，复制多个，效果如图12-139所示。

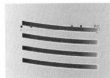

图12-137 绘制图形　　图12-138 绘制图形　　图12-139 绘制矩形

STEP 13 选择工具箱中的"贝塞尔工具" 和"椭圆形工具" 绘制图形，并分别填充渐变色，效果如图12-140所示。

STEP 14 选择工具箱中的"矩形工具" ，绘制图形，并填充渐变色，按Shift+PageDown快捷键调整至最下层，效果如图12-141所示。

STEP 15 参照上述操作，绘制上部分，并复制整个图形，效果如图12-142所示。

图12-140 绘制椭圆　　图12-141 绘制图形　　图12-142 复制图形

STEP 16 选择工具箱中的"贝塞尔工具" 和"椭圆形工具" ，绘制图形，并分别填充渐变色，效果如图12-143所示。

STEP 17 选择工具箱中的"椭圆形工具" ，绘制椭圆形，并填充渐变色，效果如图12-144所示。

图12-143 绘制图形　　　　图12-144 绘制椭圆

STEP 18 按"+"键复制一层，并稍微改小宽度，填充颜色为黑色，效果如图12-145所示。

STEP 19 按"+"键复制一层，并稍微改小宽度和高度，填充渐变色，效果如图12-146所示。

图12-145 复制椭圆　　　　图12-146 复制椭圆

STEP 20 选择工具箱中的"贝塞尔工具" ，绘制桶身，并填充渐变色，效果如图12-147所示。

STEP 21 选择工具箱中的"椭圆形工具" ，绘制桶口，并填充渐变色，效果如图12-148所示。

图12-147 绘制图形　　　　图12-148 绘制椭圆

STEP 22 按"+"键复制一层，运用方向键向上移动稍许，并改变渐变色，效果如图12-149所示。

STEP 23 按"+"键复制两层，并等比例缩小，稍微错开放置。选中两图形，单击属性栏中"修剪"按钮 ，删去不要的部分，并填充渐变色，效果如图12-150所示。

STEP 24 选中椭圆，按"+"键复制一层，等比例缩小，并填充渐变色，效果如图 12-151 所示。

图 12-149　　图 12-150 复制图形　图 12-151 复制图形
复制椭圆

STEP 25 执行【文件】|【导入】命令，选择素材文件，单击"导入"按钮，导入开关。双击工具箱中的"矩形工具"，并填充从深灰色到灰色渐变色，得到最终效果如图 12-152 所示。

图 12-152 最终效果

12 5 闹钟

家居装饰类设计

　　此例设计的是闹钟，以阴影的添加增强了画面的立体，突显其真实感；通过清晰的刻度，体现出该闹钟的精确性。本实例主要运用了椭圆形工具、矩形工具、贝塞尔工具、透明度工具等工具，并使用了"图框精确裁剪内部"命令。

文件路径：目标文件 \ 第 12 章 \125\ 闹钟 .cdr

视频文件：视频 \ 第 12 章 \125 闹钟 .mp4

难易程度：★ ★ ★ ★ ☆

STEP 01 执行【文件】|【新建】命令，弹出【创建文档】对话框，设置"宽度"为 600mm，"高度"为 600mm，单击"确定"按钮。

图 12-153 填充渐变参数　　图 12-154 绘制正圆

STEP 02 选择工具箱中的"椭圆形工具"，按住 Ctrl 键，绘制一个正圆。按"+"键复制一个，按住 Shift 键，将光标移到图形右上角，出现双向箭头时，往内拖动，并等比例缩小椭圆。选中两个椭圆，单击属性栏中的"修剪"按钮，选中外圆环，

按 F11 键弹出【渐变填充】对话框，设置参数如图 12-153 所示，效果如图 12-154 所示。

STEP 03 选中内圆，填充渐变色，按"+"键复制一层，移开作备用，效果如图 12-155 所示。

STEP 04 按"+"键复制一层，选择工具箱中的"贝塞尔工具"，绘制图形。选中复制的图形和绘制的图形，单击属性栏中的"修剪"按钮，删去不要的图形，并改变渐变色，效果如图 12-156 所示。

STEP 05 选中备用的椭圆，按 Shift+PageUp 快捷键调至最上层，设置轮廓宽度为 1.5mm，无填充色，复制一层并等比例缩小。选中两个圆，单击属性栏中的"修剪"按钮，删去中间圆，选择工具箱中的"贝塞尔工具"绘制直线，设置轮廓宽度为 0.5mm。框选所有图形，按 C 键垂直中心对齐，按 E 键水平中心对齐。框选除直线外的所有图形，按

Alt+A+L 快捷键锁定图形，效果如图 12-157 所示。

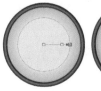

图 12-155 复制正　图 12-156 绘制图　图 12-157 绘制椭
圆　　　　　　形　　　　　　圆及直线

STEP 06 按 Alt+F8 快捷键，打开"旋转"泊坞窗，设置参数如图 12-158 所示。

STEP 07 单击"应用"按钮，框选图形，按 Ctrl+G 快捷键组合对象，按 Alt+A+J+Enter 快捷键解除锁定，效果如图 12-159 所示。

STEP 08 单击右键拖动图形至圆环内，释放后在弹出的快捷菜单中选择"图框精确裁剪内部"。按住 Ctrl 键，双击图形，进入图框内进行编辑，单击右键，选择"结束编辑"，效果如图 12-160 所示。

图 12-158 旋转　图 12-159 旋转复制　图 12-160 图框精
参数　　　　　　图形　　　　　　确裁剪内部

STEP 09 选择工具箱中的"多边形工具"，在属性栏中设置边数为 3，在图形中绘制，并填充颜色为黑色。参照前面的操作方法旋转复制 12 个，效果如图 12-161 所示。

STEP 10 选择工具箱中的"文本工具"，输入文字，设置字体为"华文中宋"，大小为 60，效果如图 12-162 所示。

STEP 11 选中文字和小格子，等比例缩小复制，去除轮廓线，效果如图 12-163 所示。

图 12-161 旋转　图 12-162 输入　图 12-163 复制图形
复制三角形　　　文字

STEP 12 选择工具箱中的"椭圆形工具"和"多边形工具"绘制表针，并填充颜色为棕色（C33，M53，Y56，K60），效果如图 12-164 所示。

STEP 13 选择工具箱中的"椭圆形工具"绘制正圆，填充颜色为黑色。按"+"键复制一个，等比例缩小，并填充椭圆形渐变，效果如图 12-165 所示。

STEP 14 选择工具箱中的"贝塞尔工具"绘制大表针，填充颜色为黑色。选中两个图形，按"+"键复制一层，并填充颜色为淡绿色（C10，M5，Y17，K11）。按 Ctrl+Pagedown 快捷键调整图层顺序，效果如图 12-166 所示。

图 12-164 绘制　图 12-165 绘制　图 12-166 绘制图
图形　　　　　　正圆　　　　　　形

STEP 15 选择工具箱中的"贝塞尔工具"绘制图形，并分别填充颜色为黑色和从黑色到灰色的渐变色，效果如图 12-167 所示。

STEP 16 运用"贝塞尔工具"绘制图形，分别填充渐变色，效果如图 12-168 所示。

STEP 17 运用"贝塞尔工具"绘制图形，并填充渐变色，效果如图 12-169 所示。

图 12-167 绘制图形　图 12-168 绘制　图 12-169 绘制
图形　　　　　　　　图形

STEP 18 框选图形，按 Ctrl+G 快捷键组合图形，并复制一个。单击属性栏中的"水平镜像"按钮，放置到适当位置，效果如图 12-170 所示。选择工具箱中的"椭圆形工具"和"矩形工具"绘制图形，并分别填充渐变色，效果如图 12-171 所示。

STEP 19 选择工具箱中的"贝塞尔工具"绘制图形，并填充颜色为黑色，效果如图 12-172 所示。

图 12-170 复制及　图 12-171 绘　图 12-172 绘制图形
水平镜像图形　　制图形

STEP 20 选择工具箱中的"矩形工具"绘制长条矩形，并填充渐变色，在属性栏中设置转角半径为 2mm，等比例缩小复制一个，效果如图 12-173 所示。

STEP 21 选中黑色图形，按"+"键复制一个，并选择工具箱中的"形状工具" 稍微将顶部调窄，填充椭圆形渐变色，效果如图 12-174 所示。

STEP 22 选择工具箱中的"贝塞尔工具" 绘制图形，并分别填充椭圆形渐变色，效果如图 12-175 所示。

图 12-173 绘制 图 12-174 绘制图 图 12-175 绘制图
　　图形　　　　　 形　　　　　　形

STEP 23 框选图形，按"+"键复制一个。单击属性栏中的"水平镜像"按钮 ，相应改变高光部分，效果如图 12-176 所示。

STEP 24 选择工具箱中的"贝塞尔工具" ，绘制图形，填充颜色为白色。选择工具箱中的"轮廓图工具" ，在图形上往外拖动，在属性栏中设置步长为6，轮廓图偏移为 0.5mm，效果如图 12-177 所示。

STEP 25 选择工具箱中的"选择工具" 将图形移到合适位置，并调整图层顺序，效果如图 12-178 所示。

图 12-176 复制图形 图 12-177 轮廓图 图 12-178 调
　　　　　　　　　 效果　　　　　整位置

STEP 26 选择工具箱中的"贝塞尔工具" 和"矩形工具" 绘制图形，并分别填充渐变色和黑色，效果如图 12-179 所示。

STEP 27 选择工具箱中的"矩形工具" ，绘制图形，并填充渐变色，效果如图 12-180 所示。

STEP 28 选择工具箱中的"贝塞尔工具" ，绘制图形，并填充渐变色，效果如图 12-181 所示。

图 12-179 绘制 图 12-180 绘制矩形 图 12-181 绘制图
　　图形　　　　　　　　　　　　　　形

STEP 29 将图形调整至合适位置，并按 Shift+Pagedown 快捷键调至最下层，效果如图 12-182 所示。

STEP 30 选择工具箱中的"椭圆形工具" 绘制椭圆，并填充渐变色，效果如图 12-183 所示。

图 12-182 调整位置

图 12-183 绘制阴影

STEP 31 参照上述相同的操作方法，绘制其它闹钟，得到最终效果如图 12-184 所示。

图 12-184 最终效果

126 手表

电子类设计

本例制作的是一款手表，以渐变的灰白为背景，体现出时尚炫酷的感觉；通过黑、白、红三色使表盘中各样设计相互区别，让人一目了然。本实例主要运用了矩形工具、椭圆形工具、贝塞尔工具、星形工具等工具，并使用了"图框精确裁剪内部"命令。

- 文件路径：目标文件 \ 第 12 章 \126\ 手表 .cdr
- 视频文件：视频 \ 第 12 章 \126 手表 .mp4
- 难易程度：★ ★ ★ ★ ☆

STEP 01 执行【文件】|【新建】命令，弹出【创建新文档】对话框，设置"宽度"为 400mm，"高度"为 300mm，单击"确定"按钮。

STEP 02 选择工具箱中的"椭圆形工具" ◎，绘制椭圆，按 G 键切换到"交互式填充工具" ，在属性栏中选择"椭圆形渐变填充"，然后将调色板上的色块拖到虚线上（按 F11 键，可以在渐变填充对话框中设置具体颜色值），效果如图 12-185 所示。

STEP 03 按"+"键复制一个图，并等比例缩小图形，调整至合适位置，并填充从白色到黄色（C3，M3，Y21，K0）的椭圆形渐变色，效果如图 12-186 所示。

STEP 04 选择工具箱中的"贝塞尔工具" ，绘制图形，并填充颜色为灰色（C0，M0，Y0，K60），效果如图 12-187 所示。

图 12-185 绘制椭圆　　图 12-186 复制图形　　图 12-187 绘制图形

STEP 05 运用"贝塞尔工具" ，绘制两个图形，并填充颜色为灰色（C0，M0，Y0，K30）。选择工具箱中的"透明度工具" ，在图形上从下往上拖动（相应地下面的图形从上往下拖），效果如图 12-188 所示。

STEP 06 运用"贝塞尔工具" ，绘制曲线。按 F12 键，弹出【轮廓笔】对话框，设置"颜色"为灰色（C0、M0、Y0、K70），轮廓"宽度"为 1mm，"样式"为虚线，其他虚线相应改变颜色，效果如图 12-189 所示。

STEP 07 运用"贝塞尔工具" ，绘制图形，并填充渐变色，效果如图 12-190 所示。

图 12-188 绘制图形及透明度效果　　图 12-189 绘制虚线　　图 12-190 绘制图形

STEP 08 运用"贝塞尔工具" ，绘制图形，并填充渐变色，效果如图 12-191 所示。

STEP 09 运用"贝塞尔工具" ，绘制手表的表盘扣，并填充颜色为灰色（C0、M0、Y0、K70），按 Ctrl+PageDown 快捷键往下调整图层，效果如图 12-192 所示。

STEP 10 选择工具箱中的"椭圆形工具" ◎，按住 Ctrl 键，绘制正圆，并填充线性渐变色，效果如图 12-193 所示。

图 12-191 绘制图形

图 12-192 绘制图形

图 12-193 绘制正圆

STEP 11 选择工具箱中的"星形工具" ☆，在属性栏中设置边数为 80，锐度为 12。按住 Ctrl 键，绘制一个正多边星形，设置大小为 90，再绘制一个直径为 87mm 长的正圆。选中两个图形，按 C+E 快捷键，中心对齐，单击属性栏中的"相交"按钮 ⬡，删去不要的部分，并填充渐变色，效果如图 12-194 所示。

STEP 12 复制一个正圆，并等比例缩小，填充线性渐变色，效果如图 12-195 所示。

图 12-194 绘制星形

图 12-195 复制正圆

STEP 13 复制一个正圆，并等比例缩小，填充颜色为灰色（C0、M0、Y0、K40），效果如图 12-196 所示。

STEP 14 复制一个正圆，并等比例缩小，填充渐变色，效果如图 12-197 所示。

STEP 15 复制一个正圆，并等比例缩小，填充颜色为（C0、M0、Y0、K70），效果如图 12-198 所示。

图 12-196 复制正圆

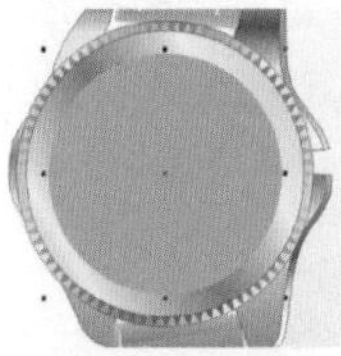

图 12-197 复制正圆

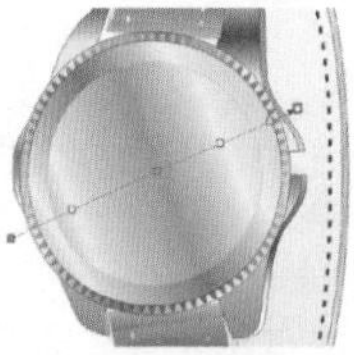

图 12-198 复制图形

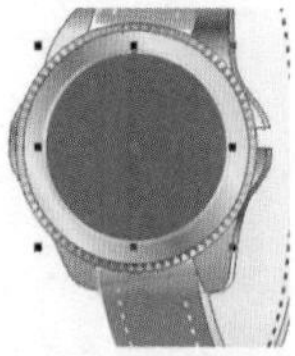

STEP 16 复制一个正圆，并等比例缩小，填充颜色为灰色（C0、M0、Y0、K90），如图 12-199 所示。

STEP 17 复制两个正圆，将上层椭圆稍微向右下角移动。选中两个椭圆，单击属性栏中的"修剪"按钮 ⬡，删去不要的部分，并填充颜色为黑色，效果如图 12-200 所示。

STEP 18 选择工具箱中的"矩形工具" ▢，绘制矩形，并填充渐变色。按"+"键复制一层，并填充颜色为黑色，按 Ctrl+PageDown 快捷键调整图层顺序，

运用方向键稍微移动。选中两矩形，复制多个，相应地改变旋转角度，并放置到合适位置，效果如图 12-201 所示。

图 12-199 复制图形

图 12-200 复制图形及修剪效果

图 12-201 绘制矩形

STEP 19 参照上述操作，结合"旋转"泊坞窗，绘制圆角矩形，并复制 6 个，效果如图 12-202 所示。

STEP 20 选择工具箱中的"文本工具" 字，输入 60。打开"旋转"泊坞窗，设置相应参数；旋转复制数字，选择工具箱中的"文本工具" 字，对其作相应的改变，效果如图 12-203 所示。

STEP 21 选择工具箱中的"椭圆形工具" ◯，绘制正圆，并填充线性渐变色，复制一层，等比例缩小，并填充颜色为灰色（C0、M0、Y0、K90），效果如图 12-204 所示。

图 12-202 旋转复制

图 12-203 输入数字

图 12-204 绘制正圆

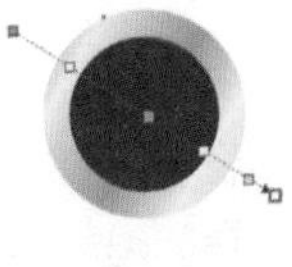

STEP 22 选择工具箱中的"矩形工具" ▢ 绘制黑色矩形，并旋转复制 12 个，效果如图 12-205 所示。

STEP 23 选择工具箱中的"矩形工具" ▢ 绘制较短的黑色矩形，并旋转复制 12 个。选中所有较的短的矩形，在属性栏中设置旋转度为 1.2，效果如图 12-206 所示。

STEP 24 参照前面的操作方法，输入文字，效果如图 12-207 所示。

图 12-205 绘制矩形

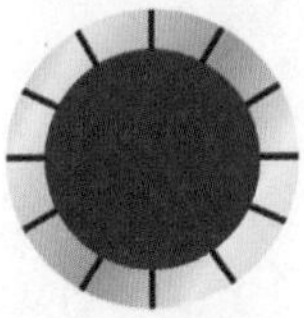

图 12-206 绘制图形

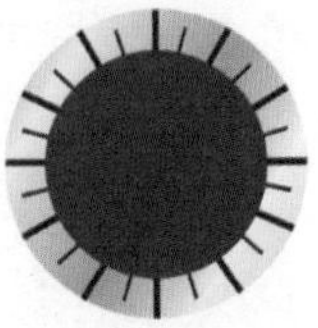

图 12-207 输入文字

STEP 25 选择工具箱中的"椭圆形工具" ◯ 和"贝塞尔工具" ⬠ 绘制图形，并分别填充渐变色，效果如图 12-208 所示。

STEP 26 选择工具箱中的"椭圆形工具" ◯ 绘制正圆，并填充从灰到白的椭圆形渐变。复制一

层，填充灰色，运用方向键稍微向右下角移动，按 Ctrl+Pageown 快捷键向下调整一层，效果如图 12-209 所示。

STEP 27 参照上述操作，绘制另一个小表，并放置到合适位置，效果如图 12-210 所示。

图 12-208 绘制图形　　图 12-209 绘制正圆　　图 12-210 绘制图形

STEP 28 参照上述操作，绘制正圆并输入数字，效果如图 12-211 所示。

STEP 29 参照上述操作，输入外围的数字，并填充颜色为黑色。选择工具箱中的"多边形工具"，绘制三角形并填充颜色为黄色，效果如图 12-212 所示。

STEP 30 参照上述操作，输入内部大数字，并添加阴影，效果如图 12-213 所示。

图 12-211 绘制椭圆及输入文字　　图 12-212 输入文字及绘制三角形　　图 12-213 添加数字

STEP 31 参照上述操作，绘制大表针，并填充相应渐变色，效果如图 12-214 所示。

STEP 32 参照上述操作，选择工具箱中的"贝塞尔工具"和"椭圆形工具"绘制调时表把，并填充相应渐变色，效果如图 12-215 所示。

STEP 33 选择工具箱中的"矩形工具"绘制矩形，填充渐变色，并复制多个；组合矩形，并精确裁剪到表把侧面，效果如图 12-216 所示。

图 12-214 绘制图形　　图 12-215 绘制表把　　图 12-216 绘制矩形

STEP 34 选择工具箱中的"贝塞尔工具"绘制表带扣带并分别填充颜色为灰色（C0、M0、Y0、K50）和从灰到黑的线性渐变色，效果如图 12-218 所示。参照上述操作，绘制另一表带扣带，效果如图 12-218 所示。

STEP 35 参照上述操作，绘制图形，并分别填充颜色为灰色（C0、M0、Y0、K40）和从灰色到黑色的渐变色，效果如图 12-219 所示。

图 12-217 绘制图形　　图 12-218 绘制图形　　图 12-219 绘制图形

STEP 36 参照上述操作，绘制图形，并分别填充渐变色，效果如图 12-220 所示。

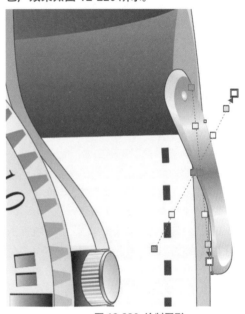

图 12-220 绘制图形

STEP 37 双击工具箱中的"矩形工具"并填充从白到黑的椭圆形渐变色，得到最终效果如图 12-221 所示。

图 12-221 最终效果

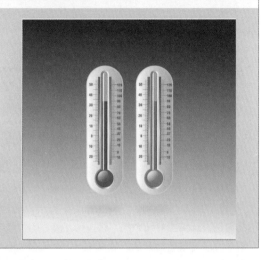

12 7 温度计

　　该例设计的是温度计，将经典的黑色作为基调，使主体各设计互相分明；温度计中心的红蓝两色水银为读数提供了方便。本实例主要运用了矩形工具、椭圆形工具等工具，并使用了"高斯式模糊"和"拆分曲线"等命令。

🔖 文件路径：目标文件 \ 第 12 章 \127\ 温度计 .cdr

🎬 视频文件：视频 \ 第 12 章 \127 温度计 .mp4

📖 难易程度：★ ★ ★ ★ ☆

STEP 01 执行【文件】|【新建】命令，弹出【创建新文档】对话框，设置"宽度"为150mm，"高度"为150mm，单击"确定"按钮。

STEP 02 选择工具箱中的"矩形工具" ▢，绘制一个宽为 26mm，高为 88mm 的矩形。按 F10 键切换到"形状工具" ⬚，拖动节点，调整矩形转角半径，并填充渐变色，效果如图 12-222 所示。

STEP 03 选择工具箱中的"轮廓图工具" ▣，在图形上从外往内拉，在属性栏中设置轮廓步长为 1，轮廓图偏移为 1mm。选中轮廓，按 Ctrl+K 快捷键拆分轮廓组，选中上层图形，填充渐变色，效果如图 12-223 所示。

STEP 04 选择工具箱中的"调和工具" ▣，从一个图形拖至另一个图形，效果如图 12-224 所示。

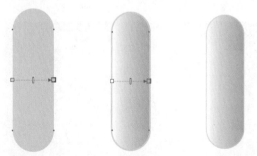

图 12-222 绘制圆角矩形　　图 12-223 轮廓图效果　　图 12-224 调和效果

STEP 05 参照上述操作运用"矩形工具" ▢，绘制一个细长的圆角矩形，选择工具箱中的"椭圆形工具" ⬭，按住 Ctrl 键绘制一个正圆，选中两个图形，按 C 键垂直中心对齐。单击属性栏中的"合并"按钮

▣，填充渐变色，去除轮廓线，效果如图 12-225 所示。

STEP 06 按"+"键复制一个，移开作备用。参照前面的操作，选择工具箱中的"轮廓图工具" ▣，在图形上从内往外拖动，在属性栏中设置轮廓图步长为 6，轮廓偏移为 0.2mm，填充颜色为灰色（C0、M0、Y0、K50），效果如图 12-226 所示。

STEP 07 选择作备用的图形，选择工具箱中的"贝塞尔工具" ⬦在图形上绘制两条水平直线，效果如图 12-227 所示。

图 12-225 绘制图形　　图 12-226 轮廓图效果　　图 12-227 绘制图形

STEP 08 框选图形，单击属性栏中"修剪"按钮 ▣，删去直线，选中被修剪的图形。单击右键，在弹出的快捷菜单中选择"拆分"选项并分别填充渐变色，效果如图 12-228 所示。

STEP 09 选择工具箱中的"贝塞尔工具" ⬦，绘制高光部分，填充颜色为白色，并去除轮廓线，效果如图 12-229 所示。

STEP 10 选择工具箱中的"椭圆形工具" ⬭，绘制椭圆，并填充渐变色，效果如图 12-230 所示。

图 12-228
修剪效果

图 12-229
绘制高光

图 12-230 绘制椭圆

STEP 11 选择工具箱中的"矩形工具" ▢，绘制矩形，并填充从红色（C0、M100、Y100、K0）到灰色（C20、M16、Y15、K0）到蓝色（C100、M20、Y0、K0）的线性渐变色，效果如图 12-231 所示。

STEP 12 运用"矩形工具" ▢，绘制细长的圆角矩形并填充黑色，效果如图 12-232 所示。

STEP 13 参照上述操作，绘制横向的圆角矩形，并填充黑色。按 Alt+F7 快捷键，打开"位置"泊坞窗，设置参数如图 12-233 所示。

STEP 14 单击"应用"按钮，效果如图 12-234 所示。

图 12-231
绘制矩形

图 12-232
绘制图形

图 12-233 设置参数

图 12-234 最后效果

STEP 15 选择第 5 根横向矩形，按 F10 键，选中左边圆角上的描点，向左拖动，拉长矩形，并在"位置"泊坞窗中设置参数，如图 12-235 所示。单击"应用"按钮，效果如图 12-236 所示。

图 12-235 设置参数

图 12-236 最后效果

图 12-237 输入文字

图 12-238 复制图形

STEP 16 选择工具箱中的"文本工具" 字，输入数字，效果如图 12-237 所示。

STEP 17 参照上述操作方法绘制右边图形，效果如图 12-238 所示。

STEP 18 选择工具箱中的"椭圆形工具" ○ 绘制椭圆，并填充颜色为灰色（C0、M0、Y0、K25）。执行【位图】|【转换为位图】命令，再执行【位图】|【模糊】|【高斯式模糊】命令，设置模糊"半径"为 15，效果如图 12-239 所示。

STEP 19 参照上述操作，绘制其他颜色的温度计，效果如图 12-240 所示。

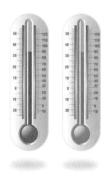

图 12-239 绘制椭圆及高斯式模糊

图 12-240 绘制图形

STEP 20 双击工具箱中的"矩形工具" ▢，自动生成一个与页面大小一样的矩形，并填充从黑到白的渐变色，得到最终效果如图 12-241 所示。

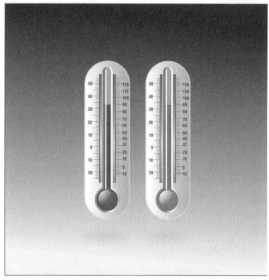

图 12-241 最终效果

第 12 章 工业设计

209

128 手提箱

手提箱的设计，以暖色调的橙色为主，配以多个可爱的小图形，使其整体显得精巧别致，令人爱不释手。本实例主要运用了矩形工具、椭圆形工具、贝塞尔工具、网状填充工具等工具，并使用了"高斯式模糊"命令。

📁 文件路径：目标文件 \ 第 12 章 \128\ 手提箱 .cdr

🎬 视频文件：视频 \ 第 12 章 \128 手提箱 .mp4

📖 难易程度：★ ★ ★ ★ ☆

STEP 01 执行【文件】|【新建】命令，弹出【创建新文档】对话框，设置"宽度"为 300mm，"高度"为 250mm，单击"确定"按钮。

STEP 02 选择工具箱中的"贝塞尔工具" ✐，绘制图形，并填充颜色为橙色（C0，M60，Y100，K0），效果如图 12-242 所示。

STEP 03 去除轮廓线，选择工具箱中的"网状填充工具" ▦，进行填色，效果如图 12-243 所示。

图 12-242 绘制图形　　　图 12-243 填充网状效果

STEP 04 参照上述操作，绘制手提把，填充颜色为（R140，G74，B35），并选择工具箱中的"网状填充工具" ▦进行填充，效果如图 12-244 所示。

STEP 05 按"+"键复制一层，单击属性栏中的"水平镜像"按钮 ◫，并调整好位置，效果如图 12-245 所示。

图 12-244 绘制图形　　　图 12-245 复制图形

技巧点拨

水平镜像图形，也可通过按住 Ctrl 键翻转图形得到。

STEP 06 参照上述操作，绘制手提把，并选择工具箱中的"网状填充工具" ▦进行填充，效果如图 12-246 所示。

STEP 07 按"+"键复制一层，单击属性栏中的"水平镜像"按钮 ◫，并调整好位置，效果如图 12-247 所示。

STEP 08 参照上述操作，绘制手提箱皮带，填充颜色为（R179，G28，B9），并选择工具箱中的"网状填充工具" ▦进行填充，效果如图 12-248 所示。

图 12-246　图 12-247 复制及水平　　图 12-248 绘制图形
绘制图形　　　　镜像图形

STEP 09 参照上述操作，绘制手提箱装饰品，填充颜色为（R211，G231，B235），并选择工具箱中的网状填充工具 ▦进行填充，并复制一个，效果如图 12-249 所示。

STEP 10 选择工具箱中的"椭圆形工具" ◯，按住 Ctrl 键，绘制一个正圆；按"+"键复制一个并等比例缩小，分别填充渐变色，效果如图 12-250 所示。

图 12-249 绘制图形　　　图 12-250 绘制正圆

STEP 11 参照上述操作，绘制其他铆钉，效果如图 12-251 所示。

STEP 12 框选提箱左上角的饰品，按"+"键复制一个。单击属性栏中的"垂直镜像"按钮，选择工具箱中的"选择工具"放置到左下角，并选择工具箱中的"贝塞尔工具"绘制图形，填充从青色（C76，M55，Y51，K3）到白色的线性渐变色，效果如图 12-252 所示。

图 12-251 绘制图形　　　图 12-252 绘制图形

STEP 13 复制一个并镜像图形，效果如图 12-253 所示。

STEP 14 选择工具箱中的"贝塞尔工具"绘制图形，并填充颜色为红色（C26，M51，Y42，K0）。再运用"贝塞尔工具"，绘制图形，选择工具箱中的"网状填充工具"进行填色，效果如图 12-254 所示。

STEP 15 选择工具箱中的"贝塞尔工具"绘制图形，并分别填充颜色为白色和从灰色到深灰色的线性渐变色，效果如图 12-255 所示。

图 12-253 复制图形　图 12-254 绘制　图 12-255 绘制
　　　　　　　　　　　图形　　　　　图形

STEP 16 复制一个铆钉，放置到适当位置，效果如图 12-256 所示。

图 12-256 复制图形　　　图 12-257 复制图形

STEP 17 框选图形，按"+"键复制一个，并水平镜像图形，放置到适当位置，效果如图 12-257 所示。

STEP 18 选中两个图形，按"+"键复制，并垂直镜像图形，相应地改变一下渐变色，效果如图 12-258 所示。

STEP 19 执行【文件】|【导入】命令，选择素材文件，单击"导入"按钮，导素图片，效果如图 12-259 所示。

图 12-258 复制图形　　　图 12-259 导入素材

STEP 20 选择工具箱中的"椭圆形工具"，绘制椭圆，并填充颜色为灰色（C0、M0、Y0、K90）。执行【位图】|【转换为位图】命令，再执行【位图】|【模糊】|【高斯式模糊】命令，设置模糊"半径"为 20 像素，效果如图 12-260 所示。

STEP 21 选择工具箱中的"选择工具"，将图形放置到手提箱下面，并按 Shift+Pageown 快捷键调整至最下层，效果如图 12-261 所示。

图 12-260 高斯模糊效果　　图 12-261 调整图形

STEP 22 选择工具箱中的"贝塞尔工具"，绘制手提箱下面的黑色小突起，效果如图 12-262 所示。

图 12-262 高斯式模糊效果

STEP 23 双击工具箱中的"矩形工具"，自动生成一个与页面大小一样的矩形，并填充从粉红色（C0，M40，Y20，K0）到白色的渐变色，得到最终效果如图 12-263 所示。

图 12-263 最终效果

129 摄像头

摄像头的设计采用了倒三角的结构模型，别出心裁；以暖色系的橙色为主调，使整个产品显得小巧而时尚。本实例主要运用了矩形工具、贝塞尔工具、椭圆形工具、文本工具、阴影工具等工具。

文件路径：目标文件 \ 第 12 章 \129\ 摄像头 .cdr

视频文件：视频 \ 第 12 章 \129 摄像头 .mp4

难易程度：★ ★ ★ ★ ☆

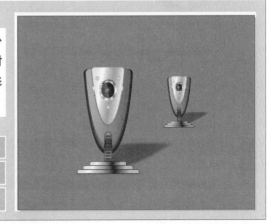

130 煤气灶

此设计运用渐变重叠的方式，显示出煤气灶的造型结构。画面以渐变色为衬托，突出其立体感和金属感。本实例主要运用了矩形工具、贝塞尔工具、椭圆形工具、调和工具等工具，并使用了"图框精确裁剪内部"命令。

文件路径：目标文件 \ 第 12 章 \130\ 煤气灶 .cdr

视频文件：视频 \ 第 12 章 \130 煤气灶 .mp4

难易程度：★ ★ ★ ★ ☆

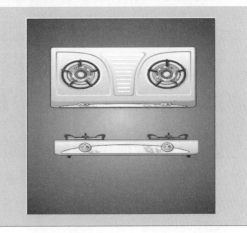

13 1 平板

　　本设计将汽车实图融合在了画面中，展示了平板 ID 的播放效果，并通过产品的正反两面的呈现，使人对其外形结构有了深层次的了解。本实例主要运用了矩形工具、椭圆形工具、透明度工具等工具，并使用了"图框精确裁剪内部"命令。

文件路径：目标文件 \ 第 12 章 \131\7 寸平板 .cdr

视频文件：视频 \ 第 12 章 \131 7 寸平板 .mp4

难易程度：★ ★ ★ ★ ☆

包装设计

本章内容

  包装是品牌理念、产品特性、消费心理的综合反映，它直接影响到消费者的购买欲。我们深信，包装是建立产品与消费者亲和力的有力手段。在经济全球化的今天，包装与商品已融为一体。其作为实现商品价值和使用价值的手段，在生产、流通、销售和消费领域中，发挥着极其重要的作用，本章详细讲解了各类型包装设计的方法和技巧。

13 2 洗衣液

该包装制作以正面放置的方式呈现出包装设计的效果；通过薰衣草图画，体现出该产品的特征和纯天然性。本实例主要运用了贝塞尔工具、透明度工具、多边形工具、文本工具等工具，并使用了"图框精确裁剪内部"命令。

📁 文件路径：目标文件 \ 第 13 章 \132\ 洗衣液 .cdr

🎬 视频文件：视频 \ 第 13 章 \132 洗衣液 .mp4

📖 难易程度：★ ★ ★ ★ ☆

STEP 01 执行【文件】|【新建】命令，弹出【创建新文档】对话框，设置"宽度"为 800mm，"高度"为 500mm，单击"确定"按钮。

STEP 02 执行【文件】|【打开】命令，弹出【打开】对话框，选择素材文件，单击"打开"按钮，按 P 键，将图形迅速定位到页面中心，效果如图 13-1 所示。

STEP 03 选择工具箱中的"贝塞尔工具" 🖋，在页面中绘图形，填充颜色为白色，并去除轮廓线，效果如图 13-2 所示。

STEP 04 选择"贝塞尔工具" 🖋，在页面中绘图形，并填充颜色为紫色（C40，M60，Y0，K0），并去除轮廓线，效果如图 13-3 所示。

图 13-1 导入　图 13-2 绘制图　　图 13-3 绘制图形
　素材　　　　　形

STEP 05 选中图形，选择工具箱中的"透明度工具" 🅰，在属性栏中设置透明类型为"均匀透明度"，合并模式为"常规"，透明度为 72，效果如图 13-4 所示。

STEP 06 按 "+" 键复制一层，选择工具箱中的"透明度工具" 🅰，在属性栏中单击"清除透明度"按钮 🅰，选择工具箱中的"选择工具" 🅰将图形稍微拉高一点，并按上方向键移动稍许。按 F11 键，弹

出【渐变填充】对话框，设置参数如图 13-5 所示。

图 13-4 透明度效果　　　图 13-5 渐变填充参数

STEP 07 单击"确定"按钮，效果如图 13-6 所示。

STEP 08 选择工具箱中的"多边形工具" ⬡，在属性栏中设置边数为 3，在图像窗口中绘制星形，并填充颜色为白色，效果如图 13-7 所示。

图 13-6 渐变效果及复制图形　　图 13-7 绘制星形

STEP 09 将其他图层执行【对象】|【锁定】|【锁定对象】命令，选中三角形，按 At+F8 快捷键，打开"旋转"面板，设置参数如图 13-8 所示。单击"应用"按钮，效果如图 13-9 所示。

STEP 10 框选图形，按 Ctrl+G 快捷键组合对象。选择工具箱中的"透明度工具" 🅰，在属性栏中设置透明类型为"均匀透明度"，合并模式为"常规"，透明度为 82，透明度对象为"填充"，效果如图13-10 所示。

图 13-8 旋转参数　　图 13-9 旋转复制效果　　图 13-10 透明度效果

STEP 11 按 "+" 键，复制一层，在旋转面板中设置参数，如图 13-11 所示。

STEP 12 单击 "应用" 按钮，并设置透明度为 50，效果如图 13-12 所示。

STEP 13 框选图形，按 Ctrl+G 快捷键组合对象。执行【对象】|【锁定】|【对所有对象解锁】命令，单击右键将星形拖动至紫色图形中，释放后在弹出的快捷菜单中选择 "图框精确裁剪内部" 选项。选中图形右键单击，在弹出的快捷菜单中选择 "编辑内容"，调整图形后单击右键，在弹出的快捷菜单中选择 "结束编辑"，效果如图 13-13 所示。

图 13-11 旋转参数　　图 13-12 复制图形　　图 13-13 图框精确裁剪内部

STEP 14 参照上述相同的操作方法，添加素材，效果如图 13-14 所示。

STEP 15 参照上述操作方法，将图片精确裁剪至白色图形中，效果如图 13-15 所示。

STEP 16 参照前面所述内容，选择工具箱中的 "贝塞尔工具"，绘制图形，并分别填充颜色为白色和紫色（C62，M97，Y24，K2）效果如图 13-16 所示。

图 13-14 导入素材　　图 13-15 图框精确裁剪内部　　图 13-16 绘制图形

STEP 17 选择工具箱中的 "矩形工具"，在图像上绘制矩形，并填充颜色为紫色（C24，M42，Y0，K0）。选择工具箱中的 "透明度工具"，在属性

栏中设置透明类型为 "椭圆形渐变透明度"，合并模式为 "常规"，中心节点透明度为 90，在矩形上拖动，效果如图 13-17 所示。

STEP 18 选择工具箱中的 "矩形工具" 再绘制一个矩形，填充颜色为紫色（C62，M97，Y24，K2）。在属性栏中设置左上角转角半径为 5，效果如图 13-18 所示。

图 13-17 透明度效果　　图 13-18 绘制矩形

STEP 19 选择工具箱中的 "文本工具"，输入文字，并分别设置不同的字体，效果如图 13-19 所示。

图 13-19 输入文字

STEP 20 参照上述操作方法，继续添加 LOGO 素材。

STEP 21 双击工具箱中的 "矩形工具"，绘制黑色矩形作为背景，得到最终效果如图 13-20 所示。

图 13-20 最终效果

13 3 草莓果饮

草莓果饮的设计，通过红色和奶白色表现出该饮料主要的两大成分，以使消费者在购买时能够根据自己的喜好作出选择。本实例主要运用了矩形工具、椭圆形工具、贝塞尔工具、网状填充工具、文本工具等工具，并使用了"图框精确裁剪内部"命令。

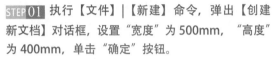

📁 文件路径：目标文件\第13章\133\草莓果饮.cdr

🎬 视频文件：视频\第13章\133 草莓果饮.mp4

📖 难易程度：★ ★ ★ ★ ☆

STEP 01 执行【文件】|【新建】命令，弹出【创建新文档】对话框，设置"宽度"为500mm，"高度"为400mm，单击"确定"按钮。

STEP 02 双击工具箱中的"矩形工具' 🔲，并填充颜色为黑色，按 Alt+A+L 快捷键锁定黑色图层，效果如图 13-21 所示。

STEP 03 选择工具箱中的"贝塞尔工具"🖊，在图像窗口中绘制图形，效果如图 13-22 所示。

图 13-21 绘制矩形　　　　图 13-22 绘制图形

STEP 04 选中图形，填充颜色为灰色（R221，G221，B221），右键单击调色板上的无填充按钮 ☒，去除轮廓线，在工具箱中选择"网状填充工具"🔲 进行填色，效果如图 13-23 所示。

STEP 05 参照上述操作方法，绘制杯口，效果如图 13-24 所示。

图 13-23 填充网状效果　　　图 13-24 绘制图形

STEP 06 选择工具箱中的"椭圆形工具"🔘，绘制椭圆，并填充如图 13-25 所示渐变色。

STEP 07 运用"椭圆形工具"🔘 绘制一个白色边框的椭圆，设置填充色为无，效果如图 13-26 所示。

图 13-25 渐变参数　　　　图 13-26 绘制椭圆形

STEP 08 选择工具箱中的"贝塞尔工具"🖊 绘制杯面图形，按 F11 键弹出【渐变填充】对话框，设置参数如图 13-27 所示。

STEP 09 单击"确定"按钮，效果如图 13-28 所示。

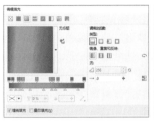 

图 13-27 渐变参数　　　　图 13-28 绘制图形

STEP 10 参照上述操作，再绘制图形，设置渐变参数如图 13-29 所示。框选所有图形，按 Ctrl+G 快捷键组合对象，效果如图 13-30 所示。

图 13-29 渐变参数　　　图 13-30 渐变填充效果

STEP 11 参照上述操作，再绘制图形，效果如图 13-31 所示。

STEP 12 选择工具箱中的"网状填充工具" ![icon] 进行填色，效果如图 13-32 所示。

STEP 13 参照上述操作方法，绘制飞溅的牛奶，效果如图 13-33 所示。

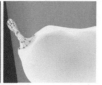

图 13-31 绘制　图 13-32 网状填充　图 13-33 绘制图形
　图形　　　　效果

STEP 14 参照上述操作方法，绘制其他飞溅的牛奶，并组合牛奶图形，效果如图 13-34 所示。

STEP 15 选择工具箱中的"椭圆形工具" ![icon] 绘制一个椭圆，并进行网状填充，效果如图 13-35 所示。

图 13-34 绘制图形　　　图 13-35 绘制图形

STEP 16 选中椭圆，按 Ctrl+PageDown 快捷键，往下调整图层，选中牛奶图形和椭圆图形，按 Ctrl+G 快捷键组合图形。单击右键拖动群组图形到红色杯子内，释放右键后，在弹出的快捷菜单中选择"图框精确裁剪内部"选项，选中组合图形。单击右键在弹出的快捷菜单中选择"编辑内容"，调整好位置后单击右键，在弹出的快捷菜单中选择"结束编辑"，效果如图 13-36 所示。

STEP 17 执行【文件】|【导入】命令，选择素材文件，单击"导入"按钮，并调整至合适位置，效果如图 13-37 所示。

图 13-36 绘制图形

图 13-37 导入素材

STEP 18 参照上述操作方法，导入另一个草莓，并选择工具箱中的"选择工具" ![icon] 将其压矮，精确裁剪到杯盖上。选择工具箱中的"文本工具" ![icon]，输入文字，得到最终效果如图 13-38 所示。

图 13-38 最终效果

13.4 洗发露

本例制作的洗发露的包装设计，外形由字母竖向排列而成，简单而不松散；主要图案之间形成承接关系，稳重而富于变化。本实例主要运用了选择工具、矩形工具、贝塞尔工具、文本工具等工具。并使用了"修剪"按钮。

- 文件路径：目标文件 \ 第 13 章 \134\ 洗发露 .cdr
- 视频文件：视频 \ 第 13 章 \134 洗发露 .mp4
- 难易程度：★ ★ ★ ☆ ☆

STEP 01 执行【文件】|【新建】命令，弹出【创建新文档】对话框，设置"宽度"为 300mm，"高度"为 200mm，单击"确定"按钮。选择工具箱中的"选择工具" ，在标尺上往中间拉几条辅助线，效果如图 13-39 所示。

STEP 02 选择工具箱中的"贝塞尔工具" ，在页面中绘制图形，效果如图 13-40 所示。

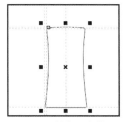

图 13-39 新建文档

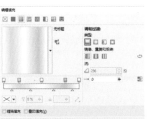

图 13-40 绘制图形

STEP 03 选择图形，按住"+"键复制一层，按住 Ctrl 键，将光标定位在图形左边，出现双向箭头后往左右拖动，将图形镜像。选择两个图形，单击属性栏中的"合并"按钮 ，效果如图 13-41 所示。

STEP 04 按 F11 键，弹出渐变填充对话框，设置参数如图 13-42 所示。

图 13-41 镜像及合并图形

图 13-42 渐变参数

STEP 05 单击"确定"按钮，效果如图 13-43 所示。

STEP 06 按"+"键复制一层，选择工具箱中的"矩形工具"绘制一个矩形，选中复制层和矩形，单击属性栏中的"修剪"按钮 ，删去不要的部分，填充如图 13-44 所示渐变色。

 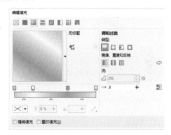

图 13-43 渐变填充效果　　图 13-44 渐变参数

STEP 07 单击"确定"按钮，效果如图 13-45 所示。

STEP 08 选择工具箱中的"矩形工具" ，绘制一个矩形，并填充如图 13-46 所示渐变色。

 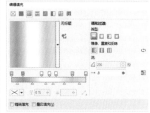

图 13-45 渐变填充效果　　图 13-46 渐变参数

STEP 09 单击"确定"按钮，按 Ctrl+PageDown 快捷键调整图层顺序，效果如图 13-47 所示。

STEP 10 参照上述操作方法，绘制矩形，效果如图 13-48 所示。

图 13-47 渐变效果　　　　图 13-48 绘制图形

STEP 11 参照上述操作方法，继续绘制矩形，并填充深颜色的渐变色，效果如图 13-49 所示。

STEP 12 选择工具箱中的"贝塞尔工具" 绘制图形，并填充渐变色，效果如图 13-50 所示。

图 13-49 渐变效果　　　　图 13-50 绘制图形

STEP 13 参照上述操作方法，运用"贝塞尔工具" 绘制图形，并填充渐变色，效果如图 13-51 所示。

图 13-51 绘制图形

STEP 14 选择工具箱中的"文本工具" ，输入文字，效果如图 13-52 所示。

图 13-52 输入文字

STEP 15 选择工具箱中的"矩形工具" 绘制一个矩形，并填充颜色为紫色，按 Ctrl+PageDown 快捷键调整图层顺序，效果如图 13-53 所示。

图 13-53 绘制矩形

STEP 16 参照上述操作方法，绘制另一颜色的洗发露，并添加一个黑白渐变背景层，得到最终效果如图 13-54 所示。

图 13-54 最终效果

13.5 嘴口酥

食品类包装

本设计，通过颜色与文字说明将产品之间的共性与特性直观地展示出来。本实例主要运用了矩形工具、贝塞尔工具、多边形工具、螺纹工具、透明度工具等工具，并使用了"图框精确裁剪内部"等命令。

📁 文件路径：目标文件 \ 第 13 章 \135\ 嘴口酥 .cdr

🎬 视频文件：视频 \ 第 13 章 \135 嘴口酥 .mp4

📘 难易程度：★ ★ ★ ☆ ☆

STEP 01 执行【文件】|【新建】命令，弹出【创建新文档】对话框，设置"宽度"为 240mm，"高度"为 162mm，单击"确定"按钮。

STEP 02 选择工具箱中的"选择工具" ，在标尺上往中间拉几条辅助线，效果如图 13-55 所示。

STEP 03 选择工具箱中的"贝塞尔工具" ，在页面中绘制图形，效果如图 13-56 所示。

STEP 04 选中图形，按住"+"键复制一层，按住 Ctrl 键，将光标定位在图形左边，出现双向箭头后往右拖动，将图形镜像。选中两个图形，单击属性栏中的"合并"按钮 ，效果如图 13-57 所示。

图 13-55 新建文档　图 13-56 绘制图形　图 13-57 镜像图形

STEP 05 选择工具箱中的"多边形工具" ，在属性栏中设置边数为 3，在图像窗口中绘制图形，效果如图 13-58 所示。

图 13-58 绘制三角形　图 13-59 位置参数　图 13-60 复制图形

STEP 06 选中三角形，按 Alt+F7 快捷键，打开位置面板，设置参数如图 13-59 所示。单击"应用"按钮，全选三角形图形，复制一层，放到图形下方。单击属性栏中"垂直镜像"按钮 ，效果如图 13-60 所示。

STEP 07 全选图形，单击属性栏中的"修剪"按钮 ，删去三角形，效果如图 13-61 所示。

STEP 08 选择工具箱中的"矩形工具" ，绘制矩形，设置参数如图 13-62 所示。单击"确定"按钮，效果如图 13-63 所示。

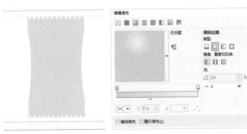

图 13-61 修剪效果　　图 13-62 参数设置

STEP 09 选择工具箱中的"矩形工具" 绘制三条一组的多组矩形，并填充颜色为白色，选择工具箱中的"透明度工具" ，在属性栏中设置透明类型为"均匀透明度"，透明度为 76，透明度对象为"填充"，效果如图 13-64 所示。

STEP 10 将长条矩形群组，并在属性栏中设置旋转度为 300。单击右键，拖动群组图形到大矩形中，释放右键，在弹出的快捷菜单中选择"图框精确裁剪内部"。选中图形并单击右键，在弹出的快捷菜单击选择"编辑内容"，运用选择工具将图形调整至合适位置后单击右键，在弹出的快捷菜单击选择"结束编辑"，效果如图 13-65 所示。

图 13-63 绘制矩形　　图 13-64 绘制　　图 13-65 精确
　　　　　　　　　　　长条矩形　　　　裁剪内部效果

STEP 11 选择工具箱中的"矩形工具"▢绘制一个白色矩形，效果如图 13-66 所示。

STEP 12 选择工具箱中的"螺纹工具"◎，在页面上绘制多个，框选所有螺纹，按 F12 键，弹出【轮廓笔】对话框，设置"颜色"为（C0，M0，Y0，K5），"宽度"为 2，单击"确定"按钮。按 Ctrl+Shift+Q 快捷将轮廓转换为对象，并精确裁剪到白色矩形图内，效果如图 13-67 所示。

图 13-66 绘制矩形　　图 13-67 绘制螺纹及精确
　　　　　　　　　　　　裁剪内部效果

STEP 13 选择工具箱中的"贝塞尔工具"▱绘制折线，设置轮廓宽度为 2，按 Ctrl+Shift+Q 快捷键将轮廓转换为对象，效果如图 13-68 所示。

STEP 14 参照上述操作方法，复制多个，进行合并，并填充从黄色（C0，M20，Y100，K0）到深黄色（C0，M60，Y100，K0）的渐变色，效果如图 13-69 所示。

STEP 15 选择工具箱中的"矩形工具"▢绘制一个矩形，并填充颜色为黄色（C0，M20，Y100，K0），效果如图 13-70 所示。

图 13-68 绘制　　图 13-69 精确裁剪　　图 13-70 绘制矩形
　　折线　　　　　　内部效果

STEP 16 执行【文件】|【导入】命令，选择素材文件，单击"导入"按钮，并调整好位置，效果如图 13-71 所示。

STEP 17 框选大矩形以上的图层按 Ctrl+G 快捷键组合对象，精确裁剪至有锯尺的形状内，效果如图 13-72 所示。

图 13-71 导入素材　　　图 13-72 精确裁
　　　　　　　　　　　　剪内部效果

STEP 18 选择工具箱中的"贝塞尔工具"▱绘制纸袋的高光部分，填充颜色为白色，并设置透明度为50，复制一层设置透明度为 40，叠加在一起效果如图 13-73 所示。

STEP 19 参照上述操作方法，绘制其他高光区，效果如图 13-74 所示。

图 13-73 绘制高光　　　　图 13-74 绘制高光

STEP 20 参照上述相同的操作方法，绘制褶皱部分，填充颜色为灰色（C0，M0，Y0，K50）并添加线性类型的透明效果，效果如图 13-75 所示。

STEP 21 参照上述操作方法，绘制其他褶皱部分，效果如图 13-76 所示。

图 13-75 绘制褶皱　　　　图 13-76 绘制褶皱

STEP 22 参照上述操作方法，绘制其他包装，隐藏辅助线，得到最终效果如图 13-77 所示。

图 13-77　最终效果

136 手提袋

手提袋的设计，以蓝白两色为主，使其外形简洁干净；通过波浪式的线条，使整体包装脱离单调呆板。本实例主要运用了矩形工具、贝塞尔工具、艺术笔工具、文本工具、透明度工具等工具，并使用了"图框精确裁剪内部"等命令。

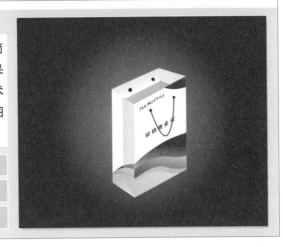

📁 文件路径：目标文件 \ 第 13 章 \136\ 手提袋 .cdr

🎬 视频文件：视频 \ 第 13 章 \136 手提袋 .mp4

📖 难易程度：★ ★ ★ ☆ ☆

STEP 01 执行【文件】|【新建】命令，弹出【创建新文档】对话框，设置"宽度"为 680mm，"高度"为 550mm，单击"确定"按钮。

STEP 02 双击工具箱中的"矩形工具"▢，绘制一个与页面大小一样的矩形。按 F11 键，弹出【渐变填充】对话框，设置从（C100，M100，Y10，K50）到（C100，M0，Y0，K0）的椭圆形渐变，效果如图 13-78 所示。

STEP 03 选择工具箱中的"矩形工具"▢，绘制两个矩形，并填充颜色为白色。选中两个矩形，按 Ctrl+G 快捷键组合对象，效果如图 13-79 所示。

STEP 04 选择工具箱中的"贝塞尔工具"▨，在图像窗口中绘制图形，并填充蓝白渐变色，效果如图 13-80 所示。

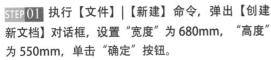

图 13-78 渐变效果　图 13-79 绘制矩形　图 13-80 绘制图形

STEP 05 参照上述操作方法，绘制图形，效果如图 13-81 所示。

STEP 06 参照上述操作方法，绘制图形，效果如图 13-82 所示。

图 13-81 绘制图形

图 13-82 绘制图形

STEP 07 全选所有不规则图形，单击右键拖至白色矩形内，释放右键，在弹出的快捷菜单中选择"图框精确裁剪内部"。选中图形并单击右键，在弹出的快捷菜单中选择"编辑内容"，选择工具箱中的"选择工具"▨调整后，单击右键，在弹出的快捷菜单中选择"结束编辑"，效果如图 13-83 所示。

STEP 08 选中图形，按 Ctrl+U 快捷键取消组合对象。单击小矩形，将光标定在左边出现双向箭头后往上拉，并相应将图形宽度压窄，效果如图 13-84 所示。

图 13-83 精确裁剪内部效果　　图 13-84 调整图形

STEP 09 参照上述操作，调整另一个矩形，效果如图 13-85 所示。

STEP 10 选择工具箱中的"贝塞尔工具"▨绘制图形，并填充灰白渐变色，效果如图 13-86 所示。

STEP 11 选择工具箱中的"透明度工具"▨，在属性栏中设置透明类型为"均匀透明度"，其他参数默认，效果如图 13-87 所示。

图 13-85 调整图形　图 13-86 绘制图形　图 13-87 透明度效果

STEP 12 选择工具箱中的"贝塞尔工具"，绘制图形，并填充深灰色到浅灰色的渐变，如图 13-88 所示

STEP 13 运用"贝塞尔工具"，绘制图形，并填充灰白渐变，效果如图 13-89 所示。

STEP 14 选择工具箱中的"阴影工具"，绘图形添加阴影，效果如图 13-90 所示。

图 13-88 绘制图形　　图 13-89 绘制图形　　图 13-90 绘制图形

STEP 15 选择工具箱中的"艺术笔工具"，在属性栏中设置相关参数，效果如图 13-91 所示。

STEP 16 选择工具箱中的"椭圆形工具"绘制两个黑色椭圆，效果如图 13-92 所示。

STEP 17 选择工具箱中的"贝塞尔工具"，绘制绳子，在属性栏中设置宽度为 2.5，颜色为深蓝色效果如图 13-93 所示。

图 13-91 艺术笔参数　图 13-92 绘制椭　图 13-93 绘
及效果　　　　　圆　　　制图形

STEP 18 参照上述操作方法，输入文字，得到最终效果如图 13-94 所示。

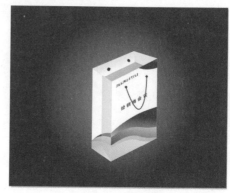

图 13-94 最终效果

13 7 Lorem CD　　　　　音乐类包装

　　CD 包装的设计，以黑色背景衬托五彩缤纷的飞溅色彩，形成强烈的视觉冲击力，同时使画面动感十足，活力四射。本实例主要运用了矩形工具、贝塞尔工具、椭圆形工具等工具。并使用了"图框精确裁剪内部"命令。

文件路径：目标文件 \ 第 13 章 \137\Lorem CD.cdr

视频文件：视频 \ 第 13 章 \137 Lorem CD.mp4

难易程度：★ ★ ★ ☆ ☆

STEP 01 执行【文件】|【新建】命令，弹出【创建新文档】对话框，设置"宽度"为 120mm，"高度"为 80mm，单击"确定"按钮。

STEP 02 选择工具箱中的"椭圆形工具"，按住 Ctrl 键，绘制一个直径为 44mm 的正圆。按 F12 键弹出【轮廓笔】对话框，设置"颜色"为灰色（C0，M0，Y0，K40），"宽度"为 0.2mm，效果如图 13-95 所示。

STEP 03 选中图形，按住 Shift 键，将光标定位在图形右上角，出现双向箭头时往内拖，释放的同时单击右键，复制一个，并填充颜色为黑色，效果如图 13-96 所示。

STEP 04 选择工具箱中的"贝塞尔工具" 绘制图形，并填充颜色为绿色（R158，G209，B21），效果如图 13-97 所示。

图 13-95 绘制正   图 13-96 复制椭   图 13-97 绘制
圆   圆   图形

STEP 05 选中图形，单击工具箱中的透明度工具 ，属性栏中设置透明类型为"标准"，其他参数默认，效果如图 13-98 所示。

STEP 06 参照上述操作方法，绘制其他图形，并填充不同的颜色，添加透明度，效果如图 13-99 所示。

STEP 07 选择工具箱中的"贝塞尔工具" 和"椭圆形工具" ，绘制图形，并填充不同的颜色，效果如图 13-100 所示。

图 13-98 透明度   图 13-99 绘制图   图 13-100 绘制椭
效果   形   圆

STEP 08 框选所有彩色图形，按 Ctrl+G 快捷键组合对象，单击右键，将其拖至黑色椭圆内，释放右键，在弹出的快捷菜单中选择"图框精确裁剪内部"。选中图形，单击右键，在弹出的快捷菜单中选择"编辑内容"，运用选择工具调整好位置后，单击右键，在弹出的快捷菜单中选择"结束编辑"，效果如图 13-101 所示。

STEP 09 选择工具箱中的"椭圆工具" 绘制椭圆，效果如图 13-102 所示。

图 13-101 精确裁剪效果   图 13-102 复制椭圆

STEP 10 参照上述操作方法，等比例缩小复制椭圆，并填充如图 13-103 所示渐变色，效果如图 13-104 所示。

图 13-103 渐变参数   图 13-104 复制椭圆

STEP 11 参照上述操作方法，等比例缩小复制椭圆，并填充颜色为白色，效果如图 13-105 所示。

STEP 12 选择工具箱中的"矩形工具" 绘制一个"宽度"为 50mm，"高度"为 48mm 的矩形，并填充颜色为黑色。选择工具箱中的"椭圆形工具" 绘制一个椭圆，选中椭圆和矩形，按 E 键将其水平居中对齐，效果如图 13-106 所示。

 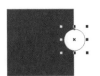

图 13-105 复制椭圆   图 13-106 绘制图形

STEP 13 选中两个图形，单击属性栏中的"修剪"按钮 ，删去椭圆，效果如图 13-107 所示。

STEP 14 选中图形，选择工具箱中的"阴影工具" ，在属性栏中的"预设"下拉列表框中选择"平面右下"，设置 X 轴阴影偏移 1.5mm，Y 轴阴影偏移 -1mm，效果如图 13-108 所示。

STEP 15 选中阴影，执行【对象】|【拆分】命令拆分阴影群组。

STEP 16 参照前面的操作方法，绘制彩色图形，效果如图 13-109 所示。

图 13-107 修剪效果   图 13-108 阴影   图 13-109 绘制图
效果   形

STEP 17 群组彩图，精确裁剪至黑色矩形内，并输入文字，得到最终效果如图 13-110 所示。

图 13-110 最终效果

纤蓓瘦

　　本产品设计，以嫩绿色为基调，表现出产品绿色健康的性质。再配以纤细苗条的平面矢量美女，将其使用效果直观地展现出来。本实例主要运用了矩形工具、贝塞尔工具、椭圆形工具等工具，并使用了"图框精确裁剪内部"等命令。

🗂 文件路径：目标文件 \ 第 13 章 \138\ 纤蓓瘦 .cdr

🎬 视频文件：视频 \ 第 13 章 \138 纤蓓瘦 .mp4

📖 难易程度：★ ★ ★ ☆ ☆

STEP 01 执行【文件】|【新建】命令，弹出【创建新文档】对话框，设置"宽度"为 400mm，"高度"为 240mm，单击"确定"按钮。

STEP 02 选择工具箱中的"矩形工具" ▭，绘制一个宽为 198mm，高为 143 的矩形。按 F11 键弹出【渐变填充】对话框，设置参数如图 13-111 所示。单击"确定"按钮，效果如图 13-112 所示。

图 13-111 渐变参数　　　　图 13-112 渐变效果

STEP 03 按"+"键复制一层，在属性栏中设置"宽度"为 65mm。选中两矩形，按 L 键，左边对齐图形，选中小矩形，按住 Ctrl 键，将光标定位在图形右边，出现双向箭头时往左拖动，并填充如图 13-113 所示渐变色，效果如图 13-114 所示。

图 13-113 渐变参数　　　　图 13-114 复制图形

STEP 04 参照上述操作，继续绘制矩形，并填充不同的渐变色。选中最左边矩形在属性栏中设置左上角和左下角的转角半径为 8mm，效果如图 13-115 所示。

STEP 05 选中上面的小矩形，按 Ctrl+Q 快捷键将图形转曲，并选择工具箱中的"形状工具" ⬚，在图上增加节点，删除部分节点后，效果如图 13-116 所示。

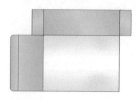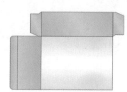

图 13-115 绘制矩形　　　　图 13-116 调整图形

STEP 06 选择工具箱中的"贝塞尔工具" ⬚ 绘制图形，并填充如图 13-117 所示渐变色，效果如图 13-118 所示。

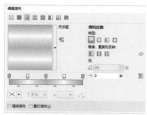

图 13-117 渐变填充参数　　　　图 13-118 绘制图形

STEP 07 参照上述操作，绘制图形，并填充从（C60，M0，Y100，K0）到（C20，M0，Y100，K0）的椭圆形渐变，效果如图 13-119 所示。

STEP 08 选择工具箱中的"贝塞尔工具" ⬚ 绘制人物头发，效果如图 13-120 所示。

STEP 09 参照上述操作，绘制人体，效果如图 13-121 所示。

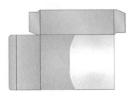

图 13-119　绘制图形

图 13-120 绘制头发　　图 13-121 绘制人体

STEP 10 运用"贝塞尔工具"⊠绘制脸部五官和头发，分别填充颜色为黑色、白色和红色（C0，M42，Y46，K0），并去除轮廓线，效果如图 13-122 所示。

STEP 11 运用"贝塞尔工具"⊠绘制眼影，并填充颜色为黄色（C0，M9，Y62，K0），并去除轮廓线，效果如图 13-123 所示。

STEP 12 选中图形，选择工具箱中的"透明度工具"🔲在眼影上从下往上拖动，效果如图 13-124 所示。

图 13-122 绘制五官　图 13-123 绘制眼影　图 13-124 透明度效果

STEP 13 选择工具箱中的"贝塞尔工具"⊠绘制阴影部分，并填充颜色为黄色（C0，M9，Y62，K0），并去除轮廓线，效果如图 13-125 所示。

STEP 14 绘制裙子，并填充渐变色，设置参数如图 13-126 所示。

图 13-125 绘制图形　　　　图 13-126 渐变参数

STEP 15 单击"确定"按钮，效果如图 13-127 所示。

STEP 16 选择工具箱中的"贝塞尔工具"⊠，绘制衣服阴影部分，并填充颜色为绿色（C100，M0，Y100，K0），效果如图 13-128 所示。

图 13-127 渐变效果　　　　图 13-128 绘制图形

STEP 17 选中人物，按 Ctrl+G 快捷键组合对象。单击右键，将其拖至不规则的绿色图形中，释放后在弹出的快捷菜单中选择"图框精确裁剪内部"。选中图形，单击右键选择"编辑内容"，调整好位置后，单击右键选择"结束编辑"，效果如图 13-129 所示。

STEP 18 执行【文件】|【导入】命令，选择素材文件，单击"导入"按钮，并调整好位置，效果如图 13-130 所示。

图 13-129 精确裁剪内部　　图 13-130 导入素材

STEP 19 选择工具箱中的"矩形工具"🔲绘制瓶子，并填充如图 13-131 所示渐变色，效果如图 13-132 所示。

STEP 20 运用"矩形工具"绘制长条矩形，设置透明度为 50，并执行【位图】|【转换为位图】命令，再执行【位图】|【模糊】|【高斯式模糊】命令，复制一个并调整至合适位置，增加瓶子两边高光强度，效果如图 13-133 所示。

图 13-131 渐变参数　　图 13-132 绘制图形　图 13-133 高斯式模糊效果

STEP 21 运用"矩形工具"🔲绘制矩形，填充从绿色（C20，M10，Y25，K0）到白色到绿色（C20，M10，Y25，K0）的线性渐变，并精确裁剪至瓶盖内，效果如图 13-134 所示。

STEP 22 运用"矩形工具"绘制多条细长矩形，填充颜色为灰色（C0，M0，Y0，K20），并精确裁剪瓶盖内，效果如图 13-63 所示。

STEP 23 参照上述操作，复制盒子上的广告图形，将其精确裁剪至瓶子上，效果如图 13-136 所示。

图 13-134 绘制图形　图 13-135 绘制矩形　图 13-136 图框精确裁剪内部

227

STEP 24 选择工具箱中的"贝塞尔工具"□绘制图形，并填充灰白灰白渐变色，效果如图 13-137 所示。

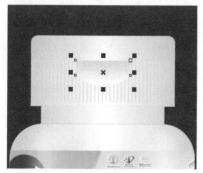

图 13-137 渐变效果

STEP 25 选择工具箱中的"选择工具"□，将图形调整好大小和位置，得到最终效果如图 13-138 所示。

图 13-138 最终效果

13 9 学生奶

饮品类包装

　　本例制作的是奶制品的包装，通过绿色的底色，体现出产品健康的性质；通过醒目的红色字体展示出该产品是针对学生而研制的。本实例主要运用了矩形工具、贝塞尔工具、椭圆形工具、立体工具化等工具，并使用了"图框精确裁剪内部"等命令。

📁 文件路径：目标文件 \ 第 13 章 \139\ 学生奶 .cdr

🎬 视频文件：视频 \ 第 13 章 \139 学生奶 .mp4

📖 难易程度：★ ★ ★ ☆ ☆

STEP 01 执行【文件】|【新建】命令，弹出【创建新文档】对话框，设置"宽度"为 297mm，"高度"为 210mm，单击"确定"按钮。

STEP 02 选择工具箱中的"矩形工具"□，绘制一个宽为 63mm，高为 113 mm 的矩形，按"+"键复制一个作备用。选中一个图形，填充颜色为灰色，选择工具箱中的"立体化工具"□，在属性栏中的"预设"下拉列表框中选择"立体右上"，其他参数效果如图 13-139 所示。

STEP 03 选择另一个矩形，填充颜色为白色，按"+"键复制一个，并在属性栏中设置高度为 30mm。选中两个矩形，按 T 键将其顶端对齐，选中小矩形按住 Ctrl 键，将光标定位在图形下边，出现双向箭头时往上拖动，效果如图 13-140 所示。

STEP 04 参照上述操作，绘制其他矩形，并设置宽度为 38.5mm。全选矩形，按 Ctrl+G 快捷键组合对象，效果如图 13-141 所示。

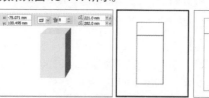

图 13-139 立体化参数 图 13-140 绘 图 13-141 复
及效果 制矩形 制矩形

STEP 05 参照上述操作，绘制矩形，并填充颜色为蓝色（C100，M40，Y0，K0），效果如图 13-142 所示。

STEP 06 选择工具箱中的"椭圆形工具"□绘制两

个大小不一的椭圆，并填充颜色为白色，去除轮廓线。选择工具箱中的"调和工具" 🔲，从一个圆拖至另一圆上，在属性栏中设置调和对象为10，效果如图13-143所示。

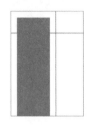
图 13-142 绘制矩形

图 13-143 调和效果

STEP 07 按"+"键复制多个，将其中一个拖至另一端。框选所有白色圆形，按 Ctrl+Shift+A 快捷键弹出【对齐与分布】对话框，设置参数如图13-144所示。

STEP 08 单击"应用"按钮，效果如图13-145所示。

图 13-144 对齐与分布参数

图 13-145 对齐与分布效果

STEP 09 选择工具箱中的"贝塞尔工具" 🖊 绘制杯子和牛奶，分别填充白色、黑色、蓝色（C100，M20，Y0，K0）和浅蓝色（C40，M0，Y0，K0），效果如图13-146所示。

STEP 10 选择工具箱中的"贝塞尔工具" 🖊 和"椭圆形工具" 🔘 绘制椭圆，并设置轮廓色为蓝色（C100，M0，Y0，K0），宽度为0.1mm，填充色为无，效果如图13-147所示。

图 13-146 绘制图形

图 13-147 绘制图形

STEP 11 运用"贝塞尔工具"，绘制图形，并填充黑色和浅蓝色（C40，M0，Y0，K0），效果如图13-148所示。

STEP 12 参照上述操作，绘制蓝色泡泡，填充颜色为蓝色（C100，M20，Y0，K0）和白色，效果如图13-149所示。

图 13-148 绘制图形

图 13-149 绘制椭圆

STEP 13 执行【文件】|【打开】命令，选择素材文件，单击"打开"按钮，将奶牛复制到当前编辑窗口，并调整好位置，效果如图13-150所示。

STEP 14 选择工具箱中的"矩形工具" 🔲 和"椭圆形工具" 🔘 绘制图形，选择两个图形，按 C 键将其垂直中心对齐，按 E 键将其水平中心对齐。单击属性栏中的"合并"按钮 🔲，并填充从蓝色（C100，M100，Y0，K0）到白色（C100，M20，Y0，K0）的线性渐变，效果如图13-151所示。

STEP 15 选中图形，选择工具箱中的"轮廓图工具" 🔲，从中心往外拖动，在属栏中设置轮廓图步长为2，轮廓图偏移为0.2mm。选中轮廓，执行【对象】|【拆分轮廓图群组】命令，并分别填充颜色为蓝色（C100，M100，Y0，K0）和白色，效果如图13-152所示。

图 13-150 导入素材

图 13-151 绘制图形

图 13-152 轮廓图效果

STEP 16 参照上述操作绘制图形，效果如图13-153所示。

STEP 17 参照前面的操作方法，添加文字和LOGO素材，效果如图13-154所示。

STEP 18 选中左边两个白色矩形，按 Ctrl+G 快捷键组合对象，框选左边的彩色图形进行组合对象，并粗确裁剪到群组的矩形内。参照此方法，将侧面的图形也精确裁剪到侧面的矩形内，效果如图13-155所示。

图 13-153 绘制图形

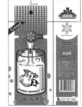
图 13-154 添加素材

图 13-155 裁剪效果

STEP 19 选中图形和立体图形，按 B 键将其底端对齐，按 L 键将其左端对齐。选中上层图形，单击属性栏中的"取消组合所有对象"按钮，选择工具箱中的"选择工具"进行压窄和斜切调整，效果如图 13-156 所示。

STEP 20 参照上述操作调整侧面，效果如图 13-157 所示。

STEP 21 选择侧面按"+"键复制一层，单击右键选择提取内容，删去内容，并填充颜色为黑色。选择工具箱中的"透明度工具"，在图形上拖动，使侧面具有受光线影响而形成的暗面，效果如图 13-158 所示。

STEP 22 参照上述操作，给上面添加暗面并复制一个，得到最终效果如图 13-159 所示。

图 13-159 最终效果

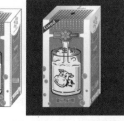

图 13-156 调整图形　　图 13-157 调整图形　　图 13-158 透明度效果

140 洗面奶及沐浴露

化妆品类包装

　　本例制作的化妆品包装，采用了大量的白色，以其与细小的对称图案作为对比，形成简约和淡雅的特色。本实例主要运用了贝塞尔工具、网状填充工具、椭圆形工具、矩形工具等工具，并使用了"修剪"按钮。

文件路径：目标文件\第13章\140\洗面奶及沐浴露.cdr

视频文件：视频\第13章\140 洗面奶及沐浴露.mp4

难易程度：★ ★ ★ ☆ ☆

14 1 唐森锅

家电类包装

唐森锅包装的设计，以卡通化的设计使画面生动有趣，并运用色彩艳丽的蔬菜作为烘托，突出主体健康、新鲜的特质。本实例主要运用了矩形工具、贝塞尔工具、椭圆形工具、透明度工具等工具。并使用了"修剪"按钮。

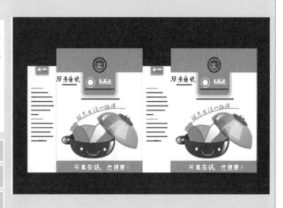

文件路径：目标文件 \ 第 13 章 \141\ 唐森锅 .cdr

视频文件：视频 \ 第 13 章 \141 唐森锅 .mp4

难易程度：★ ★ ★ ☆ ☆

网页设计

14 5

14 6

14 4

14 7

14 3

14 8

本章内容

网站是企业向用户和网民提供信息（包括产品和服务）的一种方式，是企业开展电子商务的基础设施和信息平台，离开网站（或者只是利用第三方网站）去谈电子商务是不可能的。企业的网址被称为"网络商标"，也是企业无形资产的组成部分，而网站是 INTERNET 上宣传和反映企业形象和文化的重要窗口。因此，网页设计显得尤为重要。

14.2 EPS10Vector

音乐类网站网页

音乐网的设计，以黑色为背景，通过无数耀眼的光线与之形成对比。以流线形的图形，体现出音乐的动感节奏。本实例主要运用了矩形工具、网状填充工具、椭圆形工具、文本工具、透明度工具、贝塞尔工具、形状工具等工具，并使用了"图框精确裁剪内部"命令。

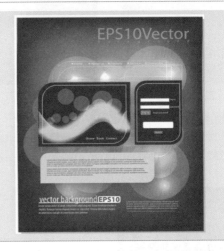

📁 文件路径：目标文件 \ 第 14 章 \142\EPS10Vector.cdr

🎬 视频文件：视频 \ 第 14 章 \142 EPS10Vector.mp4

📖 难易程度：★ ★ ★ ☆ ☆

STEP 01 执行【文件】|【新建】命令，新建文档，在属性栏中设置"宽度"为 200mm，"高度"为 250mm。双击工具箱中的"矩形工具"▢，绘制一个与画板大小相同的矩形，并填充颜色为黑色，效果如图 14-1 所示。

STEP 02 选择工具箱中的"网状填充工具"▦，为黑色矩形填充颜色，效果如图 14-2 所示。

图14-1 绘制矩形　　图14-2 网格填充效果

STEP 03 选择工具箱中的"椭圆形工具"◯，绘制多个不同大小的椭圆，并填充颜色为白色，去除轮廓线，效果如图 14-3 所示。选中所有椭圆，选择工具箱中的"透明度工具"▨，在属性栏中设置透明度类型为"均匀透明度"，合并模式为"绿"，如图 14-4 所示参数。

图14-3 绘制椭圆　图14-4 透明度参数及效果　图14-5 绘制圆角矩形

STEP 04 按 F6 键，绘制一个矩形，在属性栏中设置左上角和右下角的转角半径为 50。按 F12 键打开【轮廓笔】对话框，设置轮廓"宽度"为 1，轮廓"颜色"为白色，效果如图 14-5 所示效果。

STEP 05 按"+"键复制多个，并调整好位置和大小。选择工具箱中的"透明度工具"▨，在属性栏中设置透明度类型为"均匀透明度"，效果如图 14-6 所示。

STEP 06 选择工具箱中的"椭圆形工具"绘制一个椭圆，填充从灰色（C82，M75，Y76，K75）到白色的椭圆形渐变，效果如图 14-7 所示。

STEP 07 选择工具箱中的"透明度工具"▨，在属性栏中设置透明度类型为"均匀透明度"，合并模式为"除"，中心节点透明度为 50，如图 14-8 所示参数。

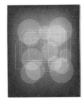
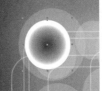

图14-6 复制图形　图14-7 绘制图形　图14-8 透明度效果

STEP 08 复制多个并调整大小和位置，效果如图 14-9 所示。

STEP 09 参照上述操作方法绘制图形，分别填充颜色为黑色、白色和灰色，效果如图 14-10 所示。

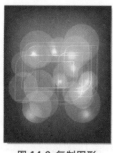

图 14-9 复制图形

图 14-10 绘制图形

STEP 10 框选图形，并按 Ctrl+G 快捷键将其组合。选择工具箱的"阴影工具" ，在群组图形上拖动，效果如图 14-11 所示。选择工具箱中的"贝塞尔工具" 绘制两条曲线，效果如图 14-12 所示。

图 14-11 阴影效果

图 14-12 绘制曲线

STEP 11 选中两条曲线，选择工具箱中的"调和工具" ，从一条线上拖动到另一条线上，效果如图 14-13 所示。

STEP 12 选择工具箱中的"贝塞尔工具" 绘制一个不规则图形，填充颜色为绿色 (C40，M0，Y100，K0)，并执行【位图】|【转换为位图】命令，设置参数如图 14-14 所示。

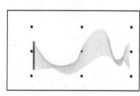

图 14-13 调和效果

图 14-14 转换为位图参数

STEP 13 执行【位图】|【模糊】|【高斯式模糊】命令，设置"半径"值为 7 像素，效果如图 14-15 所示。

STEP 14 将调和曲线放置在模糊图层之上，并组合两个图层。右键拖动组合的图形至黑色图形内，松开并在弹出的快捷菜单中选择"图框精确裁剪内部"。单击右键选择"编辑内容"，选择工具箱中的"选择工具" 调整好位置，单击右键选择"结束编辑"，效果如图 14-16 所示。

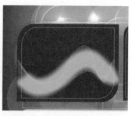

图 14-15 高斯式模糊效果　　图 14-16 精确裁剪内部效果

STEP 15 选择工具箱中的"椭圆工具" 绘制多个大小不一的椭圆，填充颜色为白色，组合椭圆。选择工具箱中的"透明度工具" ，在属性栏中的设置透明度类型为"均匀透明度"，合并模式为"绿色"，中心节点透明度为 80，效果如图 14-17 所示。

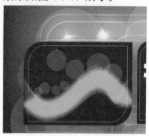

图 14-17 透明度效果

STEP 16 选择工具箱中的"文本工具" ，输入文字，得到最终效果如图 14-18 所示。

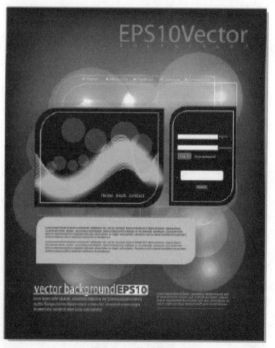

图 14-18 最终效果

14 3 巧克力之吻

食品企业类网页

　　本例制作的是食品企业的网页，运用多种类型的巧克力为背景，点明了网站的类型。通过圆形手袋的巧妙设计，使整个页面新颖独特。本实例主要运用了矩形工具、艺术笔工具、椭圆工具、文本工具、阴影工具等工具，并使用了"插入字符"命令。

文件路径：目标文件 \ 第 14 章 \143\ 巧克力之吻 .cdr

视频文件：视频 \ 第 14 章 \143 巧克力之吻 .mp4

难易程度：★ ★ ★ ☆ ☆

STEP 01 执行【文件】|【新建】命令，新建文档，在属性栏中设置"宽度"为 950 像素，"高度"为 672 像素。执行【文件】|【导入】命令，选择背景素材，单击"导入"按钮，导入素材。选择工具箱中的"选择工具"调整好位置和大小，效果如图 14-19 所示。

STEP 02 参照上述操作方法，继续添加素材 1 内的素材。选择工具箱中的"选择工具"调整好素材后，选择工具箱中的"阴影工具"，在新添加的素材上拖动，效果如图 14-20 所示。

图 14-19 导入素材　　　　图 14-20 添加阴影效果

STEP 03 选择工具箱中的"椭圆形工具"，在图像窗口中绘制一个椭圆，填充颜色为白色。按 F12 键，弹出【轮廓笔】对话框，设置"颜色"为褐色 (C36，M90，Y92，K2)，"宽度"为 2pt，单击"确定"按钮。参照上述操作方法，为其添加阴影，效果如图 14-21 所示。

STEP 04 选择工具箱中的"贝塞尔工具"在椭圆上绘制一曲线，选择工具箱中的"艺术笔工具"，在属性栏中设置相关参数，将生成的图形填充 (C0，M60，Y60，K40)，效果如图 14-22 所示。

图 14-21 绘制椭圆　　　图 14-22 艺术笔参数及效果

STEP 05 选择工具箱中的"矩形工具"，绘制一个矩形，并填充颜色为深褐色 (C66，M91，Y93，K30)，在属性栏中设置矩形转角半径为 8PX，效果如图 14-23 所示。

STEP 06 按"+"键，复制一个圆角矩形，并填充颜色为 (C53，M84，Y95，K11)。按住 Shift 键不放，将光标移至图形右上角，往内拖动，等比例缩小，效果如图 14-24 所示。

图 14-23 绘制圆角矩形　　　图 14-24 复制圆角矩形

STEP 07 参照上述操作方法绘制圆角矩形，并填充从 (C0，M60，Y60，K40) 到 (C0，M60，Y80，K20) 的线性渐变色，效果如图 14-25 所示。

STEP 08 选择工具箱中的"矩形工具"，绘制三个小正方形分别填充颜色为洋红色 (C0，M100，Y0，K0) 和桔黄 (C0，M60，Y100，K0)，效果如图 14-26 所示。

图 14-25 复制圆角矩形

图 14-26 绘制正方形

STEP 09 按 Ctrl+F11 快捷键打开插入字符面板，如图 14-27 所示。选择工具箱中的"选择工具" 将心形拖入图像窗口，填充颜色为白色去除轮廓线，并调整好大小和位置。参照上述操作方法添加阴影，效果如图 14-28 所示。

图 14-27 插入字符面板

图 14-28 插入字符效果

STEP 10 选择工具箱中的"文本工具" 输入文字，并设置字体为"方正水柱简体"，效果如图 14-29 所示。

STEP 11 选择工具箱中的"椭圆形工具" 绘制多个椭圆，填充颜色为白色，并添加阴影，效果如图 14-30 所示。

图 14-29 输入文字

图 14-30 绘制椭圆

STEP 12 选中大圆，复制两个并调整大小，效果如图 14-31 所示。

STEP 13 选中红绿两个圆，单击属性栏中的"修剪"按钮 ，删去中间的红色椭圆，并填充渐变色，效果如图 14-32 所示。

图 14-31 复制椭圆

图 14-32 修剪效果

STEP 14 参照上述操作方法，为其他小圆绘制内圈，效果如图 14-33 所示。

STEP 15 选择工具箱中的"贝塞尔工具" ，绘制

结果如图 14-34 所示。

图 14-33 绘制椭圆

图 14-34 绘制图形

STEP 16 选择不规则图形与大圆内圈，单击属性栏中的"合并"按钮 ，图形效果如图 14-35 所示。

STEP 17 参照上述操作方法，绘制白色大圆的带尾，效果如图 14-36 所示。

图 14-35 合并效果

图 14-36 绘制图形

STEP 18 选择工具箱中的"矩形工具" 绘制多个矩形，并填充颜色为灰色 (C0，M0，Y0，K30)，调整位置，效果如图 14-37 所示。

STEP 19 参照前面的操作方法，导入图片素材，并调整好位置，效果如图 14-38 所示。

图 14-37 绘制矩形

图 14-38 添加素材

STEP 20 参照前面的操作方法，选择工具箱中的"文本工具" ，输入文字，得到最终效果如图 14-39 所示。

图 14-39 最终效果

14 4 华盛舞蹈

艺术舞蹈网页

　　本例制作的是华盛舞蹈网的页面，以黑色和土黄色的交叉互搭为突破点，为视觉带来强烈冲击。通过添加抽象化人物，体现出网站的性质和现代舞蹈的活力。本实例主要运用了矩形工具、贝塞尔工具、星形工具、文本工具、立体化工具等工具。

📁 文件路径：目标文件 \ 第 14 章 \144\ 华盛舞蹈 .cdr

🎬 视频文件：视频 \ 第 14 章 \144 华盛舞蹈 .mp4

📖 难易程度：★ ★ ★ ☆ ☆

STEP 01 执行【文件】|【新建】命令，新建一文档，在属性栏中设置"宽度"为 950 像素，"高度"为 1179 像素。

STEP 02 双击工具箱中的"矩形工具"⬜，绘制一个与画板大小相同的矩形，并填充如图 14-40 所示渐变色，效果如图 14-41 所示。

图 14-40 渐变参数　　　图 14-41 渐变效果

STEP 03 选择工具箱中的"矩形工具"⬜，绘制多个矩形，并在属性栏中设置矩形的转角半径为 10，效果如图 14-42 所示。

STEP 04 选择工具箱中的"贝塞尔工具"✏️绘制一个不规则图形，并填充颜色为黄色 (C0，M33，Y100，K4)。按 Ctrl+PageDown 快捷键调整图层顺序，效果如图 14-43 所示。

图 14-42 绘制圆　　图 14-43 绘制图　　图 14-44 立体化
角矩形　　　　　　形　　　　　　　效果

STEP 05 选择图形，选择工具箱中的"立体化工具"⬜，在图形上拖动，单击"照明"按钮，选择照明1，效果如图 14-54 所示。

STEP 06 选中图形，按"+"键复制一层，选择无填充，设置轮廓"颜色"为 (C0，M22，Y90，K0)，"宽度"为 3pt，效果如图 14-55 所示。

STEP 07 框选图形，按"+"键复制多个，并更改颜色，效果如图 14-56 所示。

STEP 08 执行【文件】|【打开】命令，选择素材，单击"打开"按钮。将相应的素材复制到当前编辑窗口，并选择工具箱中的"选择工具"🔧调整好位置和大小，效果如图 14-57 所示。

图 14-45 描边效　图 14-46 复制图　图 14-47 导入素
果　　　　　　　形　　　　　　　材

STEP 09 参照上述操作方法，继续绘制另一个立体图，并添加人物素材，效果如图 14-48 所示。

STEP 10 选择工具箱中的"星形工具"⭐，在属性栏中设置点数为 15，锐度为 60，在图像窗口中绘制图形，并填充颜色为黄色 (C0，M60，Y100，K0)，效果如图 14-49 所示。

STEP 11 选中图形，选择工具箱中的"轮廓图工具"⬜，在属性栏中设置轮廓步长为 2，偏移为 4PX，在

图形上拖动。执行【排列】|【拆分轮廓图群组】命令，分别填充颜色，效果如图 14-50 所示。

图 14-48 绘制图形　图 14-49 绘制星形　图 14-50 轮廓图效果

STEP 12 参照上述操作方法，绘制其他星形，并调整到适合位置，效果如图 14-51 所示。

STEP 13 运用选择工具箱中的"贝塞尔工具" ，绘制如图 14-62 所示图形，并选择工具箱中的"选择工具" 调整好位置，效果如图 14-53 所示。

 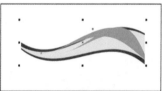

图 14-51 绘制星形　　图 14-52 绘制图形

技巧点拨

绘制星形时，如果只有颜色不同，则可以通过先复制，再分别改变颜色的方法实现，这样会更快捷。

STEP 14 选择工具箱中的"贝塞尔工具" ，绘制如图 14-54 所示图形，并填充颜色为灰色，复制多个。

图 14-53 调整图形　　　　图 14-54 绘制图形

STEP 15 选择工具箱中的"文本工具" ，输入文字，得到最终效果，如图 14-55 所示。

图 14-55 最终效果图

14.5 LUGGAME 网页

教育类网页

本网页以打开的作业本为主导，点明了该网站是属于教育类的。同时，运用多彩绚丽的水滴形元素，给画面增添了动感，使人印象深刻。本实例主要运用了矩形工具、贝塞尔工具、表格工具、文本工具等工具。并使用了"位置"泊坞窗。

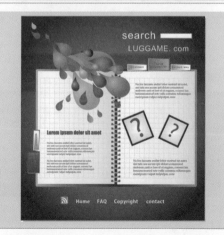

📁 文件路径：目标文件 \ 第 14 章 \145\LUGGAME 网页 .cdr

🎬 视频文件：视频 \ 第 14 章 \145 LUGGANE 网页 .mp4

📖 难易程度：★★★★☆

STEP 01 执行【文件】|【新建】命令，新建文档，在属性栏中设置"宽度"为 950px，"高度"为 1028px。

STEP 02 双击工具箱中的"矩形工具" ，绘制一个与画板大小相同的矩形，并填从黑色到 (C100, M20, Y0, K0) 的渐变色，效果如图 14-56 所示。

STEP 03 选择工具箱中的"矩形工具" 绘制两个矩形，并填充颜色为黑色 (C100, M100, Y100, K100)。选择工具箱中的"透明度工具" ，在属性栏中设置透明类型为"均匀透明度"，透明度为 90，将两个矩形部分重叠，效果如图 14-57 所示。

图 14-56 渐变效果　　　　图 14-57 透明效果

STEP 04 选择工具箱中的"选择工具" 调整到合适位置，效果如图 14-58 所示。

STEP 05 选择工具箱中的"矩形工具" 绘制一个 834 * 593PX 的矩形，并填充如图 14-59 所示渐变色。

图 14-58 调整位置　　　　图 14-59 渐变参数

STEP 06 单击"确定"按钮，效果如图 14-60 所示。

STEP 07 参照上述操作方法，绘制两个矩形，并填充白色到灰色 (C8, M6, Y6, K0) 的渐变色，效果如图 14-61 所示。

图 14-60 渐变效果　　　　图 14-61 绘制矩形

STEP 08 选择工具箱中的"表格工具" ，在属性栏中设置相关参数，颜色值为浅蓝色 (C20, M0, Y0, K0)，在图像窗口中绘制两个网格，并调好大小，效果如图 14-62 所示。

STEP 09 选择工具箱中的"贝塞尔工具" 和"矩形工具" 绘制图形，并分别填充相应的线性渐变色，效果如图 14-63 所示。

图 14-62 表格参数及　　　图 14-63 绘制图形
效果

STEP 10 选中图形，按 Alt+F7 快捷键打开"位置"泊坞窗，设置如图 14-64 所示，

STEP 11 单击"应用"按钮，效果如图 14-65 所示。

图 14-64 位置参数　　　　图 14-65 复制效果

STEP 12 参照上述操作方法，绘制矩形图形，并填充灰白渐变色，效果如图 14-66 所示。

STEP 13 参照上述操作方法，绘制矩形，填充不同的渐变色，如图 14-67 所示。

图 14-66 绘制矩形　　　　图 14-67 绘制矩形按钮

STEP 14 选择工具箱中的"贝塞尔工具" 绘制一个不规格图形，并填充从 (C0, M96, Y96, K0) 到 (C2, M30, Y95, K0) 的椭圆形渐变，效果如图 14-68 所示。

STEP 15 参照上述操作方法，绘制多个图形，填充不同的渐变色，并设置不同的透明度，效果如图 14-69 所示。

图 14-68 绘制图形

图 14-69 复制并调整图形

STEP 16 照上述操作方法，绘制图形并调整好位置，效果如图 14-70 所示。

图 14-70 绘制图形

STEP 17 选择工具箱中的"文本工具"[字]，输入文字，得到最终效果如图 14-71 所示。

图 14-71 最终效果

14 6 优优商店
商店类网页

本网页以暖色系的黄色为主导，整个画面洁净质朴；餐具的设计形象鲜明，与背景色相融合，营造出家庭式的温馨氛围。本实例主要运用了矩形工具、椭圆形工具、贝塞尔工具、文本工具等工具。

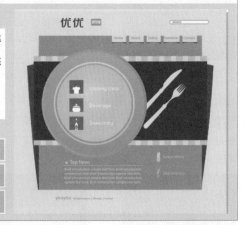

🗂 文件路径：目标文件 \ 第 14 章 \146\ 优优商店 .cdr

🎬 视频文件：视频 \ 第 14 章 \146 优优商店 .mp4

📖 难易程度：★ ★ ★ ☆ ☆

STEP 01 执行【文件】|【新建】命令，新建文档，在属性栏中设置"宽度"为 950px，"高度"为 888px。双击工具箱中的"矩形工具"[□]，绘制一个与画板大小相同的矩形，并填充颜色为黄色 (C2, M5, Y25, K0)，效果如图 14-72 所示。

STEP 02 选择工具箱中的"贝塞尔工具"[□]绘制一个扇形，并填充颜色为颜色褐色 (R53, G26, B11)，效果如图 14-73 所示。

STEP 03 选择工具箱中的"矩形工具"[□]绘制两个矩形，并分别填充颜色为 (R180, G149, B69) 和

（R250，G213，B158），效果如图 14-74 所示。

图 14-72 绘制矩形　图 14-73 绘制图形　图 14-74 绘制矩形

STEP 04 参照上述操作方法，绘制小矩形条，并填充颜色（R253，G240，B223），效果如图 14-75 所示。

STEP 05 参照上述操作方法，绘制矩形，并填充颜色（R53，G26，B11），效果如图 14-76 所示。

STEP 06 选择工具箱中的"椭圆形工具"◎绘制一个椭圆，按 F11 键打开【渐变填充】对话框，设置从（R255，G217，B138）到 R242，G160，B17）的线性渐变，效果如图 14-77 所示。

图 14-75 绘制矩　图 14-76 绘制矩　图 14-77 绘制椭
形条　　　　　形　　　　　圆

STEP 07 选中椭圆，按住 Shift 键将光标移至图形右上角，出现双向箭头后，按住左键向内拖动，松开的同时单击右键，复制一个椭圆，并填充角度不一样的渐变色，效果如图 14-78 所示。

STEP 08 参照上述操作方法，绘制椭圆，并填充颜色从（C2，M8，Y42，K0）到（C2，M15，Y69，K0）的渐变色，效果如图 14-79 所示。

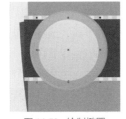

图 14-78　绘制椭圆　　　　图 14-79　绘制椭圆

STEP 09 参照上述操作方法继续绘制椭圆，并填充不同的渐变色，效果如图 14-80 所示。

STEP 10 选择工具箱中的"贝塞尔工具"◎绘制刀钗，并填充颜色为黄色（C2，M3，Y40，K0）。选中刀钗，按 Ctrl+PageDwon 快捷键调整图层顺序，效果如图 14-81 所示。

STEP 11 参照上述操作方法，运用"贝塞尔工具"◎绘制图形，并填充颜色（C54，M85，Y97，K12），效果如图 14-82 所示。

图 14-80　绘制椭圆　　　　图 14-81　绘制图形

STEP 12 参照上述操作方法，运用"矩形工具"□绘制矩形，并填充颜色（C2，M6，Y24，K0），效果如图 14-83 所示。

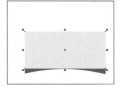

图 14-82　绘制图形　　　　图 14-83　绘制矩形

STEP 13 选中两个图形，按 Ctrl+G 快捷键组合对象，按"+"键复制两个，并调整好大小和位置，效果如图 14-84 所示。

STEP 14 参照上述操作方法，在图形右上角绘制一个白色矩形，在属性栏中设置矩形转角半径为 100。按 F12 键，弹出【轮廓笔】对话框，设置"颜色"为（C21，M35，Y86，K0），"宽度"为 0.3pt。单击"确定"按钮，效果如图 14-85 所示。

STEP 15 参照上述操作方法，绘制其他小图形，选择工具箱中的"文本工具"▣，在右上角的选项卡处绘制一个段文本框，执行【文本】｜【栏】命令，在弹出的【栏设置】对话框中设置栏数为 5，宽度分别为 68 和 11PX，单击"确定"按钮，输入文字，设置字体大小 3pt，并调整好位置，效果如图 14-86 所示。

图 14-84　复制图　图 14-85　绘制圆　图 14-86　绘制图
形　　　　角矩形　　　　形

STEP 16 选择工具箱中的"文本工具"▣，输入文字，得到最终效果如图 14-87 所示。

图 14-87　最终效果

星周刊

娱乐类网页

　　本实例构图简洁、紧凑、有序，色彩明亮、多样，色调搭配得当，视觉冲击力大。主要运用了矩形工具、椭圆形工具、渐变工具，基本形状工具、文本工具、贝塞尔工具、透明度工具、立体化工具等工具。并运用了"群组""导入""旋转"和"添加透视"命令。

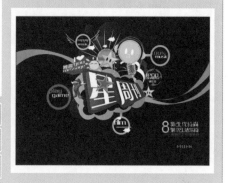

📁 文件路径： 目标文件 \ 第 14 章 \147\ 星周刊 .cdr

🎬 视频文件： 视频 \ 第 14 章 \147 星周刊 .mp4

📖 难易程度： ★ ★ ★ ★ ☆

STEP 01 执行【文件】|【新建】命令，新建文档，在属性栏中设置"高度"为 297mm，"宽度"为 210mm，单击"确定"按钮，选择工具箱中的"矩形工具"，自动生成一个与页面同等大小的矩形，设置属性栏中的"高度"为 223mm，"宽度"为 167mm，填充颜色为黑色，效果图 14-88 所示。

STEP 02 选择工具箱中的"贝塞尔工具"，绘制彩带，按 F11 键，弹出渐变填充对话框，设置颜色为从（C0，M73，Y100，K0）到（C0，M45，Y98，K0）的线性渐变，其他参数如图 14-89 所示。

图 14-88 页面设置

图 14-89 【渐变填充】对话框

STEP 03 单击"确定"按钮，右键调色板上的无填充按钮，去除轮廓线，效果如图 14-90 所示。

STEP 04 选择工具箱中的"椭圆形工具"，绘制多个椭圆，选择工具箱中的"选择工具"，选中所绘制的椭圆，单击属性栏中的"合并"按钮，填充颜色为深红色（C54，M100，Y100，K44），将图形放至页面的相应位置上，效果如图 14-91 所示。

图 14-90 渐变填充

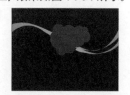

图 14-91 椭圆合并填充效果

STEP 05 参照上述方法，绘制其他几个图形，效果如图 14-92 所示。

STEP 06 选择工具箱中的"椭圆形工具"，按 Ctrl 键，绘制一个正圆，填充颜色为（C37，M0，Y95，K0）。

STEP 07 继续绘制一个正圆，填充颜色为（C54，M0，Y100，K0），将两个圆叠加。

STEP 08 选择工具箱中的"椭圆形工具"，绘制一个椭圆，选择工具箱中的"刻刀工具"，将椭圆平均裁切。

STEP 09 单击半圆，按 F10 键，再按 Ctrl+Q 快捷键，转换为曲线，进行转曲变形，填充颜色为（C54，M0，Y100，K0）。

STEP 10 按 "+" 键，复制半圆，按 Shift 键等比例缩小半圆，选择工具箱中的"透明度工具"，对复制的半圆进行透明度调整，将复制的图形放在原图之上，效果如图 14-93 所示。

图 14-92 椭圆合并填充排序　　图 14-93 绘制椭圆

STEP 11 选择工具箱中的"贝塞尔工具"，绘制两条曲线，设置属性栏中的"轮廓宽度"为 0.5mm，填充颜色为（C56，M0，Y100，K0），将曲线放到相应的位置。

STEP 12 选择工具箱中的"3点椭圆形工具" ，绘制两个椭圆，左键调色板上的"白色"色块，选择工具箱中的"贝塞尔工具" ，绘制一个音乐符，填充颜色为白色，效果如图 14-94 所示。

STEP 13 选择工具箱中的"选择工具" ，框选图形，按 Ctrl+G 快捷键组合图形，再按 Ctrl+PageDown 快捷键，向后调整图形的顺序，效果如图 14-95 所示。

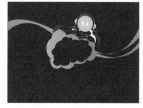

图 14-94 组合图形　　　图 14-95 向下调整顺序

STEP 14 继续使用"椭圆形工具" ，绘制两个正圆，将大的正圆填充颜色为白色，选中小的正圆，按 F11 键，弹出【渐变填充】对话框，设置参数如图 14-96 所示。

STEP 15 单击"确定"按钮，选择"3点椭圆形工具" ，绘制一个椭圆，按 F11 键，弹出【渐变填充】对话框，设置参数如图 14-97 所示。

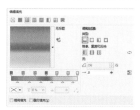

图 14-96 渐变填充对话框　　图 14-97 渐变填充对话框

STEP 16 单击"确定"按钮，按 Alt+F8 快捷键，弹出"旋转"泊坞窗，设置参数如图 14-98 所示。

STEP 17 单击"应用"按钮，按 Ctrl+G 快捷键，群组旋转的图形，将旋转好的图形放至圆的上方，选择工具箱中的"选择"工具 ，框选图形，按 Ctrl+G 快捷键，组合图形，将图形放至页面的相应位置，效果如图 14-99 所示。

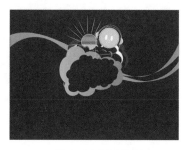

图 14-98 "旋转"泊坞窗　　图 14-99 页面效果

STEP 18 选择工具箱中的"椭圆形工具" ，绘制多个椭圆，选择工具箱中的"选择工具" ，框选绘制的椭圆，填充颜色为（C1，M0，Y56，K0）。

STEP 19 选择工具箱中的"贝塞尔工具" ，绘制曲线，填充颜色为（C33，M100，Y100，K3），放至相应位置，按 Ctrl 键向右拖动至合适的位置时单击右键，水平复制曲线，效果如图 14-100 所示。

STEP 20 选择工具箱中的"文本"工具 ，输入文字，设置属性栏中的字体为"方正粗倩简体"，字号为"24pt"，执行"效果"|"添加透视"命令，调整透视点，给文字添加透视效果，如图 14-101 所示。

STEP 21 保持文字的选择状态，选择工具箱中的"立体化工具" ，给文字绘制立体效果，单击属性栏中的立体化颜色，在下拉列表中选择使用纯色，填充颜色为红色，左键调色板上的红色，效果如图 14-102 所示。

图 14-100 绘制　图 14-101 文字的添　图 14-102 立体化
椭圆　　　　加透视　　　　效果

STEP 22 选中立体文字，将其放至页面的相应位置，按 Ctrl+PageDown 快捷键，向下排列到太阳的下面一层，效果如图 14-103 所示。

STEP 23 选择工具箱中的"椭圆形工具" ，按 Ctrl 键绘制两个大小不一的正圆，两个圆叠加，单击属性栏中"修剪"按钮 ，删除前面的正圆，左键调色板上的"红色"色块。

STEP 24 参照上述方法继续绘制圆环，颜色分别填充为（C0，M30，Y96，K0），（C0，M78，Y100，K0），（C0，M34，Y83，K0），将四个圆环放到页面的相应位置，效果如图 14-104 所示。

STEP 25 选择工具箱中的"椭圆形工具" ，绘制一个正圆，颜色填充为红色，继续使用"椭圆形工具" 在红色的正圆上绘制多个椭圆，框选椭圆，单击属性栏中的"合并"按钮 ，将图形填充为"黑色"，选中所绘制的圆，按 Ctrl+G 快捷键，组合图形，将圆放到页面的相应位置，效果如图 14-105 所示。

图 14-103 向下放　图 14-104 修剪图　图 14-105 圆的绘
置　　　　形　　　　制

STEP 26 选择"文本工具"，设置属性栏中的字体为"方正粗倩简体"，字号为"11pt"，输入文字，设置颜色为黄色（C0，M0，Y100，K0）。

STEP 27 继续输入文字，设置合适的字体和字号，效果如图14-106所示。

STEP 28 选择工具箱中的"文本工具"，输入文字，设置字体为"方正粗倩繁体"，字号为"18pt"，再按F11键，弹出【渐变填充】对话框，设置参数如图14-107所示。

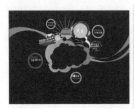

图 14-106 文本编辑 　　图 14-107 渐变填充对话框

STEP 29 单击"确定"按钮，按小键盘上的"+"键，复制文本，选中文本，单击属性栏中的"垂直镜像"按钮，将文字移至下方，选择工具箱中的"透明，效果如图14-108所示。

STEP 30 选择"文本工具"，输入"enter"，设置属性栏中的字体为"方正粗倩简体"，字号为"14pt"，颜色填充为（C0，M73，Y100，K0），输入"8"，设置字体为"方正粗倩简体"，字号为"54pt"，颜色填充为（C0，M20，Y51，K0），分别放至页面的相应位置，效果如图14-109所示。

STEP 31 选择工具箱中的"钢笔工具"，绘制图形，填充颜色为（C46，M100，Y100，K24），按"+"键，复制图形，按Shift键等比缩放图形，将图形放到原图之上，左键调色板上的"白色"色块，选择工具箱中的"透明度工具"，调整复制图形的透明度，效果如图14-110所示。

图 14-108 透明度　图 14-109 文字编　图 14-110 图形
　　　　工具　　　　　　辑　　　　　　绘制

STEP 32 选择工具箱中"文本工具"，输入文字，设置属性栏中的字体为"方正粗倩简体"，字号为"74pt"，颜色填充为白色，选中文字，执行"效果"|"添加透视"命令，给文字添加透视效果，选择工具箱中的"阴影工具"，给文字添加阴影，效果如图14-111所示。

STEP 33 选择工具箱中的"星形工具"，绘制三

个大小不一的星形，颜色分别填充为（C4，M7，Y94，K0）（C64，M73，Y65，K21）（C4，M7，Y94，K0），设置"轮廓宽度"为1.0mm，轮廓颜色分别填充为（C10，M37，Y100，K0）（C0，M46，Y64，K0）（C10，M37，Y100，K0）。选择工具箱中的"椭圆形工具"，绘制两个小椭圆，颜色填充黑色，复制一组，分别放至其他两个颜色一样的星形中，效果如图14-112所示。

图 14-111 添加透视 　　　图 14-112 文字编辑

STEP 34 选择工具箱中的"椭圆形工具"，绘制多个椭圆，形成云朵的图样，选择工具箱中的"选择工具"，框选图形，单击属性栏中的"合并"按钮，单击调色板上的"白色"色块，右键单击调色板上的无填充按钮，去除轮廓线。

STEP 35 参照上述方法绘制其他的云朵，分别放至页面的相应位置，效果如图14-113所示。

STEP 36 选择工具箱中的"贝塞尔工具"，绘制几条曲线，选择工具箱中的"选择工具"，框选图形，按Ctrl+G快捷键，组合图形，按"+"键，复制图形，单击属性栏中的"水平镜像"按钮。

STEP 37 选择工具箱中的"选择工具"，框选图形，填充颜色值为（C27，M46，Y100，K0）。

STEP 38 选择工具箱中的"椭圆形工具"，按Ctrl键，绘制正圆，左键调色板上的"白色"色块，选择工具箱中的"透明度工具"，设置属性栏中的透明类型为线性渐变透明度，合并模式为常规，透明度为100，对图形进行透明度调整，复制几个，按Shift键等比缩放，并将所有图形放至页面的相应位置，效果如图14-114所示。

图 14-113 绘制椭圆 　　　图 14-114 透明度效果

STEP 39 执行"文件"|"导入"命令，弹出"导入"对话框，导入目标文件超级玛丽psd，选择工具箱中的"选择工具"，将其拖入到页面的相应位置，

继续导入麦克风 psd，选择工具箱中的"选择工具"⬛，将素材放至页面的相应位置，得到最终效果，如图 14-115 所示。

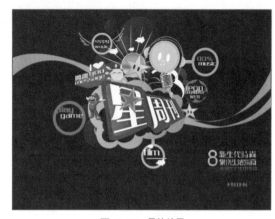

图 14-115 最终效果

14.8 炫舞

游戏类网页

本实例以炫光舞台为背景，突出此游戏的刺激，蓝色调图形，是当今游戏的主流色调，充满诱惑与神秘。主要运用了矩形工具、椭圆形工具、透明度工具，文本工具、折线工具、交互式填充工具等工具，并运用了"组合对象"命令、"导入"命令、"精确裁剪内部"等命令。

文件路径：	目标文件 \ 第 14 章 \148\ 炫舞 .cdr
视频文件：	视频 \ 第 14 章 \148 炫舞 .mp4
难易程度：	★ ★ ★ ★ ☆

STEP 01 执行【文件】|【新建】命令，新建文档，设置"宽度"为184mm，"高度"为160mm，双击工具箱中的"矩形工具"⬛，自动生成一个与页面大小一样的矩形，填充颜色为蓝色（R30，G29，B95），效果图 14-116 所示。

STEP 02 选择工具箱中的"椭圆形工具"⬛，在画面中绘制一个细长的椭圆，填充任意色，选择工具箱中的"阴影工具"⬛，在椭圆上拖出一条阴影，设置属性栏中"不透明度"为 50%，"羽化"为 80，"合并模式"为"ADD"，"阴影颜色"为蓝色，如图 14-117 所示。

STEP 03 按 Ctrl+K 快捷键，拆分阴影，删除原椭圆，选中阴影，按"+"键，复制一层，调整大小，框选阴影，拖动至合适位置，释放的同时单击右键，按 Ctrl+D 快捷键，进行再复制，如图 14-118 所示。

图 14-116 绘制矩　图 14-117 阴影　图 14-118 复制图
　　　　形　　　　　　效果　　　　　　形

STEP 04 按 Ctrl+A 快捷键，全选对象，按住 Shift 键，单击背景矩形，去除对矩形的选择，执行"位图"|"转换为位图"命令，选择工具箱中的"透明度工具"⬛，设置透明类型为"均匀透明度"，合并模式为"亮度"，透明度为 0，执行"位图"|"三维效果"|"透视"命令，调整透视控制框，如图 14-119 所示。

STEP 05 单击"确定"按钮，按"+"键两次，增强亮度，如图 14-120 所示。

STEP 06 执行"对象"|"图框精确裁剪"|"置于图

文框内部"命令，当光标变为 ➡ 时，移至背景矩形上单击，裁剪至矩形中。

图 14-119 透视对话框

图 14-120 透视效果

STEP 07 选择工具箱中的"椭圆形工具" ◎，绘制一个椭圆，颜色填充为青色（R57，G198，B237），去除轮廓线，如图 14-121 所示。

STEP 08 选中椭圆，执行"位图"|"转换为位图"命令，弹出【转换为位图】对话框，设置分辨率为 300，单击"确定"按钮，再执行"位图"|"模糊"|"高斯式模糊"命令，弹出【高斯式模糊】对话框，设置模糊"半径"为 100 像素，单击"确定"按钮，如图 14-122 所示。

STEP 09 选择工具箱中的"椭圆形工具" ◎，绘制一个椭圆，填充颜色从青色（R8，G222，B255）到蓝色（R22，G86，B173）的线性渐变色，如图 14-123 所示。

图 14-121 绘制图形

图 14-122 高斯式模糊效果

图 14-123 绘制椭圆

STEP 10 按"+"键，复制一个，在属性栏中更改大小，按 G 键，切换到"交互式填充工具" ◎，拖动颜色块，更改填充色，如图 14-124 所示。

STEP 11 选择工具箱中的"调和工具" ◎，从一个椭圆拖至另一个椭圆上，建立调和效果，选中最上层椭圆，更改大小，按 G 键，改变渐变颜色的角度的方向，如图 14-125 所示。

图 14-124 复制椭圆

图 14-125 复制椭圆

STEP 12 选择工具箱中的"矩形工具" ◎，绘制一个矩形，选择工具箱中的"编辑填充" ◎，在弹出的【编辑填充】对话框中单击"双色图样填充" ◎，设置参数，前景颜色值为（R0，G113，B184），背景颜色值为（R2，G166，B204），如图 14-126 所示。

STEP 13 参照前面的操作，将图形转换为位图，再添加透视变形，如图 14-127 所示。

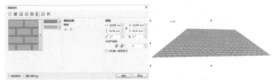
图 14-126 图样填充参数　　　图 14-127 透视效果

STEP 14 选择工具箱中的"透明度工具" ◎，在透明图形上从下往上拖出线性透明度，按空格键，切换到"选择工具" ◎，右键拖动透视图形至中间椭圆内，松开鼠标，在弹出的快捷菜单中选择"图框精确裁剪内部"，效果如图 14-128 所示。

STEP 15 选择工具箱中的"椭圆形工具" ◎，按住 Ctrl 键，绘制一个正圆，选择工具箱中的"星形工具" ◎，绘制一个星形，按"+"键，复制一个，放置到合适位置，选择工具箱中的"调和工具" ◎，从一个星形拖至另一个星形上，建立调和效果，设置属性栏中的"步长"为 10，右键拖动调和星形至椭圆上，出现十字圆环时松开鼠标，在弹出的快捷菜单中选择"使调和适合路径"，单击属性栏中的"更多调和选项"按钮 ◎，选择"沿全路径调和"，如图 14-129 所示。

图 14-128 精确裁剪效果　　　图 14-129 调和路径

STEP 16 按 Ctrl+K 快捷键，拆分调和路径，选中星形，执行"效果"|"添加透视"命令，调整透视，如图 14-130 所示。

STEP 17 选择工具箱中的"文本工具" ◎，输入文字，设置属性栏中的字体为"Ft62"，大小分别为 117pt 和 56pt，如图 14-131 所示。

图 14-130 透视效果　　　图 14-131 输入文字

STEP 18 选中文字，填充从橙色到黄色的线性渐变色，选择工具箱中的"立体化工具" ◎，在文字上拖出立体化效果，设置属性栏中的"灭点坐标"为 ◎，单击"立体化颜色"按钮 ◎，在下拉列

中选择"使用递减的颜色",设置颜色从红色（C0,
M100，Y100，K0）到暗红色（C57，M100,
Y100，K51），效果如图 14-132 所示。

STEP 19 选中文字表面，按"+"键，复制一层，选
择工具箱中的"编辑填充"，在弹出的"编辑填
充"对话框中单击"双色图样填充"，设置参数,
前景颜色值为（R254，G218，B108），背景颜色
值为（R249，G165，B7），设置参数如图 14-133
所示。

图 14-136 绘制图形　　　　图 14-137 变形文字

STEP 24 选择工具箱中的"矩形工具"，绘制一个
长条矩形，选择工具箱中的"形状工具"，调整
矩形四角的控制点，圆角矩形，按 F12 键，弹出【轮
廓笔】对话框，设置颜色为紫色（R176，G75,
B135），"宽度"为 0.8mm，单击"确定"按钮,
填充洋红色，如图 14-138 所示。

STEP 25 按"+"键，复制一层，参照前面的修剪方法,
修剪掉下半边矩形，填充从淡紫色（R224，G115,
B173）到紫色（R212，G83，B150）的线性渐变色,
如图 14-139 所示。

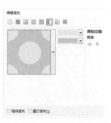

图 14-132 立体化效果　　　图 14-133 图样填充参数

STEP 20 单击"确定"按钮，按 G 键，调整白色小椭圆,
缩小椭圆，增加密度，如图 14-134 所示。

STEP 21 选中文字表面，按"+"键，复制一层，填
充颜色为白色，选择工具箱中"椭圆形工具"，
绘制一个椭圆，遮住文字下边部分，选中文字与椭
圆，单击属性栏中的"修剪"按钮，删去椭圆,
选择工具箱中的"透明度工具"，从下往上拖出
线性透明度（小文字为 50% 的标准透明度），如图
14-135 所示。

图 14-138 绘制图形　　　　图 14-139 变形文字

STEP 26 选择工具箱中的"折线工具"，再次在下
边绘制折线图形，填充蓝色（R40，G100，B186)
到青色（R15，G207，B255）的线性渐变色，执行"文
件"|"导入"命令，导入图片素材，放置到合适位置,
如图 14-140 所示。

STEP 27 选择工具箱中的"文字工具"，输入文字,
最终效果如图 14-141 所示。

图 14-134 图样填充效果　　　图 14-135 绘制高光

STEP 22 选择工具箱中的"折线工具"，绘制霹雳
图形，填充相应的渐变色，选择工具箱中的"轮廓
图工具"，从外向内拖动，设置属性栏中的"步
长"为 1，"轮廓图偏移"为 1mm，按 Ctrl+K 快捷
键，拆分轮廓图群组，填充相应的线性渐变色，如
图 14-136 所示。

STEP 23 框选文字，单击文字，使其处于旋转状态,
将光标移到文字控制框上边中间位置，出现箭头时,
往右拖动，倾斜文字，在属性栏中设置"旋转角度"
为 15，选择工具箱中的"椭圆形工具"，在"i"
上方绘制一个正圆，填充从白色到洋红色的椭圆形
渐变，如图 14-137 所示。

图 14-140 绘制并导入图形　　图 14-141 最终效果

技巧点拨

　　如果群组对象后不能添加透视效果框的话，一
定是其中存在不能添加透视框的对象，如位图、段
落文本、符号、链接群组等，此时可以通过位图命
令中的透视来完成。

14**9** 劲舞比赛

游戏类网页

本例为游戏网页的设计，其以绚烂动感的放射图形作背景，迎合了现代时尚潮流。通过阴影的人物形象，体现出该游戏的趣味性。本实例主要运用了矩形工具、椭圆形工具、文本工具等工具，并使用了"精确裁剪容器内"和"高斯式模糊"命令。

文件路径： 目标文件 \ 第 14 章 \149\ 劲舞比赛 .cdr

视频文件： 视频 \ 第 14 章 \149 劲舞比赛 .mp4

难易程度： ★ ★ ★ ★ ☆

15**0** 优素手机网

手机类网页

优索网页的设计，以结构对衬的排版形式，显示出主体的庄重；运用明亮的色彩，和类似手机键盘的结构，提供了直观的导航。本实例主要运用了矩形工具、贝塞尔工具、文本工具、透明度工具等工具，并使用了"高斯式模糊"等命令。

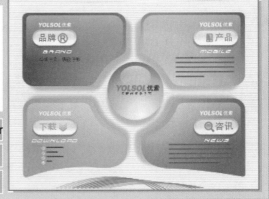

文件路径： 目标文件 \ 第14章 \150\ 优索手机网 .cdr

视频文件： 视频 \ 第 14 章 \150 优索手机网 .mp4

难易程度： ★ ★ ★ ★ ☆

15 1 卓越素材网

卓越素材网页的设计，以将历史性的怀旧感融入到新时代设计的时尚潮流中为方式，展现出独特的古风格气息。本实例主要运用了矩形工具、贝塞尔工具、透明度工具等工具，并使用了"图框精确裁剪内部"

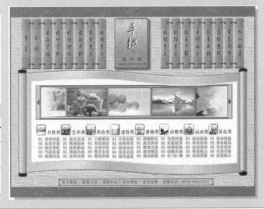

文件路径：目标文件\第14章\151\卓越素材网.cdr

视频文件：视频\第14章\151卓越素材网.mp4

难易程度：★★★★☆

VI 设计

本章内容

VI即(Visual Identity),通译为视觉识别系统,是CIS系统最具传播力和感染力的部分。它将CI的非可视内容转化为静态的视觉识别符号,以无比丰富多样的应用形式,在最为广泛的层面上,进行最直接的传播。其设计到位、实施科学的视觉识别系统,是传播企业经营理念、建立企业知名度、塑造企业形象的快速便捷之途。本章通过对一套房地产VI的讲述,让读者进一步了解VI的设计制作。

15 2 LOGO

山水国际 LOGO 的设计，以酒红色和黄色为主调，散发出华贵与典雅的气质，以图形标志和醒目的文字，突出主体。整个设计大气婉约，很好地传达了企业的精神内涵。本实例主要运用了文本工具、贝塞尔工具、椭圆形工具、透明度工具、矩形工具等工具，并运用了"修剪"按钮和"图框精确裁剪内部"命令。

📁 文件路径：目标文件 \ 第 15 章 \152\LOGO.cdr

🎬 视频文件：视频 \ 第 15 章 \152 LOGO.mp4

📊 难易程度：★ ★ ★ ☆ ☆

STEP 01 执行【文件】|【新建】命令，弹出【创建新文档】对话框，设置"宽度"为 295mm，"高度"为 292mm，单击"确定"按钮。

STEP 02 双击工具箱中的"矩形工具"□，自动生成一个与页面同样大小的矩形，填充颜色为咖啡色（C15，M30，Y60，K0），按"+"键复制一个，设置宽度为 280mm，高度为 277，填充颜色白色。选中两个矩形，单击工具箱中的"修剪"按钮□，去除轮廓线，效果如图 15-1 所示。

STEP 03 选择工具箱中的"矩形工具"□，绘制一个宽 54mm，高为 50mm 的矩形，按"+"键复制一个，分别填充颜色为咖啡色（C0，M90，Y100，K75）和金色（C40，M70，Y90，K0）。再绘制一个宽 280mm，高为 9.6mm 的长条矩形，复制填充色，效果如图 15-2 所示。

STEP 04 选择工具箱中的"文本工具"字，输入文字，字体分别设置为"幼圆"和 Avantgarde Md BT，大小分别为 50pt、207.5pt 和 7pt。

STEP 05 选择工具箱中的"椭圆形工具"○ 在图形上绘制两个同心圆，框选后组合对象，再复制多个，效果如图 15-3 所示。

图 15-1 绘制矩形　图 15-2 绘制矩形　图 15-3 输入文字及绘制椭圆

STEP 06 框选图形，按 Alt+A+L 快捷键锁定图层，

选择工具箱中的"椭圆形工具"○，绘制一个直径为 59mm 的正圆，并填充从（C40，M65，Y90，K2）到（C18，M45，Y71，K0）到（C19，M47，Y100，K0）到（C10，M10，Y90，K0）的圆锥形渐变色，效果如图 15-4 所示。

STEP 07 按"+"键复制一层，将直径改为 55mm，填充从（C0，M90，Y100，K80）到（C0，M90，Y100，K50）到（C0，M63，Y100，K5）的椭圆形渐变色，效果如图 15-5 所示。

STEP 08 按"+"键复制一层，将直径改为 37mm，填充从（C36，M59，Y100，K0）到（C11，M19，Y34，K0）到（C36，M47，Y73，K0）到（C9，M16，Y27，K0）到（C50，M80，Y100，K2）的圆锥形渐变色，效果如图 15-6 所示。

图 15-4 绘制椭圆　图 15-5 复制椭圆　图 15-6 复制椭圆

STEP 09 按"+"键复制一层，将直径改为 36mm，填充从（C0，M20，Y100，K0）到白色的椭圆形渐变色，效果如图 15-7 所示。

STEP 10 选择工具箱中的"贝塞尔工具"□绘制山和鸟，并填充从（C0，M90，Y100，K80）到（C0，M90，Y100，K50）到（C0，M90，Y100，K50）到（C0，M60，Y100，K0）的线性渐变色，效果如图 15-8 所示。

STEP 11 运用"贝塞尔工具" 绘制水流，并填充从（C0，M90，Y100，K80）到（C0，M90，Y100，K50）到（C0，M90，Y100，K50）到（C0，M60，Y100，K0）的椭圆形渐变色，效果如图 15-9 所示。

图 15-7 复制椭圆   图 15-8 绘制图形   图 15-9 绘制图形

STEP 12 选择工具箱中的"文本工具" ，在椭圆上单击输入英文，设置字体为 Adinekirnberg_Script，大小为 40pt，按 Ctrl+K 快捷键拆分路径文字。参照此法，输入中文，设置字体为"Adobe 黑体 Std R"，大小为 11pt，颜色为（C0，M0，Y20，K0），效果如图 15-10 所示。

STEP 13 运用"文本工具" ，输入文字，设置字体为"汉仪综艺体简"，大小为 56pt，并填充从（C0，M90，Y100，K40）到（C0，M90，Y100，K75）的线性渐变色，选择工具箱中的"形状工具" ，编辑文字，效果如图 15-11 所示。

图 15-10 输入文字   图 15-11 输入文字

STEP 14 复制文字，填充（C44，M75，Y94，K4）和（C0，M90，Y100，K75），效果如图 15-12 所示。

STEP 15 再一次复制文字，缩小放到矩形条上，填充颜色为白色。选择工具箱中的"透明度工具" ，在属性栏中设置透明度类型为"均匀透明度"，透明度为 80，效果如图 15-13 所示。

图 15-12 复制文字   图 15-13 复制文字

STEP 16 选择工具箱中的"贝塞尔工具" ，绘制波浪线，设置轮廓宽度为 0.2mm。按 Shift+Ctrl+Q 快捷键，将轮廓转换为对象，复制四条，填充颜色为白色，添加 80 的透明度，效果如图 15-14 所示。

STEP 17 框选整个 LOGO，按 Ctrl+G 快捷键组合对象，放置到合适位置，按 Alt+A+J+Enter 快捷键，解除所有锁定，得到最终效果如图 15-15 所示。

图 15-14 绘制曲线   图 15-15 最终效果

15 3 单色反白

VI 基础系统设计

通过单色反白，使面积小的标志中达到统一视觉的效果，实现轻易识别的目的；以简洁、符号性强的造型表现出该系统设计的特色。本实例主要运用了文本工具、矩形工具等工具。并使用了"简化"和"相交"按钮。

文件路径：目标文件 \ 第 15 章 \153\ 单色反白 .cdr

视频文件：视频 \ 第 15 章 \153 单色反白 .mp4

难易程度：★★★☆☆

STEP 01 右键单击编辑窗口左下角的页面 1，在弹出的快捷菜单中选择"重命名"，弹出【重命名】对话框，在文本框中输入 LOGO，再在页面 1 中单击右键，选择"在后面插入页面"，命名为"单色反白"，回到 LOGO 页面，全选并复制。切换到"单色反白"页面，按 Ctrl+V 快捷键粘贴，选中 LOGO，按 Ctrl+U 快捷键取消组合对象。选中所有椭圆，单击属性栏中的"简化"按钮，选中第二个外圆删除，效果如图 15-16 所示。

STEP 02 选中最里面的椭圆，右键单击，在弹出的快捷菜单击选择"提取内容"，并选中内容和椭圆，单击属性栏中的"相交"按钮，删去椭圆和内容，效果如图 15-17 所示。

STEP 03 框选 LOGO，填充颜色为红棕色（C0，M90，Y100，K75），效果如图 15-18 所示。

图 15-16 简化效果　图 15-17 相交效果　图 15-18 填充颜色

STEP 04 绘制一个边长为 100mm 的正方形，填充颜色为白色，放于 LOGO 下层，效果如图 15-19 所示。

STEP 05 复制一层，将填充颜色对调，效果并输入文字，得到最终效果如图 15-20 所示。

图 15-19 绘制正方形　　　　图 15-20 最终效果

15 4 标准色和辅助色

VI 基础系统设计

该设计以白色为背景，突出显示标准色，突出公司或产品特性，实现传达企业信息，明确视觉识别效应的效果。本实例主要运用了文本工具、矩形工具等工具。

文件路径：目标文件 \ 第 15 章 \154\ 标准色和辅助色 .cdr

视频文件：视频 \ 第 15 章 \154 标准色和辅助色 .mp4

难易程度：★ ★ ★ ☆ ☆

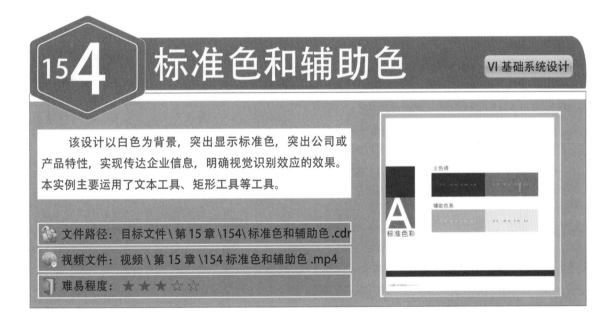

STEP 01 右键单击编辑窗口左下角的"单色反白"页面插入名为"标准色"的页面，并将前页的底图复制到当前页，将 A 字下面的文字，改为"标准色彩"，效果如图 15-21 所示。

STEP 02 选择工具箱中的"矩形工具"，绘制矩形，分别填充颜色为（C0，M90，Y100，K75）、（C40，M70，Y90，K0）、（C15，M30，Y60，K0）和（C0，M10，Y35，K0），效果如图 15-22 所示。

STEP 03 选择工具箱中的"文本工具"，输入相应的标注文字，得到最终效果如图 15-23 所示。

图 15-21 复制图形

图 15-22 绘制矩形

图 15-23 最终效果

15 5 辅助图形

VI 基础系统设计

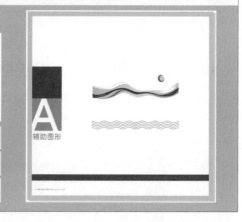

　　本例制作的是辅助图形，以一种波纹图形为主体，另一种为辅助，以便于在图形查询时的鉴别。本实例主要运用了文本工具、贝塞尔工具、椭圆形工具等工具。并使用了"图框精确裁剪内部"命令。

文件路径：目标文件 \ 第 15 章 \155\ 辅助图形 .cdr

视频文件：视频 \ 第 15 章 \155 辅助图形 .mp4

难易程度：★ ★ ★ ☆ ☆

STEP 01 右键单击编辑窗口左下角的"标准色"页面插入名为"辅助图形"的页面，并将前页的底图复制到当前页，将 A 字下面的文字，改为"辅助图形"。选中波浪，按"+"键复制一层，并拉大，填充颜色为黄色（C40，M70，Y90，K0），效果如图 15-24 所示。

STEP 02 选择工具箱中的"贝塞尔工具" ，绘制图形，分别填充从（C23，M42，Y77，K0）到黄色（C5，M20，Y47，K0）和相应的浅色渐变，效果如图 15-25 上图所示。

STEP 03 参照上述操作，运用"贝塞尔工具" ，绘制图形，并填充相应的深色渐变色，效果如图 15-25 下图所示。

STEP 04 参照上述操作，运用"贝塞尔工具" 和"椭圆形工具" ，绘制图形，填充相应的渐变色，效果如图 15-26 所示。选择工具箱中的"矩形工具" ，绘制一个矩形，填充颜色为白色，去除轮廓线，将图形精确裁剪至矩形内，得到最终效果如图 15-27 所示。

图 15-24 复制图形

图 15-25 绘制图形

图 15-26 绘制图形

图 15-27 最终效果

15 6 文件袋

该设计以黄色为背景，突出显示褐色的文字，展现出文件袋的外形特征，同时达到宣传企业文化的作用。本实例主要运用了文本工具、椭圆形工具、矩形工具等工具，并使用了"添加透视"命令。

文件路径：目标文件 \ 第 15 章 \156\ 文件袋 .cdr

视频文件：视频 \ 第 15 章 \156 文件袋 .mp4

难易程度：★ ★ ★ ☆ ☆

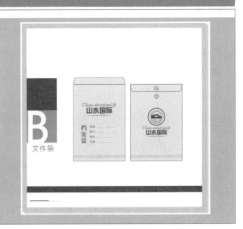

STEP 01 右键单击编辑窗口左下角的"辅助图形"页面插入名为"文件袋"的页面，并将前页的底图复制到当前页，将 A 改为 B，将它下面的文字改为"文件袋"，左下的小字改为"山水国际 VI 设计办公系统"，效果如图 15-28 所示。

STEP 02 选择工具箱中的"矩形工具" ▢，绘制一个宽为83.5mm，高为118.5mm。按"+"键复制一层，将高度改为11mm，填充颜色为黄色（C5，M15，Y50，K0）。选中小矩形，在属性栏中设置上方的两角转角半径为3mm，再执行【效果】|【添加透视】命令，拖动上方的两个控制点，效果如图 15-29 所示。

图 15-30 输入文字

STEP 04 参照上述操作，绘制文件袋的另一面，得到最终效果如图 15-31 所示。

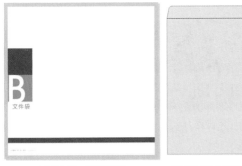

图 15-28 复制图形　　图 15-29 绘制矩形

STEP 03 选择工具箱中的"文本工具" 🔤 输入文字，并复制相应的文字，效果如图 15-30 所示。

图 15-31 最终效果

15 7 胸牌

本例设计制作的是胸牌，以褐色为背景，突显企业标志和职务，起到一种介绍单位的作用。运用工艺美术化、立体化、高档化，体现企业的竞争实力，本实例主要运用了文本、贝塞尔、椭圆形、矩形等工具。

文件路径：目标文件 \ 第 15 章 \157\ 胸牌 .cdr

视频文件：视频 \ 第 15 章 \157 胸牌 .mp4

难易程度：★★★☆☆

STEP 01 右键单击编辑窗口左下角的"文件袋"页面插入名为"胸牌"的页面，并将前页的底图复制到当前页，将 B 下面的文字改为"胸牌"，效果如图 15-32 所示。

STEP 02 选择工具箱中的"矩形工具" ⬜，绘制一个宽 109mm，高 32.5mm 的矩形，填充颜色为红色（C0，M90，Y100，K75）。在属性栏中设置转角半径为 2.5mm，效果如图 15-33 所示。

STEP 03 将 LOGO 复制过来，改变文字颜色为黄白色（C0，M10，Y35，K0），并输入职业，设置字体为"方正粗宋简体"和"华文中宋"，大小分别为 38pt 和 11pt，效果如图 15-34 所示。

STEP 04 框选图形，按 Ctrl+G 快捷键组合对象，执行【文件】|【打开】命令，选择素材文件，单击"打开"按钮，复制相关素材至当前编辑窗口，并复制一个胸牌放置到合适位置，得到最终效果如图 15-35 所示。

图 15-32 复制图形

图 15-33 绘制圆角矩形

图 15-34 输入文字

图 15-35 最终效果

15 8 手袋

本实例设计了两款手袋，一款以白色为背景，一款以褐色为背景，均对企业标志起到了突出作用。本实例主要运用了文本工具、贝塞尔工具、椭圆形工具、矩形工具等工具，并运用了"添加透视"和"图框精确裁剪内部"命令。

文件路径：目标文件 \ 第 15 章 \158\ 手袋 .cdr

视频文件：视频 \ 第 15 章 \158 手袋 .mp4

难易程度：★★★☆☆

STEP 01 右键单击编辑窗口左下角的"胸牌"页面插入名为"手袋"的页面，并将前页的底图复制到当前页，将 B 下面的文字改为"手袋"，效果如图 15-36 所示。

STEP 02 选择工具箱中的"矩形工具" ▢，绘制一个宽为 61.5mm，高为 79.5mm 的矩形。按"+"键复制 1 个，将高改为 12.5mm，再复制一个，尺寸改为 17.5mm*92mm，再分别添加透视，效果如图 15-37 所示。

STEP 03 将相应的图形复制到当前窗口，调整好位置，并在侧面输入文字，效果如图 15-38 所示。

图 15-36 复制图形　图 15-37 绘制图　图 15-38 复制图
　　　　　　　　　形及透视效果　　　形及输入文字

STEP 04 选择工具箱中的"椭圆形工具" ▢，绘制一个直径为 3.5mm 的正圆，复制四个并旋转到相应位置。选中上面两个，按 Ctrl+G 快捷键群组，选中上面的正圆和白色图形，单击属性栏中的"修剪"按钮 ▣，删去正圆，效果如图 15-39 所示。

STEP 05 选择工具箱中的"贝塞尔工具" ↘，绘制提绳，填充相应颜色。按"+"键复制一层，放置到相应位置，效果如图 15-40 所示。

图 15-39 绘制正圆　　　　　图 15-40 绘制曲线

STEP 06 参照上述操作，绘制另一手袋，得到最终效果如图 15-41 所示。

图 15-41 最终效果

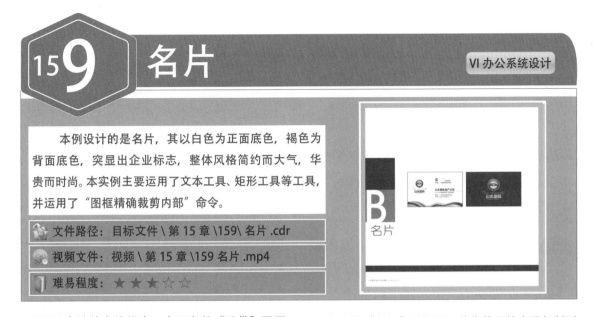

15 9 名片　　　　　　　　　　　　　　　VI 办公系统设计

　　本例设计的是名片，其以白色为正面底色，褐色为背面底色，突显出企业标志，整体风格简约而大气，华贵而时尚。本实例主要运用了文本工具、矩形工具等工具，并运用了"图框精确裁剪内部"命令。

📁 文件路径：目标文件 \ 第 15 章 \159\ 名片 .cdr

📹 视频文件：视频 \ 第 15 章 \159 名片 .mp4

📖 难易程度：★ ★ ★ ☆ ☆

STEP 01 右键单击编辑窗口左下角的"手袋"页面　插入名为"名片"的页面，并将前页的底图复制到当前页，将 B 下面的文字改为"名片"，效果如图 15-42 所示。

STEP 02 选择工具箱中的"矩形工具" ▢，绘制一个宽为 90mm，高为 54mm 的矩形，在辅助图形页面中复制相应图形到当前窗口，并精确裁剪到矩形内，效果如图 15-43 所示。

图 15-44 复制图形及输入文字　　图 15-45 绘制矩形及精确裁剪效果

STEP 05 复制 LOGO 并调整至合适大小，得到最终效果如图 15-46 所示。

图 15-42 复制图形　　图 15-43 绘制矩形及复制图形

STEP 03 复制 LOGO，调整至合位置。选择工具箱中的"文本工具" 字，输入文字，字体分别设置为"方正粗宋简体""方正大黑简体"和"黑体"，并填充相应颜色，效果如图 15-44 所示。

STEP 04 复制矩形，填充颜色为红色（C0，M90，Y100，K75），并将波浪复制至当前窗口；复制多个，填充颜色为红色（C0，M90，Y100，K65），精确裁剪至矩形内，效果如图 15-45 所示。

图 15-46 最终效果

160 工作证

VI 办公系统设计

　　本例设计的是工作证，以企业标志、员工头像及其相关信息，表明员工的身份。本实例主要运用了文本工具、矩形工具、阴影工具等工具，并运用了"图框精确裁剪内部"命令。

文件路径：目标文件 \ 第 15 章 \160\ 工作证 .cdr

视频文件：视频 \ 第 15 章 \160 工作证 .mp4

难易程度：★ ★ ★ ☆ ☆

STEP 01 右键单击编辑窗口左下角的"名片"页面插入名为"工作证"的页面，并将前页的底图复制到当前页，将 B 下面的文字改为"工作证"，效果如图 15-47 所示。

STEP 02 选择工具箱中的"矩形工具" ▢，绘制一

个宽为 74mm，高为 110mm 的矩形，填充颜色为红色（C0，M90，Y100，K75），复制一个，设置宽为 68mm，高为 95mm，转角半径为 4mm。在辅助图形页面中复制相应图形到当前窗口，并精确裁剪到矩形内，复制 LOGO 放置到相应位置，效果如图 15-48 所示。

STEP 03 选择工具箱中的"矩形工具"▣，绘制一个宽为 27mm，高为 37mm 的矩形，填充颜色为灰色。再选择工具箱中的"文本工具"字输入文字，设置字体为"黑体"，填充相应颜色，效果如图 15-49 所示。

STEP 04 选择工具箱中的"矩形工具"▣绘制一个矩形，填充颜色为粉色（C4，M7，Y17，K0）。两次单击图形，将光标定位在图形上方出现斜切箭头时，往左拖动，按"+"键复制一层，拉高高度，水平翻转，增大倾斜度。选择工具箱中的"阴影工具"▣，在图形上从下往上拖动，效果如图 15-50 所示。框选图形，按 Ctrl+G 快捷键组合对象，放于适当位置，得到最终效果如图 15-51 所示。

图 15-47 复制图形　　图 15-48 绘制　　图 15-49 绘制矩
　　　　　　　　　　　圆角矩形　　　形及输入文字

图 15-50 绘制矩形及调整图形　　图 15-51 最终效果

16 1 信笺

VI 办公系统设计

　　　该信笺设计以简单洁净色彩，使画面整体保持协调统一，便于人们识别，也让人感觉格外淡雅。本实例主要运用了文本、矩形等工具，并运用了"图框精确裁剪内部"命令。

文件路径：目标文件 \ 第 15 章 \161\ 信笺 .cdr

视频文件：视频 \ 第 15 章 \161 信笺 .mp4

难易程度：★ ★ ★ ☆ ☆

STEP 01 右键单击编辑窗口左下角的"工作证"页面插入名为"信笺"的页面，并将前页的底图复制到当前页，将 B 下面的文字改为"信笺"，效果如图 15-52 所示。

STEP 02 选择工具箱中的"矩形工具"▣，绘制一个宽为 93.5mm，高为 135.5mm 的矩形，填充颜色为白色。在辅助图形页面中复制相应图形到当前窗口，并精确裁剪到矩形内，复制 LOGO 放置到相应位置，效果如图 15-53 所示。

图 15-52 复制图形　　图 15-53 绘制矩
　　　　　　　　　　形及复制图形

STEP 03 选择工具箱中的"文本工具"字，输入文字，字体分别设置为"汉仪综艺体简""黑体"和"方正大黑简体"，填充颜色为红色（C0，M90，

Y100，K75），效果如图 15-54 所示。

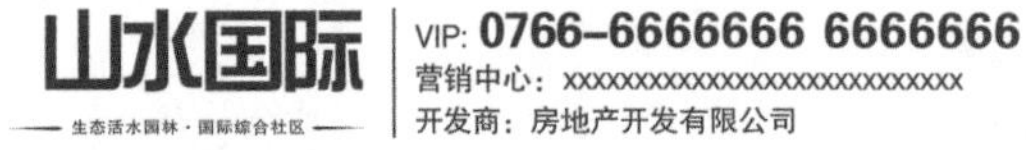

图 15-54 输入文字

STEP 04 框选文字，放置到合适位置，得到最终效果如图 15-55 所示。

图 15-55 最终效果

16 2 信封

本例制作的是信封，主要通过企业标志展示企业的形象。本设计采用了与手提袋相统一的风格，简约而精致。本实例主要运用了文本工具、矩形工具等工具，并运用了"图框精确裁剪内部"和"添加透视"命令。

🗂 文件路径：目标文件 \ 第 15 章 \162\ 信封 .cdr

🎬 视频文件：视频 \ 第 15 章 \162 信封 .mp4

🚪 难易程度：★ ★ ★ ☆ ☆

STEP 01 右键单击编辑窗口左下角的"信笺"页面插入名为"信封"的页面，并将前页的底图复制到当前页，将 B 下面的文字改为"信笺"，效果如图 15-56 所示。

STEP 02 选择工具箱中的"矩形工具" 🔲，绘制一个宽为 117mm，高为 58.5mm 的矩形，填充颜色为白色。再选择工具箱中的"贝塞尔工具" 🖊，绘制图形，并复制一个旋转在两端，效果如图 15-57 所示。

图 15-56 复制图形 　　　图 15-57 绘制图形

STEP 03 在辅助图形页面中复制相应图形到当前窗口，并精确裁剪到矩形内，复制 LOGO 放置相应位置，

效果如图 15-58 所示。

STEP 04 选中矩形，按"+"键复制一个，将高改为 45mm。按 Ctrl+Q 快捷键转曲图形，选择工具箱中的"形状工具" 🖊，调整上方的两个节点，效果如图 15-59 所示。

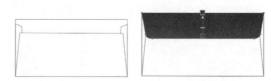

图 15-58 复制并调整图形　　图 15-59 渐变填充效果

STEP 05 选中矩形，复制一层，高度改为 23.5mm，在属性栏中设置下方两角的转角半径为 4mm。执行【效果】|【添加透视】命令，调整下方的两个控制点，填充从（C0，M90，Y100，K50）到（C0，M90，Y100，K75）的线性渐变色，效果如图 15-60 所示。

STEP 06 复制辅助图形到当前窗口，将波纹颜色改为（C0，M90，Y100，K65），并精确裁剪到图形内，效果如图 15-61 所示。

图 15-60 复制图形

图 15-61 输入文字

STEP 07 选择工具箱中的"文本工具"字，输入文字，并复制 LOGO 至合适位置。

STEP 08 参照上述操作，绘制信封的另一面，得到最终效果如图 15-62 所示。

图 15-62 最终效果

16 3 制服

VI办公系统设计

　　本例设计的是企业制服，通过色彩表达出企业的共性与其员工的个性，有效地提高企业内部管理，同时将企业文化完美地体现出来。本实例主要运用了贝塞尔工具、矩形工具等工具。

🗑 文件路径：目标文件 \ 第 15 章 \163\ 制服 .cdr

💿 视频文件：视频 \ 第 15 章 \163 制服 .mp4

📕 难易程度：★ ★ ★ ☆ ☆

STEP 01 右键单击编辑窗口左下角的"信封"页面插入名为"制服"的页面，并将前页的底图复制到当前页，将 B 下面的文字改为"制服"。

STEP 02 选择工具箱中的"选择工具"，在标尺上拖出几条辅助线，放置到合适位置，效果如图 15-63 所示。

STEP 03 选择工具箱中的"贝塞尔工具"，绘制衣领，设置轮廓宽度为"发丝"，效果如图 15-64 所示。

图 15-63 复制图形

图 15-64 绘制曲线

STEP 04 运用"贝塞尔工具"，绘制衣身的一边，然后再镜像复制一层，效果如图 15-65 所示。

STEP 05 运用"贝塞尔工具"，绘制领带和口袋，并复制相关 LOGO 至合适位置，效果如图 15-66 所示。

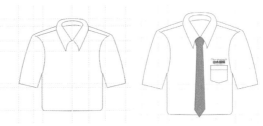
图 15-65 绘制图形　　　　图 15-66 绘制图形

STEP 06 选择工具箱中的"矩形工具"和"贝塞尔工具"，绘制腰带和裤腿，填充颜色为红色（C0，M90，Y100，K75），效果如图 15-67 所示。

STEP 07 再次运用"贝塞尔工具" ，绘制裤襻，效果如图 15-68 所示。

图 15-67 绘制图形　　图 15-68 绘制图形

STEP 08 参照上述操作，绘制其他制服，并隐藏辅助线，得到最终效果如图 15-69 所示。

图 15-69 最终效果

16 4 纸杯

　　纸杯设计，运用了两个反差色调，对比鲜明，同时将企业标志融入其中，起到了很好的宣传作用。本实例主要运用了贝塞尔工具、矩形工具、文本工具、透明度工具等工具，并运用了"图框精确裁剪内部"命令。

文件路径：目标文件 \ 第 15 章 \164\ 纸杯 .cdr

视频文件：视频 \ 第 15 章 \164 纸杯 .mp4

难易程度：★ ★ ★ ☆ ☆

STEP 01 右键单击编辑窗口左下角的"制服"页面插入名为"纸杯"的页面，并将前页的底图复制到当前页，将 B 下面的文字改为"纸杯"，效果如图 15-70 所示。

STEP 02 选择工具箱中的"贝塞尔工具" ，绘制图形，效果如图 15-71 所示。

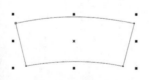

图 15-70 复制图形　　　图 15-71 绘制图形

STEP 03 在辅助图形中复制相应图形至当前窗口，稍微改变形状，再复制波浪线，复制多个使之布满整个白色区域，并填充（C0，M5，Y10，K0），效

果如图 15-72 所示。

STEP 04 运用"贝塞尔工具" ，绘制图形，并填充颜色为红色（C0，M90，Y100，K0），效果如图 15-73 所示。

图 15-72 复制图形　　　　图 15-73 绘制图形

STEP 05 将图形精确裁剪到扇形内，并复制 LOGO 放置到相应位置，分别旋转 5°和 -5°，效果如图 15-74 所示。

STEP 06 选择工具箱中的"文本工具" ，输入相文字，效果如图 15-75 所示。

图 15-74 复制 LOGO   图 15-75 输入文字

STEP 07 参照上述方法，绘制图形填充相应颜色，波浪线填充（C0，M90，Y100，K65），效果如图 15-76 所示。

STEP 08 按 "+" 键复制一层，单击右键，在弹出的快捷菜单中选择 "提取内容" 选项。按 Delete 键删除内容，选择复制图形，填充颜色为黑色。选择工具箱中的 "透明度工具" ，在图形上从左往右拖动，并在调色板上将相应的颜色块拖至虚线上，效果如图 15-77 所示。

STEP 09 选择工具箱中的 "矩形工具" ，在杯口绘制一个 67.5*2.5mm 的矩形，设置转角半径为 0.8mm，并填充渐变色，效果如图 15-78 所示。

图 15-76 复制波   图 15-77 复制图形   图 15-78 绘制圆
浪线   及透明度效果   角矩形

STEP 10 复制 LOGO 和文字，选中 LOGO，按 Ctrl+U 快捷键取消组合对象；选中文字，填充颜色为浅黄色（C0，M0，Y20，K0），效果如图 15-79 所示。参照上述操作，绘制另一个杯子，得到最终效果如图 15-80 所示。

图 15-79 复制 LOGO   图 15-80 最终效果

16 5 指示牌

VI 指示系统设计

     本例制作的是指示牌，通过企业标志以及文字说明，呈现并传达出企业的相关信息；以黄色和褐色为背景，突出了主体，并形成层次感。本实例主要运用了椭圆形工具、矩形工具、文本工具等工具。

文件路径：目标文件 \ 第 15 章 \165\ 指示牌 .cdr

视频文件：视频 \ 第 15 章 \165 指示牌 .mp4

难易程度：★ ★ ★ ☆ ☆

STEP 01 右键单击编辑窗口左下角的 "制服" 页面插入名为 "指示牌" 的页面，并将前页的底图复制到当前页，将 C 下面的文字改为 "指示牌"，右下角的文字 "改为山水国际 VI 设计指示系统"，效果如图 15-81 所示。

STEP 02 选择工具箱中的 "矩形工具" ，绘制一个宽为 45.5mm，高为 115mm 的矩形。复制一个，尺寸改为 74mm*4.5mm，分别填充颜色为红色（C0，M80，Y100，K70）和灰色（C0，M0，Y0，K90），效果如图 15-82 所示。

图 15-81 复制图形　　　　图 15-82 绘制矩形

图 15-83 复制矩形　　　图 15-84 复制图形及输入文字

STEP 03 复制一层，尺寸改为 37.5mm*114mm，填充（C0，M20，Y20，K60）。按 "+" 键复制一层填充（C0，M5，Y20，K0），方向键向右上角微移稍许，再绘制一个 37.5mm*0.6mm 的矩形，放在中间偏上位置，效果如图 15-83 所示。

STEP 04 复制相关图形至当前窗口，并输入文字，字体设置为 "方正大黑简体"，大小为 32pt。选择工具箱中的 "椭圆形工具"，绘制一个直径为 7mm 的矩形，填充（C0，M90，Y100，K75）。再选择工具箱中的 "矩形工具" 绘制相箭头并合并，效果如图 15-84 所示。

STEP 05 框选图形，按 Ctrl+G 快捷键组合对象，放置到适当位置，得到最终效果如图 15-85 所示。

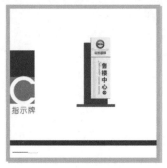

图 15-85 最终效果

166　广告伞

VI 广告系统设计

　　本例设计的是广告伞，其以黄、褐两色相间配置，使伞的外形更加美观，同时很好地实现了宣传功能。本实例主要运用了手绘工具、多边形工具、矩形工具、变形工具等工具。并使用了 "旋转" 泊坞窗。

文件路径：目标文件 \ 第 15 章 \166\ 广告伞 .cdr

视频文件：视频 \ 第 15 章 \166 广告伞 .mp4

难易程度：★ ★ ★ ☆ ☆

STEP 01 右键单击编辑窗口左下角的 "指示牌" 页面插入名为 "广告伞" 的页面，并将前页的底图复制到当前页，将 C 改为 D，将它下面的文字改为 "广告伞"，它右下角的文字改为 "山水国际 VI 设计广告系统"，效果如图 15-86 所示。

STEP 02 选择工具箱中的 "多边形工具"，在属性栏中设置边数为 8。在窗口中绘制图形，设置宽和高都为 73mm，效果如图 15-87 所示。

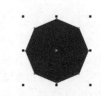

图 15-86 复制图形　　　图 15-87 绘制八边形

STEP 03 选择工具箱中的"变形工具"📐，在属性栏中单击"推拉变形"按钮📐，设置推拉振幅为5，效果如图15-88所示。

STEP 04 选择工具箱中的"手绘工具"📐，按住Shift键，绘制一直线，按Shift+Ctrl+Q快捷键将轮廓转换为对象。选中曲线和图形，按C+E快捷键中心对齐，按Alt+F8快捷键，打开"旋转"泊坞窗，设置参数如图15-89所示。

STEP 05 单击"应用"按钮，效果如图15-90所示。

图15-88 扭曲效果　图15-89 旋转参数　图15-90 旋转复制效果

STEP 06 框选图形，单击属性栏中的"修剪"按钮📐，删去曲线。选中图形单击右键，选择"拆分曲线"，选中相应的小块填充（C15，M30，Y60，K0），效果如图15-91所示。

STEP 07 切换至LOGO页面，复制LOGO至当前窗口，参照前面的操作，旋转3个，效果如图15-92所示。

STEP 08 选择工具箱中的"椭圆形工具"📐，绘制一个椭圆。选择工具箱中的"贝塞尔工具"📐，绘制相应的图形，将多余的部分修剪掉，按Alt+E+M快捷键，弹出【复制属性】对话框，复制相应的填充色，效果如图15-93所示。

图15-91 修剪效果　图15-92 复制LOGO　图15-93 绘制图形

STEP 09 选择工具箱中的"贝塞尔工具"📐，绘制相应的图形，并复制颜色，效果如图15-94所示。

STEP 10 选择工具箱中的"矩形工具"📐，绘制伞杆，填充颜色为80%的黑色，并复制LOGO放置到合适位置，效果如图15-95所示。

图15-94 复制图形　图15-95 绘制矩形

STEP 11 框选图形，按Ctrl+G快捷键组合对象，调整好位置，得到最终效果如图15-96所示。

图15-96 最终效果

16 7 海报

VI 广告系统设计

海报设计，以企业标志体现企业文化的底蕴，通过元素简单明了的主题和美丽的风景，展现企业的审美观念。本实例主要运用了文本工具、矩形工具、形状工具等工具，并运用了"图框精确裁剪内部"命令。

文件路径：目标文件 \ 第15章 \167\ 海报 .cdr

视频文件：视频 \ 第15章 \67 海报 .mp4

难易程度：★★★☆☆

STEP 01 右键单击编辑窗口左下角的"广告伞"页面插入名为"海报"的页面，并将前页的底图复制到当前页，将 D 下面的文字改为"海报"，效果如图 15-97 所示。

STEP 02 选择工具箱中的"矩形工具"，绘制一个 96.5mm*140mm 的矩形，填充从（C0，M80，Y100，K80）到（C0，M80，Y100，K65）的椭圆形渐变色，效果如图 15-98 所示。

STEP 03 选择工具箱中的"手绘工具"，绘制一条直线，旋转 320°。设置轮廓宽度为 0.3mm，样式为虚线，轮廓颜色为（C0，M80，Y100，K60），水平复制多条，并精确裁剪至矩形内，效果如图 15-99 所示。

图 15-97 复制图形　图 15-98 绘制　图 15-99 复制
　　　　　　　　　　　　　矩形　　　　　　曲线

STEP 04 按"+"键复制一层，按 Ctrl+Q 快捷键转曲，选择工具箱中的"形状工具"，调整图形，效果如图 15-100 所示。

STEP 05 执行【文件】|【导入】命令，选择素材文件，单击"导入"按钮，导入素材，并精确裁剪到图形内，效果如图 15-101 所示。

STEP 06 选中上层图形，按"+"键复制一个。选择工具箱中的"形状工具"，将下端两个节点往上调，使之不见到下面的钻石链条，效果如图 15-102 所示。

图 15-100 绘制图　图 15-101 导入　图 15-102 调整图
　　　　　　形　　　　　　素材　　　　　　形

STEP 07 选中最底层的矩形，按"+"键复制一个，选中最上层和复制的矩形。单击属性栏中的"修剪"按钮，删去不要的部分，选择被修剪图形，将其精确裁剪至图形内。按住 Ctrl 键，单击图形，进入图框进行编辑，选中素材，按 Ctrl+U 快捷键取消组合对象，将被修剪图形，放置在钻石链条一层，效果如图 15-103 所示。

STEP 08 单击右键，选择"结束编辑"，效果如图 15-104 所示。

图 15-103 调整图形　　　　图 15-104 精确裁
　　　　　　　　　　　　　　剪内部

STEP 09 选择工具箱中的"文本工具"，输入文字，字体设置为"黑体"，大小为 3.5pt，并填充颜色为粉色（C0，M5，Y20，K0）。选择工具箱中的"形状工具"调整行间距和字符间距，单击属性栏中的"文本对齐"按钮，选择居中对齐，并将 LOGO 复制放置到合适位置，效果如图 15-105 所示。

STEP 10 参照上述操作，输入其他文字，填充相应的渐变色，从（C0，M80，Y100，K70）到（C21，M51，Y95，K0），效果如图 15-106 所示。

图 15-105 输入文字　　　　图 15-106 输入文字

STEP 11 参照上述操作，输入其他文字，填充相应的渐变色，从（C0，M80，Y100，K70）到（C21，M51，Y95，K0），效果如图 15-106 所示。

图 15-107 最终效果

168 户外广告

本例设计的是户外广告，以黄色为背景，突出显示企业标志和广告词，吸引人们的注意力，实现广告目的。本实例主要运用了文本工具、矩形工具、透明度工具等工具，并运用了"图框精确裁剪内部"命令。

文件路径：目标文件 \ 第 15 章 \168\ 户外广告 .cdr

视频文件：视频 \ 第 15 章 \168 户外广告 .mp4

难易程度：★ ★ ★ ☆ ☆

STEP 01 右键单击编辑窗口左下角的"海报"页面插入名为"户外广告"的页面，并将前页的底图复制到当前页，将 D 下面的文字改为"户外广告"，效果如图 15-108 所示。

STEP 02 选择工具箱中的"矩形工具" ▢，绘制一个 175mm*55mm 的矩形，填充颜色为黄色（C14，M28，Y59，K0），效果如图 15-109 所示。

图 15-108 复制图形　　　图 15-109 绘制矩形

STEP 03 执行【文件】|【打开】命令，选择素材文件，单击"打开"按钮，选择相应的素材，按 Ctrl+C 快捷键复制。切换到当前编辑窗口，按 Ctrl+V 快捷键粘贴。再切换到助图形页面中，复制相应图形至当前窗口，添加线性透明度，效果如图 15-110 所示。

STEP 04 选择工具箱中的"文本工具" 字，输入文字，字体分别设置为"华文中宋""黑体"和 Adinekirnberg_Script，字体大小分别为 30pt、10pt 和 25pt，并填充（C0，M100，Y100，K75），效果如图 15-111 所示。

图 15-110 添加素材和复制　　图 15-111 输入文字
　　　　　图形

STEP 05 切换至 LOGO 页面中，复制 LOGO 至当前编辑窗口，调整好大小和位置，效果如图 15-112 所示。

图 15-112 复制 LOGO

STEP 06 框选图形，按 Ctrl+G 快捷键组合对象，调整至合适位置，得到最终效果如图 15-113 所示。

图 15-113 最终效果

附录 60 个创意设计拓展案例

本书附赠 60 个精美的平面广告设计案例，供读者参考和练习。其中涉及书籍装帧设计、杂志广告设计、海报设计、网页设计、画册设计、插画设计、工业设计、卡片设计、标志设计、包装设计等多个类别，最终文件位于光盘中的"拓展案例"中。

169 少儿美术书法封面	170 回到那一年	171 春风秋月	172 中国元素

173 公司周年庆杂志广告	174 食物版式杂志	175 中国电信杂志封面	176 比赛

177 可口可乐	178 KTV 报纸广告	179 红酒网页	180 印务公司网页

181 医院网页	182 喜耕农田网页	183 电子公司画册	184 幼儿园画册

185 羽毛球运动宣传画册
186 佛教画册
187 旅游画册
188 约会春天

189 品味今夏
190 周年庆
191 春暖花开
192 玫瑰国王

193 小鸭子
194 绿色春天
195 愤怒的小鸟
196 灯泡

197 头盔
198 汽车
199 指南针
200 玫瑰花瓶

22**1** 银行折页

22**2** 黄牛村

22**3** 月饼包装

22**4** 稻米包装

22**5** 礼品包装盒

22**6** 挂面包装

22**7** 蛋糕包装盒

22**8** 核桃包装